"十四五"职业教育国家规划教材

# 食品标准与法规

李冬霞　李莹　主编

SHIPIN
BIAOZHUN
YU
FAGUI

化学工业出版社

·北京·

## 内 容 提 要

  《食品标准与法规》是"十四五"职业教育国家规划教材，以食品标准和食品法律法规为主线，根据 2018 年修正版《中华人民共和国食品安全法》，对食品标准基础知识、我国食品标准体系、食品法律法规基础知识、《食品安全法》及其配套法规、我国其他食品相关法规、国际及部分发达国家食品标准与法规、食品产品认证以及食品标准与法规文献检索等内容进行了全面、系统的介绍。另外，为了加强对理论知识的理解和应用，还在最后增加了实训章节，以方便读者进行实际操作训练。全面贯彻党的教育方针，落实立德树人根本任务，在书中有机融入党的二十大精神。本书配有电子课件，可从 www.cipedu.com.cn 下载参考。

  本书注重思政与素质教育，内容新颖，注重实用性和时效性，可作为职业教育食品智能加工技术、食品质量与安全、食品营养与健康以及食品检验检测技术等专业的教材，也可作为食品安全监督管理部门、食品检验机构及食品企业的食品质量与安全管理人员和技术人员的参考用书。

**图书在版编目（CIP）数据**

  食品标准与法规/李冬霞，李莹主编. —北京：化学工业出版社，2020.6（2025.1重印）

  高职高专系列规划教材

  ISBN 978-7-122-35986-5

  Ⅰ.①食… Ⅱ.①李…②李… Ⅲ.①食品标准-中国-高等职业教育-教材②食品卫生法-中国-高等职业教育-教材 Ⅳ.①TS207.2②D922.16

  中国版本图书馆 CIP 数据核字（2020）第 043186 号

---

责任编辑：迟　蕾　李植峰       装帧设计：王晓宇

责任校对：王素芹

---

出版发行：化学工业出版社（北京市东城区青年湖南街 13 号　邮政编码 100011）

印　　刷：北京云浩印刷有限责任公司

装　　订：三河市振勇印装有限公司

787mm×1092mm　1/16　印张 15½　字数 376 千字　2025 年 1 月北京第 1 版第 14 次印刷

---

购书咨询：010-64518888       售后服务：010-64518899

网　　址：http://www.cip.com.cn

凡购买本书，如有缺损质量问题，本社销售中心负责调换。

---

定　　价：46.00 元

# 《食品标准与法规》编写人员

主　　编　　李冬霞　李　莹

副 主 编　　杨兆艳　司武阳

编　　者　　李冬霞　苏州农业职业技术学院

　　　　　　李　莹　武汉软件工程职业学院

　　　　　　杨兆艳　山西药科职业学院

　　　　　　司武阳　安徽粮食工程职业学院

　　　　　　白　梅　内蒙古商贸职业学院

　　　　　　龙道崎　重庆安全技术职业学院

　　　　　　孙　静　甘肃农业职业技术学院

　　　　　　倪丽娟　徐州工业职业技术学院

主　　审　　蔡　健　苏州农业职业技术学院

　　　　　　董守正　深圳市市场监督管理局

# ▌前　言▌

　　食品安全关系着人民群众的身体健康和生命安全，关系着中华民族的未来。《中共中央、国务院关于深化改革加强食品安全工作的意见》，要求食品安全工作要遵循"四个最严"要求，即建立最严谨的标准、实施最严格的监管、实行最严厉的处罚和坚持最严肃的问责。而食品标准与法规是食品安全现代化治理体系的重要组成部分，也是食品质量与安全的重要保障。从根本上讲，"四个最严"与食品标准与法规密切相关。

　　教材每章专门根据专业内容设计了"思政与素质目标"，有针对性地引导与强化学生的职业素养培养，践行党的二十大强调的"落实立德树人根本任务，培养德智体美劳全面发展的社会主义建设者和接班人"，坚持为党育人、为国育才，引导学生爱党报国、敬业奉献、服务人民。教材通篇讲授食品法规与标准，并引入食品安全案例，强化党的二十大报告提出的法治精神和依法治国理念。

　　食品标准与法规课程是食品类专业的必修课程。为适应食品安全新形势下的食品相关岗位要求，作为高职食品专业的在校学生，有必要学习国家管理食品安全的最新政策，了解食品标准与法规的基础知识，掌握我国食品标准与法规的现状及相关规定，并对国际及发达国家食品标准与法规有所了解。本教材就是针对这些需求而编写的。

　　本教材内容紧密对接目前国家管理食品行业的相关政策和要求，编排也贴合学生特点，便于学生学习和掌握。首先，编者紧跟国家政策的变化，及时将最新的食品标准与法规内容和食品政策融入教材，将过时的内容摒弃不用，带给读者实用、准确的知识信息。但由于食品标准和法规更新较快，在实际应用中，仍需密切关注相关内容的最新变化。其次，基于高职学生的学习特点，编者在教材中穿插了相当数量的具有针对性的拓展阅读、同步训练、小知识和思政小课堂等素材，在每章最后列出了本章的巩固训练题，包括概念、填空、选择、问答及案例分析等多种题型，以便读者全面、深入地学习和理解教材内容。另外，鉴于《食品安全法》在食品安全监管中的基础性作用，本教材在保留相关食品法律法规的基础上，将《食品安全法》单列，介绍其主要内容、应用及其配套法规和规章的主要内容等。

　　本教材共分九章，李冬霞编写第一章和第四章，白梅编写第二章，孙静编写第三章，司武阳编写第五章，李莹编写第六章，龙道崎编写第七章，倪丽娟编写第八章，杨兆艳编写第九章，附录内容由李冬霞整理编写；李冬霞和李莹担任主编并统稿，蔡健教授和董守正先生对本书提出了不少宝贵的改进意见。在编写工作中，得到了各编者所在单位以及社会各界的关心和大力支持，在此表示衷心感谢。

　　限于编者的水平和经验，书中难免有不足和疏漏之处，敬请同行专家和广大读者批评指正。

编者

# 目 录

## 第一章 标准基础知识

## 第二章 我国食品标准体系

## 第三章 食品法律法规基础知识

## 第四章 《食品安全法》及其配套法规

## 第五章 我国其他食品相关法律

## 第六章　国际及部分发达国家食品标准与法规

## 第七章　食品产品认证

## 第八章　食品标准与法规文献检索

## 第九章　实训

## 附　录

## 参考文献

# 第一章
# 标准基础知识

## 💡 知识目标

理解标准和标准化的基本概念及其特点；了解标准化的形式及其作用；掌握标准的类别；理解我国标准的制定要求和程序；掌握标准的结构及要素类型；理解编写标准各要素的具体要求。

## 💡 能力目标

能辨别不同类型的食品标准；会起草食品标准。

## 💡 思政与素质目标

深入了解我国标准化战略，充分体会标准化活动对于我国新时代推动高质量发展、全面建设社会主义现代化国家的重要意义；感受我国标准化工作取得的巨大成就，培养爱党、爱国、爱人民、爱集体的思想情怀，增强对党的创新理论的政治认同、思想认同、情感认同，坚定中国特色社会主义道路自信、理论自信、制度自信、文化自信。作为未来的食品行业从业人员，应当树立标准意识，具备以食品标准为行为准则的职业素质以及从标准层面保证食品质量和安全的职业意识。

## 引例：我国将抓紧制定实施标准化战略

1949 年以来直至今天，我国的标准化法治体系不断健全，标准数量和质量大幅提升，标准体系日益完善。截至 2019 年 9 月，我国共有国家标准 36877 项，备案的行业标准 62262 项，备案地方标准 37818 项，团体标准 9790 项，企业自我声明公开的标准有 114 万项。

我国标准化改革也在稳步推进，2015 年 3 月，国务院印发了《深化标准化工作改革方案》。目前，各项改革总体进展顺利，完成了强制性标准的整合精简，开展了推荐性标准集中复审，培育发展了一批团体标准，放开搞活了企业标准，推动开展地方标准化改革。

我国还将加快形成推动高质量发展的标准体系，围绕国际标准转化、乡村振兴、传统产业提档升级、新产业发展、生态文明建设等方面，加快全面标准化建设，提升标准水平，完善标准体系，助力高质量发展。

分析：我国历来重视标准化工作，我国的标准化工作也取得了巨大成就。

那么，标准化和标准是什么，它们有什么作用？标准的结构是怎样的，应如何制定？学完本章内容，你将能够回答上述问题。

# 第一节　标准化和标准

国际标准化组织（ISO）和有关标准化专家对标准化进行过各种定义，这里采用 GB/T 20000.1—2014《标准化工作指南　第 1 部分：标准化和相关活动的通用术语》中对标准化的相关表述。

**小知识 1-1　世界标准日**

为提高对国际标准化在世界经济活动中重要性的认识，促进国际标准化工作适应世界范围内的商业、工业、政府和消费者的需要，1969 年 9 月 ISO 理事会发布的第 1969/59 号决议，决定把每年的 10 月 14 日定为世界标准日。1970 年 10 月 14 日举行了第一届世界范围的庆祝世界标准日的活动。

## 一、标准化

### 1. 标准化的概念

标准化是为了在既定范围内获得最佳秩序，促进共同效益，对现实问题或潜在问题确立共同使用和重复使用的条款以及编制、发布和应用文件的活动。

注：①标准化活动确立的条款，可形成标准化文件，包括标准和其他标准化文件；②标准化的主要效益在于为了产品、过程或服务的预期目的改进它们的适用性，促进贸易、交流以及技术合作。

### 2. 标准化概念的内涵

尽管标准化有多种定义，但其表述的内涵基本一致，大致包括以下五个方面。

**(1) 标准化是一项有组织的活动过程**　标准化的主要内容是制定标准，实施标准，进而修订标准，又实施标准。这样反复循环，螺旋式上升，每完成一次循环，标准化对象就发展、完善一次，标准化水平也就提高一步。两次制/修订标准的时间间隔就是标龄。

**(2) 标准是标准化活动中制定标准过程的成果**　标准化的效能和目的都要通过制定和实施标准来体现。所以，制定各类标准、组织实施标准和对标准的实施进行监督或检查构成了标准化的基本任务和主要活动内容。

**(3) 标准化的效果只有当标准在实施中付诸重复使用后才能体现出来**　只制定而不实施标准或者标准实施过程不增值，都不能取得标准化效益。实施标准是十分重要、不可忽视的环节，这一环节中断，标准化循环发展过程也即中止。

（4）**标准化的对象和领域都在随着时间的推移不断地完善、扩展和深化**　过去主要制定产品标准、技术标准，现在还要制定管理标准、工作标准；过去主要在工农业生产领域进行标准化，现在已扩展到安全、卫生、环境保护、人口普查、行政管理领域；过去只对实际问题进行标准化，现在还要对潜在的问题进行标准化。即使是同一项标准，随着标准化对象的发展、人们认识的深化，其标准内容和水平也在发展完善或改变、深化。

（5）**标准化的目的和重要意义在于改进标准化活动的过程质量**　标准化的目的和重要意义在于改进活动过程和产品的适用性，提高活动质量、过程质量和产品质量，同时达到便于交流和协作，尤其是可消除国际贸易中的技术壁垒。

### 3. 与标准化相关的概念

（1）**标准化的对象**　标准化的对象即需要标准化的主题。标准化对象主要指标准化工作的对象，也称具体对象，是需要制定标准的对象或各专业标准化工作的对象，即"产品、过程或服务"。"产品、过程或服务"这一表述，旨在从广义上囊括标准化对象，宜等同地理解为包括诸如材料、元件、设备、系统、接口、协议、程序、功能、方法或活动。标准化可以限定在任何对象的特定方面，如可对某类食品（如乳粉）的品质和生产规范分别进行标准化。

（2）**协商一致**　协商一致即普遍同意，也就是有关重要利益相关方对于实质性问题没有坚持反对意见，同时按照程序考虑了有关各方的观点并且协调了所有争议。需要注意的是，协商一致并不意味着全体一致同意。

（3）**标准化层次**　标准化层次即标准化所涉及的地理、政治或经济区域的范围。标准化可在全球、区域或国家层次上，在一个国家的地区内，在政府部门、行业协会等团体机构或企业层次上，以至企业内车间和业务室等各个不同层次上进行。

### 4. 标准化的目的和作用

标准化的一般目的即"在既定范围内获得最佳秩序，促进共同效益"。

标准化可以有一个或更多特定目的，以使产品、过程或服务适合其用途。这些目的可能包括但不限于品种控制、可用性、兼容性、互换性、健康、安全、环境保护、产品防护、相互理解、经济绩效、贸易等，且这些目的可能相互重叠。

标准化的具体作用包括：①标准化是组织现代化生产的必要条件和手段；②标准化是合理发展产品品种、组织专业化生产的前提和基础；③标准化是实行科学管理和现代化管理的基石；④标准化是提高产品质量，保障安全、卫生的技术保障；⑤标准化可合理地利用资源和节约能源，推进循环经济的持续发展；⑥标准化是推广新工艺、新技术、新科研成果等的桥梁；⑦标准化可以消除贸易壁垒，促进国际贸易的发展，维护我国的商品信誉和人民权益；⑧标准化引领可持续发展，是建立和谐社会的管理手段和技术支撑。

除此之外，在农业现代化生产、国防现代化建设以及社会活动等领域，都可以运用标准化特有的功能，获得显著经济效益和其他社会效益。

### 5. 标准化的形式

标准化的形式也称标准化的方法，是标准化活动过程的表现形态，也是标准化活动内容的表现形式。标准化的主要形式有简化、统一化、系列化、通用化、组合化、综合标准化和超前标准化等，针对不同的标准化任务，达到不同的目标。

（1）**简化**　简化就是在一定范围内缩减标准化对象（或事物）的类型和数目，使之在一定时间内满足一般需要的标准化形式。简化是一种古老的标准化形式，一般是在事后进行，也就是在事物的多样化已经发展到一定规模以后，才对事物的类型和数目加以缩减。但简化不是消极的"治乱"措施，实际上，它不仅能简化目前的复杂性，而且在一定时期和一定空间范围内能够预防和控制不必要复杂性的发生。

（2）**统一化**　统一化是把同类事物两种或以上的表现形态归并为一种或限定在一个范围内的标准化形式。统一化的目的在于使人们对同一类标准化对象具有共同的认识，从而能采取一致的行动，来消除或避免因同一类标准化对象的多样化泛滥而造成的混乱，借以促进标准化对象向前发展，为人类的正常活动建立良好的秩序。

（3）**系列化**　系列化是根据同一类产品的发展规律和使用需求，将其特性参数按一定数列作合理安排和规划，并且对其形式和结构进行规定或统一，从而有目的地指导同类产品发展的标准化形式，是简化的延伸。产品的系列化，一般可分为制定产品参数系列、编制产品系列型谱和产品系列设计等三个方面的内容。

（4）**通用化**　通用化是指在互相独立的系统中，最大限度地扩大具有功能互换和尺寸互换的功能单元使用范围的一种标准化形式。换言之，通用化是选定或研制具有互换性特征的通用单元，并将其用于新研制的某些系统，以满足这些系统需求的一种标准化方法。通用化的作用表现在可以简化设计、制造过程中的重复劳动，为专业化生产创造条件，缩短生产周期，以及提高经济效益等方面。

（5）**组合化**　组合化是按照标准化的原则，设计并创造出一系列通用性较强且能多次重复使用的单元，根据需要拼合成不同用途的物品的标准化形式，也被称为"积木化"或"模块化"。组合化的特征是通过标准化的单元组合为物体，这个物体又能重新拆装，组成新结构的物体，而标准化单元则可以多次重复利用。组合化的应用范例有组合家具、组合机床等。如果组合单元具有独立功能模块，这种组合化则可称为模块化方法。

（6）**综合标准化**　综合标准化即整体标准化，是针对不同的标准化对象，以考虑整体最佳效果为主要目标，把所涉及的全部因素综合起来进行系统处理的标准化管理方法。综合标准化是系统工程和标准化相结合的产物，它以标准化具体对象系统为研究对象，准确地把握各种相关要求之间的关系，以保证整个系统的功能效果最佳，具有系统性、目标性和整体最佳性等基本特征。

**案例 1-1　文山三七综合标准化**

云南省文山州三七产业运用综合标准化思维，形成覆盖种苗、栽培技术和加工规程等产业全过程的标准体系，实现了三七产业由弱势产业转变为优势产业的巨大改变，展现了综合标准化在产业转型升级中的作用。

文山三七是我国著名的地理标志保护产品。早在 2000 年，文山三七研究所就起草了《文山三七　综合标准》，该标准对三七种子、种苗、茎叶、栽培、初制品加工等种植环节相关质量技术要求做了明确规定。随后，文山州又先后制定了 GB 19086—2003《原产地域产品　文山三七》、GB/T 19086—2008《地理标志产品　文山三七》，对文山三七种植环境、栽培技术、加工技术、感官指标、检验规则、运输和贮藏等方面作出了规定。2015 年，《中医药——三七种子种苗》《中医药——三七药材》两项标准获得 ISO/TC 249 国际标准立项，2017 年，国际标准化组织（ISO）正式发布了 ISO 20408:2017《中医药——三七种子种苗》国际标准。

**同步训练 1-1** 列举每种标准化方法的案例 1～2 个。

## 6. 标准化的基本原则

标准化的原则是揭示标准化活动或标准化工作过程中一些最基本的客观规律，是开展标准化工作时应遵循的规则。一般认为，现代化标准化活动过程应遵循八项基本原则，即超前预防原则、协商一致原则、统一有度原则、动变有序原则、互相兼容原则、系统优化原则、阶梯发展原则和滞阻即废原则。

**拓展阅读 1-1　肯德基的管理之道——用标准化化繁为简**

作为一个快餐类餐饮企业，肯德基成功的原因纵然很多，但其中不得不提的是其标准化的管理之道。

先来想象一下肯德基的日常运作场景：33 万名员工，4800 余家门店，分布在全国超过 1000 座城市乡镇。当总部决定在全国门店同一时间推出 15 款产品时，这些门店是如何做到协同一致的呢？

餐厅优化部在其中承担着重要的职责，其宗旨是"凡事皆可优化"。优化之后便转为标准化，让政策方法执行不走样。肯德基的窍门是 3S，即 Simple（化繁为简）、Short（言简意赅）、Specific（目标明确）。

在确立标准化之前，优化部门会反复看体系设计是不是太复杂，是不是有太多的学理。步骤越复杂，执行的偏差就越大，反之，越简单精准度就越高。

从新产品研发开始，当新品雏形出来后，会组成一个由企划部门领导的项目小组，标准化团队成员加入其中，制定原物料包装的尺寸规格、生产操作程序、原物料人力配置、工作流的动向以及订货流程。

同时，这一流程的合理性还需要经过模拟来检验。新品上市前，餐厅优化部联合各部门在一家门店由内部员工实景演练。直到各部门测试认同后，项目小组要提前 90 天完成产品的操作图卡、视频光盘，为从事一线培训的工作人员提供便利。

如今，借助于企业内部的 e-learning 平台和微信，相关标准化培训手册可以迅速发送至全国门店，在平台上，管理团队可以实时了解谁在学习以及学习的效果如何。正因为有了标准化的培训手册，行动力大大提升。其速度甚至可以快到今天开会决定在所有的收银机上增加一个产品设键，明日一早开业时所有的门店均已准备停当，由标准化带来的行动力也打破了快餐业不能做菜单整体革新的传统观念。

# 二、标准

## 1. 标准的概念

标准是指通过标准化活动，按照规定的程序经协调一致制定，为各种活动或其结果提供规则、指南或特性，供共同使用和重复使用的文件。

注：①标准宜以科学、技术和经验的综合成果为基础。②规定的程序指制定标准的机构颁布的标准制定程序。③诸如国际标准、区域标准、国家标准等，由于它们可以公开获得以及必要时通过修正或修订保持与最新技术水平同步，因此它们被视为构成了公认的技术规则。其他层次上通过的标准，诸如专业协（学）会标准、企业标准等，在地域上可影响几个国家。

另外，世界贸易组织（WTO）《技术性贸易壁垒协议》（WTO/TBT 协议）规定：标准是经公认机构批准的、非强制性的、为了通用或反复使用的目的，为产品或其加工或生产方法提供规则、指南或特性的文件。该文件还可包括或专门关于适用于产品、工艺或生产方法的专业术语、符号、包装、标志或标签要求。

## 2. 标准的特点

**(1) 非强制性**　WTO/TBT 协议明确规定了标准的非强制性的特征，非强制性也是标准区别于技术法规的一个重要特点。标准是一种规范，但它本身不具有强制力，即便是强制性标准，其强制性也是法律授予的，否则便无法强制执行。因为标准中不规定行为主体的权利和义务，也不规定不行使义务应承担的法律责任，它与其他规范立法程序完全不同。标准是通过利益相关方之间的平等协商达到的，是协调的产物。它以科学合理的规定，为人们提供一种适当的选择。需要说明的是，我国出台的国家标准既有推荐性标准，也有强制性标准。我国的强制性标准，如食品安全国家标准，是必须强制执行的标准。

**(2) 标准的制定出于合理目标**　一般情况下，标准的制定需出于合理目标，如保证产品质量、保障国家安全、保护人类的健康或安全、保护动植物的生命或健康、保护环境、防止欺诈行为等。

**(3) 应用广泛性和通用性**　标准应用非常广泛，影响面大，涉及行业和领域的方方面面。如食品标准中除了产品标准以外，还有术语标准、生产规范标准、试验方法标准、包装标准、标签标准、安全标准和质量管理标准等，广泛涉及人类生产、生活及消费的各个方面。

**(4) 标准对贸易的双向作用**　对市场贸易而言，标准是把双刃剑，良好的标准执行其可以提高生产效率、确保产品质量、促进国际贸易、规范市场秩序，但同时人们也可以利用标准技术水平的差异设置国际贸易壁垒，保护本国市场和利益。

**(5) 标准对贸易的壁垒作用可以跨越**　标准对国际贸易的壁垒作用主要是由于各国经济技术发展水平的差异造成的，甚至可以认为是一种"客观"的壁垒。这种壁垒可通过提高产品生产的技术水平、增加产品的技术含量、改善产品的质量等方式予以"跨越"。

## 3. 标准的功能

标准具有诸多功能，大致列举如下：①获得最佳秩序；②实现规模生产；③保证产品质量安全；④促进技术创新；⑤确保产品的兼容性；⑥减少市场中的信息不对称，为消费者提供必要的信息；⑦降低生产对环境的污染。

**同步训练 1-2** 比较标准化和标准的概念和涵义。

# 第二节 标准的分类

从不同的目的和角度出发，依据不同的准则，可以对标准进行不同的分类，由此形成不同的标准种类。世界各国标准分类方法不尽一致，习惯上可根据标准的制定主体、约束力、标准化对象的基本属性以及内容等对标准进行分类。

## 一、按制定主体分类

根据制定主体不同，可将标准分为国际标准、区域标准、国家标准、行业标准、地方标准、团体标准和企业标准等。

### 1. 国际标准和区域标准

**(1) 国际标准** 国际标准指由国际标准化机构制定并在世界范围内统一和使用的标准。国际标准包括由 ISO、国际电工委员会（IEC）、国际电信联盟（ITU）等组织制定的标准，以及被 ISO 确认并公布的其他国际组织所制定的标准，如联合国粮食及农业组织（FAO）、食品法典委员会（CAC）、国际乳品联合会（IDF）以及世界卫生组织（WHO）等制定的标准。国际标准是世界各国进行贸易的基本准则和基本要求。

**小知识 1-2  国际三大标准化组织**

国际标准化组织（ISO）：ISO 是目前世界上最大、最有权威性的国际标准化专门机构之一。ISO 的主要活动是制定国际标准，协调世界范围的标准化工作，组织各成员国和技术委员会进行情报交流，以及与其他国际组织进行合作，共同研究有关标准化问题。

国际电工委员会（International Electrotechnical Commission，IEC）：IEC 成立于 1906 年，负责有关电气工程和电子工程领域中的国际标准化工作，总部设在瑞士日内瓦。IEC 的宗旨是促进电气、电子工程领域中标准化及有关问题的国际合作，增进国际间的相互了解。目前，IEC 的工作领域已由单纯研究电气设备、电机的名词术语和功率等问题扩展到电子、电力、微电子及其应用、通讯、视听、机器人、信息技术、新型医疗器械和核仪表等电工技术的各个方面。IEC 标准已涉及世界市场中 35% 的产品。

国际电信联盟（International Telecommunication Union，ITU）：ITU 成立于 1865 年 5 月 17 日，是由法、德、俄等 20 个国家在巴黎会议上为了顺利实现国际电报通信而成立的国际组织。ITU 的主要职责是完成国际电信联盟有关电信标准化的目标，使全世界的电信实现标准化。ITU 目前已制定了 2000 多项国际标准。

**（2）区域标准** 区域标准又称地区标准，是指由世界区域性标准化组织通过并公开发布的标准。目前全球范围内主要区域标准化机构包括欧洲标准化委员会（CEN），欧亚标准化、计量与认证委员会（EASC），亚太经济合作组织/贸易与投资委员会/标准一致化分委员会（APEC/CTI/SCSC），太平洋地区标准会议（PASC），泛美技术标准委员会（COPANT），阿拉伯标准化与计量组织（ASMO）标准和非洲地区标准化组织（ARS）标准等。区域标准是该区域国家集团间进行贸易的基本准则和基本要求。

**思政小课堂　我国国际标准化贡献率跃居全球第五**

在 2018 年 1 月 15 日召开的 2018 年全国标准化工作会议中，可了解到在过去五年，我国深度参与国际标准化活动，ISO、IEC、ITU 三大国际标准组织首次同时由中国人担任主要领导职务，我国主导制定的 ISO/IEC 国际标准比五年前增加了 297 个，增长 192%，国际标准化贡献率跃居全球第五。

会议报道，近五年，我国专家分别担任 ISO 主席、IEC 副主席、ITU 秘书长，新承担工业水回用、智慧城市、太阳光伏、无线电干扰等 9 个 ISO/IEC 技术机构主席、副主席职务，新承担儿童乘用车辆、分布式电力能源系统等 5 个 ISO/IEC 技术机构秘书处，承担 ISO 秘书处总数稳居第 5 位。我国智能制造标准参考模型输出到 ISO、IEC，工业和信息化部、国务院国有资产监督管理委员会、国家中医药管理局等部门推动一批通信、电网、船舶、中医药领域标准成为国际标准，原文化部推动手机动漫标准成为我国文化领域首个国际标准。在冶金、材料、建筑等领域新提交国际标准提案 161 项，参与制定国际标准数量超过新增数量的 50%。

## 2. 我国标准体系

按制定主体不同，我国标准分为由政府主导制定的标准（强制性国家标准、推荐性国家标准、行业标准、地方标准）和由市场自主制定的标准（团体标准和企业标准）两大类五小类。不同标准的区别主要在于它们的制定主体、地位和适用范围不同，而不是标准技术水平高低的分级。

**（1）国家标准** 国家标准是需要在全国范围内统一的技术和管理要求，是我国标准体系中的主体。

国家标准分为强制性标准和推荐性标准。为保障人身健康和生命财产安全、国家安全、生态环境安全以及满足社会经济管理基本要求，需要统一的技术和管理要求，应当制定强制性国家标准。国家标准一经批准发布实施，与国家标准相重复的行业标准、地方标准即行废止。

国务院标准化行政主管部门统一管理强制性国家标准，负责强制性国家标准的立项、编号和发布，并开展对外通报。国务院各有关行政主管部门依据职责负责强制性国家标准的项目提出、组织起草、征求意见、技术审查、组织实施和监督。

国家标准的代号为"GB"（强制性标准）或"GB/T"（推荐性标准）。国家标准编号由国家标准代号、标准发布顺序号和标准发布年代号构成，如 GB 2760—2014。

> **同步训练 1-3**　目前我国的国务院标准化行政主管部门指的是哪个部门？

**（2）行业标准**　行业标准是指没有国家标准而又需要在全国某个行业范围内统一的技术和管理要求。行业标准为推荐性标准。行业标准由国务院有关行政主管部门制定，并报国务院标准化行政主管部门备案。在公布国家标准之后，该项行业标准自行废止。涉及食品标准的主要行业标准有轻工行业标准（QB/T）、粮食行业标准（LS/T）、出入境检验检疫行业标准（SN/T）、农业行业标准（NY/T）、水产行业标准（SC/T）和国内贸易行业标准（SB/T）等。

行业标准编号规则与国家标准相同，即由行业标准代号、标准发布顺序号以及标准发布年代号构成，如 QB/T 5027—2017。

**（3）地方标准**　地方标准是指没有国家标准和行业标准而又需要在特定行政区域内统一的技术和管理要求。地方标准为推荐性标准。需要说明的是，《食品安全法》规定，对没有相应食品安全国家标准的地方特色食品，省、自治区、直辖市人民政府卫生行政部门可以制定并公布食品安全地方标准，而食品安全地方标准在本辖区范围内为强制性标准。

地方标准由省级标准化行政主管部门制定，设区的市人民政府标准化行政主管部门经其省级标准化行政主管部门批准后，可制定本市的地方标准。地方标准由省级标准化行政主管部门报国务院标准化行政主管部门和国务院有关行政主管部门备案。在公布国家标准或者行业标准之后，该项地方标准即行废止。

地方标准的代号由"DB"加上当地行政区划代码再加"/T"构成，如 DB 32/T 为江苏省地方标准代号，而 DB 3205/T 为江苏省苏州市地方标准代号。食品安全地方标准的代号为"DBS"加上当地行政区划代码再加斜线构成，如 DBS 52/015—2016《食品安全地方标准　贵州素辣椒》。

**（4）团体标准**　团体是指具有法人资格，且具备相应专业技术能力、标准化工作能力和组织管理能力的学会、协会、商会、联合会和产业技术联盟等社会团体。团体标准是依法成立的社会团体为满足市场和创新需要，协调相关市场主体共同制定的标准。

团体标准代号由"T/"＋团体代号构成，如 T/CBJ 3101—2018《纯生啤酒》为中国酒业协会发布的团体标准，T/HLJNX 0001—2016《黑龙江省食品安全团体标准　生乳》为黑龙江奶业协会发布的团体标准。

> **拓展阅读 1-2　新《标准化法》**
>
> 新《标准化法》于 2018 年 1 月 1 日起实施，此次修订最大的调整是在标准分类中，除原有四级标准外，还增加了团体标准，赋予团体标准法律地位。在我国标准化体系中，最终形成了"强制性标准守底线、推荐性标准保基本、行业标准补遗漏、企业标准强质量、团体标准搞创新"的格局。

行业协会、商会是同行企业自己的组织，能够察觉到所处行业的生存状态、存在问题和发展前景。国家鼓励行业协会、商会等组织发挥主导作用，规范行业的组织行为。团体标准的制定和实施将在市场经济运行中发挥积极的作用。

**(5) 企业标准** 企业标准是根据企业或企业联盟范围内需要协调、统一的技术要求、管理要求和工作要求所制定的供企业或企业联盟使用的标准。

企业生产的产品没有国家标准、行业标准、地方标准和团体标准的，应当制定企业标准作为组织生产的依据。已有国家标准或者行业标准的，国家鼓励企业制定严于国家标准或者行业标准、地方标准的企业标准。企业和企业联盟可根据需要自行制定企业标准。

企业标准代号由"Q/"＋企业代号组成，而食品企业标准编号由企业标准代号＋标准顺序号＋"S"＋发布年代号构成，如 Q/NXHD 0004 S—2016《宁夏恒大乳业有限公司 强化豆奶粉》。

**同步训练 1-4** 食品企业拟生产的食品没有相应的产品标准怎么办？食品企业生产的食品已有国家标准，企业还可以制定自己企业的产品标准吗？

## 二、按约束力分类

### 1．我国的强制性标准和推荐性标准

**(1) 强制性标准** 强制性标准是指为保障人身健康和生命财产安全、国家安全、生态环境安全以及满足社会经济管理基本需要的技术要求。为了加强强制性标准的统一管理，避免交叉重复、矛盾冲突，保证执法的统一性，除法律、行政法规和国务院决定对强制性标准的制定另有规定外，只设强制性国家标准一级，行业标准和地方标准均为推荐性标准。

强制性国家标准一经颁布，必须贯彻执行，通过具有法律属性的法令、行政法规等强制手段加以实施。不符合强制性标准的产品、服务，不得生产、销售、进口或者提供。违反强制性标准的，依法承担相应的法律责任。

**拓展阅读 1-3　四川火锅底料地方标准出炉**

四川新闻网成都 7 月 18 日（注：2016 年）讯　四川新闻网记者从四川省卫生计生委获悉，日前，四川火锅底料地方标准《食品安全地方标准 火锅底料》出炉，据了解，和此前 2006 年《火锅底料技术要求》相比，此标准有强制性，从 2017 年 1 月 15 日起强制执行，四川省内所有相关企业都要达到此标准。

据了解，该标准为食品安全产品标准，相关要求严格遵循国家食品安全基础标准的规定。同时，根据我省火锅底料产品生产工艺、原辅料配方、包装方式对火锅底料的适用范围进行了界定。

据四川省卫生计生委食品处相关工作人员介绍，新标准的出台将为相关部门提供执法依据。此前2006年《火锅底料技术要求》是一种推荐性标准，企业可以执行、也可以不执行，但这次的火锅底料标准则是一种强制性的标准，企业必须执行。如有企业不达标，将受到相应处罚。

**拓展阅读1-4 《标准化法》规定的不符合强制性国家标准的法律责任**

生产、销售、进口产品或者提供服务不符合强制性国家标准的，由法律、行政法规规定的行政主管部门依法处理；法律、行政法规未作规定的，由标准化行政主管部门责令改正，予以警告、没收违法所得，根据情节处违法所得一倍以上五倍以下的罚款；没有违法所得的，处十万元以上五十万元以下的罚款；情节严重的，责令停业整顿；构成犯罪的，依法追究刑事责任。

**（2）推荐性标准** 推荐性标准又称自愿性标准或非强制性标准，指的是强制性标准以外的标准。推荐性标准是倡导性、指导性、自愿性的标准。推荐性标准由国家鼓励采用，即企业自愿采用推荐性标准，同时国家将采取一些鼓励和优惠措施，鼓励企业采用推荐性标准。

在推荐性标准被相关法律、法规、规章引用；或被企业在产品包装、说明书或者标准信息公共服务平台上进行了自我声明公开；或被合同双方作为产品或服务交付的质量依据等情况下，推荐性标准的效力会发生转化，必须执行。

另外，我国标准领域还存在一种非强制性的标准，称为标准化指导性技术文件，简称指导性技术文件。它是为仍处于技术发展过程中（如变化快的技术领域）的标准化工作提供指南或信息，供科研、设计、生产、使用和管理等有关人员参考使用而制定的标准文件。指导性技术文件的代号为"GB/Z"，如GB/Z 21922—2008《食品营养成分基本术语》。

### 2. WTO/TBT协议的标准

在WTO/TBT协议中，"技术法规"指强制性文件，"标准"仅指自愿性标准。"技术法规"体现国家对贸易的干预，"标准"则反映市场对贸易的要求。

**（1）技术法规** 技术法规是指规定技术要求的法规，它或者直接规定技术要求，或者通过引用标准、技术规范或规程来规定技术要求，或者将标准、技术规范或规程的内容纳入法规中。WTO/TBT协议对"技术法规"的定义是："强制执行的规定产品特性或相应加工和生产方法（包括可适用的行政或管理规定在内）的文件。技术法规也可以包括或专门规定用于产品、加工或生产方法的术语、符号、包装、标志或标签要求"。

**（2）标准** WTO/TBT协议对"标准"的定义是非强制性的。

## 三、按标准化对象不同分类

标准化对象指具体对象，是需要制定标准的对象或各专业标准化工作的对象，即"产品、过程或服务"。按照标准化对象不同可将标准分为产品标准、过程标准和服务标准三大类。

### 1. 产品标准

产品标准是规定产品需要满足的要求以保证其适用性的标准，具体地说就是对产品结构、规格、质量、检验方法和规则、标签标识、包装、运输和贮存等方面所做的技术规定。产品标准除了包括适用性的要求外，也可直接包括或以引用方式包括如术语、取样、检测、包装、标签甚至工艺等方面的要求。产品标准是指一定时间和一定范围内具有约束力的产品技术准则，是产品生产、质量检验、选购验收、使用维护和洽谈贸易的技术依据。

### 2. 过程标准

过程标准是规定过程需要满足的要求以保证其适用性的标准，凡是与过程有关的标准都可以划入这一类别。过程标准主要是规定如何做的标准，此类标准影响所生产产品的品质和生产过程的效率。人类活动中大多经历的是过程，因而标准化活动中制定的标准大部分都属于过程标准，例如指导检验人员测定食品中钙含量的《食品安全国家标准　食品中钙的测定》（GB 5009.92—2016）等。

### 3. 服务标准

服务标准是规定服务需要满足的要求以保证其适用性的标准。服务标准可以在诸如洗衣、饭店管理、运输、汽车维护、远程通信、保险、银行和贸易等领域内编制，如 SB/T 11167—2016《餐饮点餐服务规范》。

## 四、按标准的内容分类

按标准的内容不同可将标准分为基础标准、产品标准、安全标准、术语标准、符号标准、分类标准、试验标准、管理标准等。我国食品标准基本上就是按照内容进行分类并编制的，如食品工业基础及相关标准、食品安全标准、食品产品标准、食品添加剂标准、食品包装材料及容器标准、食品检验方法标准等。

> **同步训练 1-5　对标准进行分类**
>
> A．GB 2760—2014《食品安全国家标准　食品添加剂使用标准》属于哪类标准？
>
> B．SB/T 11192—2017《辣椒油》属于哪类标准？
>
> C．GB/Z 26589—2011《洋葱生产技术规范》属于什么文件？

# 第三节　标准的制定

制定标准是指标准制定部门对需要制定为标准的项目编制计划，组织草拟、审批、编号、发布和出版等活动。制定标准是一项政策性、技术性和经济性的工作，是将科学、技术、管理的成果纳入标准的过程，也是集思广益、体现全局利益的过程。一个标准制定得是否先进合理、切实可行，直接影响该标准的实施效果，影响社会效益及经济效益。因此，制定标准时，必须认真遵循相关的原则和程序。

## 一、标准制定的基本原则

标准制定的基本原则是：有利于科学合理利用资源；有利于推广科学技术成果；有利于增强产品的安全性、通用性、可替换性；有利于提高经济效益、社会效益、生态效益；做到技术上先进、经济上合理。

另外，禁止利用标准实施妨碍商品、服务自由流通等排除、限制市场竞争的行为。

## 二、标准的制定程序

标准是一种技术规范，它的产生有着严格的程序管理。不同类型标准的制定程序有所区别。这里主要介绍一般强制性国家标准及食品安全标准的制定程序。

### 1. 强制性国家标准的制定程序

强制性国家标准严格限定在保障人身健康和生命财产安全、国家安全、生态环境安全以及满足社会经济管理基本需求的技术要求范围之内。强制性国家标准制定程序包括项目提出和立项、组织起草、征求意见、技术审查、批准发布、实施、监督与复审等。

国务院标准化行政主管部门统一管理强制性国家标准，制定强制性国家标准管理的有关规章、制度，负责强制性国家标准的统一立项、编号、对外通报，依据授权批准发布强制性国家标准。国务院有关行政主管部门依据职责负责强制性国家标准的项目提出、组织起草、征求意见、技术审查和复审工作。

**(1) 项目提出和立项** 强制性国家标准的制定可以由国务院有关行政主管部门、省级标准化行政主管部门、社会团体、企业事业组织以及公民提出立项建议，最终由国务院标准化行政主管部门或会同国务院有关行政主管部门决定是否立项。

**(2) 组织起草** 强制性国家标准计划下达后，起草部门可委托相关全国专业标准化技术委员会承担起草工作。强制性国家标准的技术要求应当全部强制，并且可验证、可操作。标准编写按照 GB/T 1.1 等的有关规定进行。强制性国家标准应当在调查分析、实验、论证的基础上进行起草，形成标准征求意见稿和编制说明。

**(3) 征求意见** 起草部门应当将强制性国家标准征求意见稿及编制说明，通过本部门和国务院标准化行政主管部门的官方网站，向社会公开征求意见。公开征求意见期限不少于60 天。起草部门还应当向涉及的政府部门、行业协会、科研机构、高等院校、企业、检测认证机构、消费者组织等有关方书面征求意见。对于不采用国际标准或与有关国际标准技术内容不一致，且对 WTO 其他成员的贸易有重大影响的强制性国家标准应当进行对外通报。起草部门根据各方意见修改形成强制性国家标准送审稿和意见汇总处理表。

**(4) 技术审查** 起草部门可以委托相关全国专业标准化技术委员会承担强制性国家标准技术审查工作。技术审查应当采取会议审查形式，重点审查技术内容的科学性、合理性、适用性以及与相关政策要求的符合性。起草部门根据审查情况决定报批的，形成报批稿，报送国务院标准化行政主管部门。

**(5) 批准发布** 国务院标准化行政主管部门对强制性国家标准报批材料进行审查，并对其统一编号。强制性国家标准应当以国务院标准化行政主管部门公告的形式正式发布，其发布日期和实施日期之间应当留出合理时间作为标准实施过渡期。

**（6）实施、监督与复审**　国务院标准化行政主管部门和国务院有关行政主管部门应组织做好强制性国家标准的宣传和贯彻，并建立统一的强制性国家标准实施信息反馈平台，接收社会各方的意见建议。起草部门应当根据反馈的信息和强制性国家标准实施情况，适时对强制性国家标准进行复审，提出继续有效、修订或废止的意见。复审周期一般不超过 5 年。

### 2. 国家标准的快速制定程序

快速程序是在正常标准制定程序的基础上省略起草阶段或省略起草阶段和征求意见阶段的简化程序，适用于已有成熟标准草案的项目。本程序特别适用于变化快的技术领域。

凡符合下列之一的项目，均可申请采用快速程序：

① 等同采用或修改采用国际标准制定国家标准的项目；

② 等同采用或修改采用国外先进标准制定国家标准的项目；

③ 现行国家标准的修订项目；

④ 现行其他标准转化为国家标准的项目。

对等同采用、修改采用国际标准或国外先进标准的标准制（修）订项目可直接由立项阶段进入征求意见阶段，即省略了起草阶段，将该草案作为标准草案征求意见稿分发征求意见。

对现有国家标准的修订项目或我国其他各级标准的转化项目可直接由立项阶段进入审查阶段，即省略了起草阶段和征求意见阶段，将该现有标准作为标准草案送审稿组织审查。

### 3. 食品安全国家标准的制定程序

食品安全标准是强制执行的标准，包括食品安全国家标准、食品安全地方标准和食品安全企业标准，其制定程序及涉及的主管部门与其他标准都有明显区别。食品安全国家标准制定工作包括规划、计划、立项、起草、征求意见、审查、批准、编号、公布、跟踪评价以及修订等程序。

制定食品安全标准应当以保障公众身体健康为宗旨，以食品安全风险评估结果为依据，做到科学合理、安全可靠。国家卫生健康委员会（简称国家卫生健康委）会同国务院有关部门负责食品安全国家标准的制定工作。

**（1）规划、计划和立项**　国家卫生健康委会同国务院有关部门制定食品安全国家标准规划，并公布食品安全国家标准年度立项计划。有关部门、研究机构、教育机构、学术团体、行业协会、食品生产经营者等可以根据《食品安全法》的规定，向食品安全国家标准审评委员会（简称审评委员会）秘书处（简称秘书处）提出食品安全国家标准立项建议。审评委员会向国家卫生健康委提出食品安全国家标准制定计划的咨询意见，秘书处根据立项建议和审评委员会的咨询意见提出承担标准起草单位的建议。国家卫生健康委在确定食品安全国家标准规划和年度立项计划前，应当向社会公开征求意见。

**（2）起草**　国家卫生健康委与标准起草单位签订委托协议。起草工作应当依据食品安全风险评估结果并充分考虑食用农产品安全风险评估结果，考虑我国社会经济发展水平和客观实际需要，参照相关的国际标准和国际食品安全风险评估结果。起草单位和起草负责人在起草过程中，应当深入调查研究，充分听取行业协会、食品生产经营者等标准使用单位、有关技术机构和专家的意见。标准起草单位应当在规定的时限内完成起草工作，并将标准草案、编制说明等送审材料及时报送秘书处。

（3）**征求意见和审查**　秘书处对标准送审材料的完整性、规范性及与其他食品安全国家标准之间的协调性等进行初步审查，形成标准征求意见稿并及时报送国家卫生健康委。

国家卫生健康委组织征求部门、行业意见，在国家卫生健康委网站上公开征求意见，并按照规定履行向世界贸易组织的通报程序。

标准起草单位应当对收集到的反馈意见进行研究，完善标准征求意见稿，对不予采纳的意见应当说明理由，形成标准送审稿。

秘书处适时提请专业委员会审查标准送审稿。

专业委员会负责对标准送审稿的科学性、实用性以及其他技术问题进行审查。

专业委员会审查通过的标准，提交主任会议进行审查，对专业委员会的审查结果以及与相关法律法规的符合情况提出意见。有重大原则性修改内容的，应再次征求部门、行业意见，并公开征求意见。

标准送审稿经主任会议审查通过后形成标准报批稿。

秘书处委托专业出版机构与标准起草单位共同校对报批稿，确保文本准确无误后，及时报送国家卫生健康委。

（4）**批准、编号和公布**　国家卫生健康委会同国务院有关部门以公告形式联合公布食品安全国家标准。食品安全国家标准的编号工作根据国家卫生健康委和国家标准委的协商意见及有关规定执行。

食品安全国家标准公布和实施日期之间一般设置一定时间的过渡期，供食品生产经营者和标准执行各方做好实施的准备。食品生产经营者和标准执行各方根据需要也可以在过渡期内提前实施标准。

根据需要，秘书处组织标准起草单位等编写标准实施要点问答，报国家卫生健康委审核后公布，为标准的实施提供指导。对食品安全国家标准执行过程中的问题，县级以上卫生健康行政部门应当会同有关部门，依据标准文本和解释，并参照问答等给予指导、解答。

（5）**跟踪评价和修订**　食品安全国家标准公布实施后，省级以上卫生健康行政部门应当会同有关部门组织开展食品安全国家标准的宣传和跟踪评价工作，组织本系统并广泛发动研究机构、教育机构、学术团体、行业协会、食品生产经营者等社会资源，收集食品安全国家标准实施过程中的问题、意见和建议。秘书处应当对收集的标准跟踪评价意见进行汇总分析，并反馈标准起草单位。

食品安全国家标准公布后，主要技术内容需要修订时，修订程序按照规定的立项、起草、征求意见、审查和批准公布程序执行。若其中个别技术内容需作纠正、调整、修改，则以食品安全国家标准修改单形式修改。

> **同步训练 1-6**　通过互联网搜索了解推荐性国家标准、行业标准、团体标准和企业标准的制定程序。

## 三、采用国际标准

### 1. 采用国际标准的概念和意义

采用国际标准是指将国际标准的内容，经过分析研究和试验验证，等同或修改转化为我国标准（包括国家标准、行业标准、地方标准、团体标准和企业标准），并按我国标准审批发布程序审批发布。

国际标准通常是全球工业界、研究人员、消费者和法规制定部门经验的结晶，包含了各国的共同需要，因此采用国际标准是消除贸易壁垒的重要基础之一，这一点已在WTO/TBT协议中被明确认可。为了发展社会主义市场经济、减少技术性贸易壁垒和适应国际贸易的需要，提高我国产品质量和技术水平，在制定我国相关标准时，应积极采用国际标准。

### 2. 国家标准与国际标准的一致性程度

**（1）我国国家标准与相应的国际标准的一致性程度**　分为等同、修改和非等效三种情况。

① 等同（identical，IDT）　国家标准与相应的国际标准的一致性程度为"等同"时，两者的技术内容和文本结构相同，但可以包括最小限度的编辑性修改。需要注意的是，文件版式的改变（如页码、字体、字号等的改变），尤其是在使用计算机编辑的情况下，不影响一致性程度。

② 修改（modified，MOD）　国家标准与相应国际标准的一致性程度为"修改"时，存在下述情况之一或之二兼有：a. 技术性差异，并且这些差异及其产生的原因被清楚地说明；b. 文本结构变化，但同时有清楚的比较。除此以外，国家标准还可包含编辑性修改。

③ 非等效（not equivalent，NEQ）　国家标准与相应国际标准的一致性程度为"非等效"时，存在下述情况：国家标准与国际标准的技术内容和文本结构不同，同时这种差异在国家标准中没有被清楚地说明。"非等效"还包括国家标准中只保留了少量或不重要的国际标准条款的情况。非等效不属于采用国际标准，只表明我国标准与相应国际标准的对应关系。

**（2）一致性程度的标示方法**　在采用国际标准时，应准确标示国家标准与国际标准的一致性程度。一致性程度标示包括国际标准编号、逗号和一致性程度代号。等同、修改和非等效三种一致性程度的代号如表1-1所示。与国际标准有一致性对应关系的国家标准，在标准封面上的国家标准英文译名下面的括号中标示一致性程度标识。

表1-1　我国国家标准与国际标准的一致性程度及代号

| 一致性程度 | 代号 | 是否属于采用国际标准 |
| --- | --- | --- |
| 等同 | IDT | 是 |
| 修改 | MOD | 是 |
| 非等效 | NEQ | 否 |

### 3. 采用国际标准的方法

**（1）翻译法**　翻译法指依据相应国际标准翻译成为国家标准，可做最小限度的编辑性修改。等同采用国际标准时，应使用翻译法。

**（2）重新起草法**　重新起草法指在相应国际标准的基础上重新编写国家标准。修改采用国际标准时，应使用重新起草法。

### 4. 等同采用 ISO 标准或 IEC 标准的编号方法

当国家标准等同采用 ISO 标准和（或）IEC 标准时，其编号方法是国家标准编号与 ISO 标准和（或）IEC 标准编号结合在一起的双编号方法，以便于读者在查阅标准内容之前清楚获悉"等同"这一信息。具体编号方法是将国家标准编号及 ISO 标准和（或）IEC 标准编号排在一行，两者之间用一斜线分开。如：GB/T 19000—2016/ISO 9000：2015。

对于与 ISO 标准和（或）IEC 标准的一致性程度为修改或非等效的国家标准，只使用国家标准编号，不准许使用上述双编号方法。双编号在国家标准中仅用于封面、页眉、填充和版权页上。

> **拓展阅读 1-5　我国法律对国际标准化活动的相关规定**
>
> 《标准化法》第八条　国家积极推动参与国际标准化活动，开展标准化对外合作与交流，参与制定国际标准，结合国情采用国际标准，推进中国标准与国外标准之间的转化运用。
>
> 国家鼓励企业、社会团体和教育、科研机构等参与国际标准化活动。

# 第四节　标准的结构和编写

GB/T 1.1—2020《标准化工作导则 第 1 部分：标准化文件的结构和起草规则》规定了标准化文件的结构、起草表述规则和编排格式，是一项导则性的基础标准，是全国各行各业在编写标准时共同遵守的基础标准，适用于国家标准、行业标准和地方标准以及国家标准化指导性技术文件的编写，其他标准的编写可参照使用。

## 一、相关概念

GB/T 1.1 规定了与标准的结构和编写相关的术语和定义，如规范、规程、指南、各类要素的定义。

**（1）规范（specification）** 规范是规定产品、过程或服务需要满足的要求的文件。

**（2）规程（code of practice）** 规程是为设备、构件或产品的设计、制造、安装、维护或使用而推荐惯例或程序的文件。

**（3）指南（guideline）** 指南是给出某主题的一般性、原则性、方向性的信息、指导或建议的文件。

**（4）规范性要素（normative elements）** 规范性要素是指声明符合标准而需要遵守的条款的要素，分为规范性一般要素和规范性技术要素两种。

① 规范性一般要素（general normative elements）：描述标准的名称、范围，给出对于标准的使用必不可少的文件清单等要素。

② 规范性技术要素（technical normative elements）：规定标准技术内容的要素。

**（5）资料性要素（informative elements）** 资料性要素是标示标准、介绍标准、提供标准附加信息的要素，分为资料性概述要素（preliminary informative elements）和资料性补充要素（supplementary informative elements）。

① 资料性概述要素：标示标准，介绍内容，说明背景、制定情况以及该标准与其他标准或文件的关系的要素，即标准的封面、目次、前言和引言等。

② 资料性补充要素：提供有助于标准的理解或使用的附加信息的要素，即标准的资料性附录、参考文献和索引等。

**（6）必备要素（required elements）** 必备要素是在标准中不可缺少的要素。

**（7）可选要素（optional elements）** 可选要素是在标准中存在与否取决于特定标准的具体需求的要素。

**（8）条款（provisions）** 条款是规范性文件内容的表达方式，一般采取要求、推荐或陈述等形式。

**（9）要求（requirement）** 要求是表达如果声明符合标准需要满足的准则，并且不准许存在偏差的条款。

**（10）推荐（recommendation）** 推荐是表达建议或指导的条款。

**（11）陈述（statement）** 陈述是表达信息的条款。

**（12）最新技术水平（state of the art）** 根据相关科学、技术和经验的综合成果判定的在一定时期内，产品、过程和服务的技术能力的发展程度。

> **同步训练 1-7** 通过互联网检索规范、规程和指南三种标准化文件各 1 项，并比较其内容特点。

## 二、编写标准的总则

### 1. 目标和要求

制定标准的目标是规定明确且无歧义的条款以促进贸易和交流。为此，标准编写应满足下述要求：①在标准的范围所规定的界限内按需要力求完整；②清楚和准确；③充分考虑最新技术水平；④为未来技术发展提供框架；⑤能被未参加标准编制的专业人员所理解。

### 2. 其他原则

**（1）统一性** 每项标准或系列标准（或一项标准的不同部分）内，标准的结构、文体和术语应保持一致。系列标准的每项标准（或一项标准的不同部分）的结构及其章、条的编号应尽可能相同。类似的条款应使用类似的措辞来表述；相同的条款应使用相同的措辞来表述。系列标准或每项标准（或一项标准的不同部分）内，对于同一个概念应使用同一个术语。对于已定义的概念应避免使用同义词。每个选用的术语应尽可能只有唯一的含义。

**（2）协调性** 为了达到所有标准整体协调的目的，每项标准的编写应遵循现有基础标准的有关条款，尤其是涉及标准化原理和方法，标准化术语，术语的原则和方法，量、单位及其符号，符号、代号和缩略语，参考文献的标引以及图形符号等方面时更应如此。

**（3）适用性** 标准的适用性指的是标准的内容应便于实施，并且易于被其他的标准或文件所引用。

**（4）一致性** 如果有相应的国际文件，起草标准时应以其为基础并尽可能保持与国际文件相一致。与国际文件的一致性程度为等同、修改或非等效的我国标准的起草应符合 GB/T 20000.2 的规定。

**（5）规范性** 在起草标准之前，应确定标准的预计结构和内在关系，尤其应考虑内容的划分。如果标准分为多个部分，则应预先确定各个部分的名称。为了保证一项标准或一系列标准的及时发布，从起草工作开始到随后的所有阶段均应遵守 GB/T 1.1 规定的规则以及 GB/T 1.2 规定的程序，根据编写标准的具体情况还应遵守 GB/T 20000、GB/T 20001 和 GB/T 20002 相应部分的规定。

## 三、标准的结构

标准的结构即为标准（或部分）的章、条、段、表、图和附录的排列顺序。由于标准化对象的不同，各类标准的结构及其包含的具体内容也各不相同。为便于标准使用者理解和正确使用、引用标准，起草者在起草标准时都应遵循以下有关标准内容和层次划分的统一规则。

### 1. 按内容划分

**（1）标准内容划分的通则** 由于标准之间的差异较大，较难建立一个普遍接受的内容划分规则。通常，针对一个标准化对象应编制成一项标准并作为整体出版；特殊情况下，可编制成若干个单独的标准或在同一个标准顺序号下将一项标准分成若干个单独的部分。标准分成部分后，需要时，每一部分可以单独修订。

**（2）部分的划分** 标准化对象的不同方面，如健康和安全要求、性能要求、维修和服务要求、安装规则以及质量评定等，可能分别引起各相关方（如生产者、认证机构、立法机关等）的关注时，应清楚地区分这些不同方面，最好将它们分别编制成一项标准的若干个单独的部分。一项标准分成若干个单独的部分时，可使用下列两种方式：①将标准化对象分为若干个特定方面，各个部分分别涉及其中的一个方面，并且能够单独使用。②将标准化对象分为通用和特殊两个方面，通用方面作为标准的第 1 部分，特殊方面（可修改或补充通用方面，不能单独使用）作为标准的其他各部分。

---

**同步训练 1-8** 下面两个标准的部分划分分别属于上述哪种方式？

A. 国家标准 GB/T 32719《黑茶》分为多个部分，目前已发布 5 个部分，分别是：GB/T 32719.1—2016《黑茶 第 1 部分：基本要求》；GB/T 32719.2—2016《黑茶 第 2 部分：花卷茶》；GB/T 32719.3—2016《黑茶 第 3 部分：湘尖茶》；GB/T 32719.4—2016《黑茶 第 4 部分：六堡茶》；GB/T 32719.5—2018《黑茶 第 5 部分：茯茶》。

B. 国家标准 GB/T 31740《茶制品》分为三个部分：GB/T 31740.1—2015《茶制品 第 1 部分：固态速溶茶》；GB/T 31740.2—2015《茶制品 第 2 部分：茶多酚》；GB/T 31740.3—2015《茶制品 第 3 部分：茶黄素》。

---

**（3）单独标准的内容划分** 标准是由各类要素构成的。一项标准的要素可按下列方式进

行分类：

① 按要素的性质划分，可分为资料性要素和规范性要素；

② 按要素的性质以及它们在标准中的具体位置划分，可分为资料性概述要素、规范性一般要素、规范性技术要素和资料性补充要素；

③ 按要素的必备的或可选的状态划分，可分为必备要素和可选要素。

各类要素在标准中的典型编排以及每个要素所允许的表述方式如表 1-2 所示。一项标准不一定包括表 1-2 中的所有规范性技术要素，但可以包含表 1-2 以外的其他规范性技术要素。规范性技术要素的构成及其在标准中的编排顺序根据所起草的标准的具体情况而定。

## 2. 按层次划分

**(1) 概述**　由于标准化对象的不同，标准的构成及其所包含的具体内容多少也各不相同。在编制某一个标准时，为便于读者理解和正确使用、引用标准，层次的划分一定要做到安排得当、构成合理、条理清楚、逻辑性强，有关内容要相对集中编排在同一层次内。在同一个层次内，所包含的内容应是相关联的，或是同一个主题。一项标准可能具有的层次及层次的编号示例见表 1-3。

表 1-2　标准中要素的典型编排

| 要素类型 | 要素①的编排 | 要素所允许的表述形式① |
|---|---|---|
| 资料性概述要素 | **封面** | **文字**(标示标准的信息) |
| | 目次 | 文字(自动生成的内容) |
| | **前言** | 条文<br>注<br>脚注 |
| | 引言 | 条文<br>图<br>表<br>注<br>脚注 |
| 规范性一般要素 | **标准名称** | **文字** |
| | **范围** | 条文<br>图<br>表<br>注<br>脚注 |
| | 规范性引用文件 | 文件清单(规范性引用)<br>注<br>脚注 |
| 规范性技术要素 | 术语和定义<br>符号、代号和缩略语<br>要求<br>…… | 条文<br>图<br>表<br>注<br>脚注 |

续表

| 要素类型 | 要素①的编排 | 要素所允许的表述形式① |
|---|---|---|
| 资料性补充要素 | 资料性附录 | 条文<br>图<br>表<br>注<br>脚注 |
| 规范性技术要素 | 规范性附录 | 条文<br>图<br>表<br>注<br>脚注 |
| 资料性补充要素 | 参考文献 | 文件清单(资料性引用)<br>脚注 |
|  | 索引 | 文字(自动生成的内容) |

① 黑体表示"必备的";正体表示"规范性的";斜体表示"资料性的"。

注：表中各类要素的前后顺序即其在标准中所呈现的具体位置。

**表 1-3　标准的层次及其编号示例**

| 层次 | 编号示例 |
|---|---|
| 部分 | ××××.1 |
| 章 | 5 |
| 条 | 5.1 |
| 条 | 5.1.1 |
| 段 | ［无编号］ |
| 列项 | 列项符号:字母编号 a)、b)和下一层次的数字编号 1)、2) |
| 附录 | 附录 A |

（2）**部分**　部分是指以同一个标准顺序号批准发布的若干独立的文本，是某一项标准的基本组成部分。不应将部分再细分为分部分。部分的构成与单独标准一致，一般由资料性概述要素、规范性一般要素、规范性技术要素、资料性补充要素以及与之相对应的各组成要素组成。部分的序号用阿拉伯数字表示，按隶属关系放在标准顺序号之后，并用齐底"圆点"隔开。如 GB/T 1.1，就是 GB/T 1 标准的第 1 部分。

（3）**章**　章是标准内容划分的基本单元。每章可包括若干条或若干段。应使用阿拉伯数字从 1 开始对章编号。编号应从"范围"一章开始，一直连续到附录之前。每一章均应有章标题，并应置于编号之后，如"1　范围"。

（4）**条**　条是章的有编号的细分单元。每条可包括若干段。第一层次的条可以再细分为第二层次的条，需要时，一直可分到第五层次。一个层次中有两个或两个以上的条时才可设条。如第 10 章中，如果没有 10.2，就不应设 10.1。

（5）**段**　段是章或条的细分，段不编号。在某一章或条中可包括若干段。

（6）**列项**　列项适用于需对某事项列举分承，且较为简短的内容，它可以附属于某一章、条或段内。列项应由一段后跟冒号的文字引出，在列项的各项之前应使用列项符号（"破折号"或"圆点"）。列项可用一个完整的句子开头引出；或者用一个句子的前半部分开头，该句子由分行列举的各项来完成。

**（7）附录** 附录按其所包含的内容分为"规范性附录"和"资料性附录"两类。每个附录均应在正文或前言的相关条文中明确提及。附录的顺序应按在条文（从前言算起）中提及它的先后次序编排。每个附录均应有编号，如"附录 A"。每个附录中的章、图、表和数学公式的编号均应重新从 1 开始，编号前应加上附录编号中的大写字母，如附录 A 中的章用"A.1""A.2"等表示，而图用"图 A.1""图 A.2"等表示。

**同步训练 1-9** 将附录 1 中的标准分别按内容和层次进行划分。

## 四、标准编写的具体要求

### 1. 资料性概述要素的编写

一项典型标准的资料性概述要素一般由封面、目次、前言和引言四个要素构成，其中封面、前言为必备要素，目次、引言为可选要素。

**（1）封面** 封面是标准的必备要素，每项标准都应有封面。封面应给出标示标准的信息，包括：标准的名称、英文译名、层次（如国家标准为"中华人民共和国国家标准"字样）、标志、编号、国际标准分类号（ICS 号）、中国标准文献分类号（CCS）、备案号（不适用于国家标准）、发布日期、实施日期和发布部门等。如果标准代替了某个或几个标准，封面应给出被代替标准的编号；如果标准与国际文件的一致性程度为等同、修改或非等效，还应在封面上给出一致性程度标识。

**同步训练 1-10** 认识附录 1 中标准封面上的相关内容。

**（2）目次** 目次是标准的可选要素。设置目次的目的是向读者明示标准的总体概念和便于查找相关内容。如果需要，可设置目次。目次中的内容应按规定顺序列出。

**（3）前言** 前言为标准的必备要素，每项标准都应有前言。前言不应包含要求和推荐，也不应包含公式、图和表。前言由特定部分和基本部分组成，它给出标准制定的基本信息，以便于读者了解和实施该标准。

**（4）引言** 引言是标准的可选要素。引言的内容，一般可包括制定该标准的原因以及有关标准技术内容的特殊信息或说明。引言不应编号，不应包含要求。

### 2. 规范性一般要素的编写

一项典型标准的规范性一般要素由名称、范围、规范性引用文件三个要素构成。其中名称和范围为必备要素，规范性引用文件为可选要素。

**（1）标准名称** 名称是标准的必备要素，应置于范围之前。标准名称应简练并明确表示出标准的主题，使之与其他标题相区分。标准名称不应涉及不必要的细节，必要的补充说明应在范围中给出。

**（2）范围** 范围是标准的必备要素，它位于标准正文的起始位置。范围应明确界定标准化对象和所涉及的各个方面，由此指明标准或其特定部分的适用界限。必要时，可指出标准不适用的界限。范围的陈述应简洁，以便能作内容提要使用。范围不应包含要求。

**（3）规范性引用文件** 规范性引用文件是标准的可选要素，它应列出标准中规范性引用文件的文件清单，这些文件经过标准条文的引用后，成为标准应用时不可缺少的文件。文件清单中，对于标准条文中注日期引用的文件，应给出版本号或年号（引用标准时，给出标准代号、顺序号和年号）以及完整的标准名称；对于标准条文中不注日期引用的文件，则不应给出版本号或年号。规范性引用文件清单由相应的引导语引出，并按规定顺序列出。

### 3. 规范性技术要素的编写

规范性技术要素是标准的主要要素。由于标准化对象不同，各项标准的构成以及所包含的内容亦有所差异，这种差异主要体现在构成标准的四大要素之一中的"规范性技术要素"。标准的个性要求主要通过"规范性技术要素"中的组成要素体现并与其标准化对象相适应。

**（1）术语和定义** 术语和定义是可选要素，它仅给出为理解标准中某些术语所必需的定义。术语宜按照概念层级进行分类和编排，分类的结果和排列顺序应由术语的条目编号来明确，应给每个术语一个条目编号。

**（2）符号、代号和缩略语** 符号、代号和缩略语是标准的可选要素，它给出为理解标准所必需的符号、代号和缩略语清单。为了方便，该要素可与"术语和定义"要素合并。可将术语和定义、符号、代号、缩略语以及量的单位放在一个复合标题之下。

**（3）要求** 要求是指标准中应遵守的规定的条款，为可选要素，也是规范性技术要素中的核心内容之一。要求按实施标准的约束力可分为必达要求和任选要求。

**（4）分类、标记和编码** 分类、标记和编码是标准的可选要素，它可为符合规定要求的产品、过程或服务建立一个分类、标记和（或）编码体系。为方便起见，该要素也可以并入要求。

**（5）规范性附录** 规范性附录为可选要素，它给出标准正文的附加或补充条款。附录的规范性的性质（相对资料性附录而言）应通过条文中提及时的措辞方式以及目次中和附录编号下方标明等方式加以明确。

### 4. 资料性补充要素的编写

**（1）资料性附录** 资料性附录为可选要素，要根据标准的具体条款来确定是否设置这类附录，它给出有助于理解或使用标准的附加信息。在具体标准中，附录的资料性的性质（相对规范性附录而言）应通过条文中提及时的措辞方式、目次中和附录编号下方标明等方式加以明确。

**（2）参考文献** 参考文献为可选要素。如果有参考文献，则应置于最后一个附录之后。参考文献的起草应遵守 GB/T 7714 的有关规定。

**（3）索引** 索引为可选要素。如果有索引，则应作为标准的最后一个要素。电子文本的索引宜自动生成。

> **同步训练 1-11** 参考本书附录 1，认识标准各部分的编写要求。

### 5. 要素的表述

**（1）要素表述的通则**

① 条款的类型 不同类型条款的组合构成了标准中的各类要素。标准中的条款可分为

要求型条款、推荐型条款和陈述型条款三类。

② 标准中的要求应容易识别，因此包含要求的条款应与其他类型的条款相区分。表述不同类型的条款应使用不同的助动词，如要求型条款和推荐型条款使用的助动词分别为"应""不应"和"宜""不宜"，而表示"允许"和"能力"的陈述型条款使用的助动词分别为"可""不必"和"能""不能"。

③ 技术要素的表述　若标准名称中含有"规范"，则标准中应包含要素"要求"以及相应的验证方法；若标准名称中含有"规程"，则标准宜以推荐和建议的形式起草；若标准名称中含有"指南"，则标准中不应包含要求型条款，适宜时，可采用建议的形式。在起草上述标准的各类技术要素时，应使用相应的助动词以明确区分不同类型的条款。

④ 汉字和标点符号　标准中应使用规范汉字。标准中使用的标点符号应符合 GB/T 15834《标点符号用法》的规定。

**(2) 要素表述的其他要求**　标准中条文的注、示例、脚注、图和表等应按照 GB/T 1.1 中相关条款的要求进行编写。

### 6. 标准起草的其他规则

除了上述关于各类要素的编写要求以外，GB/T 1.1 还规定了引用，全称、简称和缩略语，商品名，专利，数值的选择，数和数值的表示，量、单位及其符号，数学公式，以及编排格式等的编写规则。

## 巩固训练

**一、概念题**

| 标准化 | 标准 | 国家标准 | 行业标准 | 地方标准 |
| 团体标准 | 企业标准 | 技术法规 | （标准的）部分 | 规范性要素 |
| 资料性要素 | 规范 | 规程 | 指南 | 条款 |

**二、填空题**

1. WTO/TBT 协议中的标准是＿＿＿＿的，技术法规是＿＿＿＿的，而我国标准＿＿＿＿。（填强制性情况）

2. QB/T 2686—2005《马铃薯片》属于我国标准级别中的＿＿＿＿标准，标准代号中"T"的含义是＿＿＿＿。

3. 我国国家标准的编号由国家标准的代号＿＿＿＿、＿＿＿＿和＿＿＿＿构成。

4. 我国国内贸易行业标准和农业行业标准的代号分别为＿＿＿＿和＿＿＿＿。

5. 我国轻工行业标准和水产行业标准的代号分别为＿＿＿＿和＿＿＿＿。

6. 规范性要素分为＿＿＿＿要素和＿＿＿＿要素，资料性要素分为＿＿＿＿要素和＿＿＿＿要素。

7. 条款是规范性文件内容的表达方式，一般采取＿＿＿＿、＿＿＿＿或＿＿＿＿等形式。

8. 国家标准 GB/T 31740《茶制品》分为三个部分，其第 2 部分《茶多酚》（2015 年发布）的标准编号和名称全称是＿＿＿＿＿＿＿＿＿＿＿。

9. 我国国家标准与国际标准的一致性程度分为＿＿＿＿、＿＿＿＿或＿＿＿＿三种。

10. 国家标准一经批准发布实施，与国家标准相重复的＿＿＿＿、＿＿＿＿即行废止。

**三、不定项选择题**

1. 编号为 Q/XLB 0004 S—2014 的标准属于（　　　）。

A. 国家标准　　　　B. 企业标准　　　　C. 地方标准　　　　D. 行业标准

2. 推荐性国家标准的代号为（　　　）。

A. GS　　　　　　B. GB/T　　　　　　C. GB/R　　　　　　D. GB/Z

3. 按制定主体分，DB3205/T 206—2011属于（　　　）标准。

A. 国家　　　　　　B. 行业　　　　　　C. 地方　　　　　　D. 企业

4. 下列要素中不属于规范性一般要素的有（　　　）。

A. 封面　　　　　　B. 名称　　　　　　C. 范围　　　　　　D. 规范性引用文件

5. （　　　）是标准内容划分的基本单元。

A. 部分　　　　　　B. 章　　　　　　　C. 条　　　　　　　D. 段

6. 根据条款"产品名称和商品名称不应省略"的表述方式，可知该条款属于（　　　）条款。

A. 陈述型　　　　　B. 要求型　　　　　C. 推荐型　　　　　D. 无法判断

7. 标准化的方法包括（　　　）。

A. 简化　　　　　　B. 统一化　　　　　C. 系列化

D. 综合标准化　　　E. 通用化

8. 我国的标准体系包括（　　　）。

A. 国家标准　　　　B. 行业标准　　　　C. 团体标准

D. 地方标准　　　　E. 企业标准

9. 标准编写的要求是（　　　）。

A. 内容完整　　　　　　　　　　B. 表述清楚和准确

C. 充分考虑最新技术水平　　　　D. 为未来技术发展提供框架

E. 能被未参加标准编制的专业人员所理解

10. 位于标准正文中的前三个要素分别是（　　　）。

A. 名称　　　　　　B. 范围　　　　　　C. 规范性引用文件

D. 术语和定义　　　E. 符号和缩略语

11. 资料性补充要素是提供附加信息，以帮助理解或使用标准的要素，包括（　　　）。

A. 资料性附录　　　B. 目次　　　　　　C. 参考文献

D. 引言　　　　　　E. 索引

12. 必备要素即在标准中必须存在的要素，包括（　　　）。

A. 封面　　　　　　B. 前言　　　　　　C. 名称

D. 范围　　　　　　E. 要求

### 四、问答题

1. 我国标准是如何分类的？

2. 我国强制性国家标准的制定程序是怎样的？

3. 在制定标准时，如何对标准的部分进行划分？

4. 若一项标准具备所有类型的要素，请写出该标准中四类要素的先后顺序。

5. 标准的层次是如何划分的？

6. 标准的规范性技术要素包括哪些内容？

### 五、综合题

假定你是某食品生产企业制定产品标准的负责人，请你根据所生产食品的要求制定一项产品标准，并说明企业标准制定的程序。

# 第二章
# 我国食品标准体系

## 知识目标

了解我国食品标准的现状及作用；掌握我国食品标准体系及其构成；熟悉各类食品标准中主要标准的基本内容。

## 能力目标

能检索并正确应用食品标准；能依据食品标准进行食品生产；能够运用食品产品标准、食品理化检验方法标准等的规定做好相关食品的质量监控工作。

## 思政与素质目标

深刻认识食品标准对于保证食品质量和安全的重要作用，培养维护食品安全的职业责任感；牢固树立标准意识，具备以食品标准为行为准则的职业素质；培养时刻关注食品标准更新和食品政策变化的职业习惯。

---

### 引例：一些超市销售的鸡蛋中检出禁用兽药

2018 年 12 月 4 日，国家市场监督管理总局发布最新一期食品安全抽检信息，组织抽检食用油、油脂及其制品，饼干，蛋制品，豆制品，粮食加工品，饮料，冷冻饮品，以及食用农产品等 8 类食品 1638 批次样品，其中抽样检验项目合格样品 1625 批次、不合格样品 13 批次。食用农产品不合格 8 批次，其中 4 批次鸡蛋检出氟苯尼考不合格，而部分抽检鸡蛋样品来自于大型超市。

不合格食用农产品中，还有 1 批次陕西某水产店销售的鲶鱼，检出孔雀石绿不合格；2 批次陕西某活鸡活鱼店销售的乌鸡，某活鱼店销售的乌鸡，磺胺类超标；1 批次安徽某超市销售的芹菜，甲拌磷超标。

分析：氟苯尼考又称氟甲砜霉素，是原农业部批准使用的动物专用抗菌药，主要用于敏感细菌所致的猪、鸡、鱼的细菌性疾病。《动物性食品中兽药最高残留限量》（农业部公告第 235 号）规定，氟苯尼考在产蛋鸡中禁用（鸡蛋中不得检出）。

《动物性食品中兽药最高残留限量》规定，孔雀石绿为禁止使用的药物，在动物性食品中不得检出；磺胺类在所有食品动物的肌肉和脂肪中的最高残留限量为 100μg/kg。

《食品安全国家标准 食品中农药最大残留限量》（GB 2763—2016）（现已被 GB 2763—2019 替代）中规定，甲拌磷在叶菜类蔬菜中的最大残留限量为 0.01mg/kg。

那么，我国食品标准有哪些类别？规定了哪些内容？具有哪些作用？学完本章内容，你将能够回答上述问题。

# 第一节　我国食品标准概述

## 一、我国食品标准体系及分类

### 1. 我国食品标准体系概况

食品标准是为了保证食品安全卫生、营养，保障人体健康，对食品及其生产经营过程中的各种相关要素所作的技术性的规定，是食品工业领域各类标准的总和。食品标准体系是为实现食品生产、消费、管理等目的，将食品从生产直到消费的整个过程中各影响因素、控制手段、控制目标等所涉及的技术要求，按照其特定的内在联系组成的科学的有机整体。

20 世纪 60 年代以来，经过 50 多年的发展，我国已经建立起一个以国家标准为主体，行业标准、地方标准、团体标准和企业标准相互补充的较为完整的食品标准体系，它是对食品生产、加工、流通和消费即"从农田到餐桌"全过程各个环节影响食品安全和质量的关键要素及其控制所涉及的全部标准，按其内在联系形成的系统、科学、合理且可行的有机整体。我国食品标准体系不仅能够推进食品产业结构调整和推动科技进步，促进食品贸易发展和食品产业实现增收，有利于政府规范食品市场，也是保障食品消费安全和提高食品市场竞争力的重要手段。

### 2. 我国食品标准分类

我国食品标准可按多种方法进行分类。

按制定主体不同，我国食品标准可分为国家标准、行业标准、地方标准、团体标准和企业标准，同时还可以采用国际标准和区域标准。

按制定主体性质不同，可分为政府主导制定的标准（强制性国家标准、推荐性国家标准、推荐性行业标准、推荐性地方标准）和市场自主制定的标准（团体标准、企业标准）。

按约束性不同，可分为强制性标准（主要为食品安全标准）和推荐性标准。

按标准化对象的基本属性不同，可分为技术标准、管理标准和服务标准，其中，大部分食品标准都属于技术标准。

按食品标准的内容不同，可分为食品安全标准、食品产品标准、食品基础标准、食品检验方法标准、食品添加剂标准、食品生产规范卫生标准、食品流通标准等。

按照标准内容层次不同，可分为食品质量标准和食品安全标准。

上述各类食品标准纵横交错，共同构筑我国"从农田到餐桌"全过程的食品安全屏障。

## 二、我国食品安全标准体系

食品安全标准以保障公众身体健康为宗旨，是政府管理部门为保证食品安全、防止食源性疾病的发生，对食品生产经营过程中影响食品安全的各种要素以及各关键环节所规定的统一的技术要求。食品安全标准是具有法律属性的技术规范，也是食品安全监管部门的执法依据。我国食品安全标准体系为保护公众健康、促进经济和社会发展发挥了重要作用。

《中华人民共和国食品安全法》（以下简称《食品安全法》）规定："食品安全标准是强制执行的标准。除食品安全标准外，不得制定其他食品强制性标准。"食品安全标准是食品生产经营者必须遵循的最低要求，是食品能够合法生产、进入消费市场的门槛。而其他普通食品标准是食品生产经营者自愿遵守的标准，可以为组织生产、提高产品品质提供指导，以增加产品的市场竞争力。

《食品安全法》规定，食品安全标准应包括八个方面的内容，即：①食品、食品添加剂、食品相关产品中的致病性微生物，农药残留、兽药残留、生物毒素、重金属等污染物质以及其他危害人体健康物质的限量规定；②食品添加剂的品种、使用范围、用量；③专供婴幼儿和其他特定人群的主辅食品的营养成分要求；④对与卫生、营养等食品安全要求有关的标签、标志、说明书的要求；⑤食品生产经营过程的卫生要求；⑥与食品安全有关的质量要求；⑦与食品安全有关的食品检验方法与规程；⑧其他需要制定为食品安全标准的内容。

根据标准发挥作用的范围不同，我国食品安全标准分为食品安全国家标准、食品安全地方标准和食品安全企业标准三类。其中，食品安全国家标准是由我国食用农产品质量安全标准、食品卫生标准、食品质量标准和有关食品的行业标准中强制执行的标准整合、统一公布而来。

按照标准的内容不同，我国食品安全标准体系包括通用标准、产品标准、生产经营规范以及检验方法与规程等四类标准。

通用食品安全标准包括食品中有毒有害及污染物质限量规定标准、食品添加剂使用标准以及标签标识标准等。通用标准对具有一般性和普遍性的食品安全危害和措施进行规定，涉及的食品类别多、范围广，标准的通用性较强。表 2-1 列出了我国食品安全国家标准体系中的通用标准。

表 2-1　我国现行通用食品安全国家标准

| 序号 | 标准编号 | 标准名称 |
|------|----------|----------|
| 1 | GB 2761—2017 | 食品安全国家标准　食品中真菌毒素限量 |
| 2 | GB 2762—2017 | 食品安全国家标准　食品中污染物限量 |
| 3 | GB 2763—2019 | 食品安全国家标准　食品中农药最大残留限量 |
| 4 | GB 29921—2013 | 食品安全国家标准　食品中致病菌限量 |
| 5 | GB 2760—2014 | 食品安全国家标准　食品添加剂使用标准 |
| 6 | GB 14880—2012 | 食品安全国家标准　食品营养强化剂使用标准 |
| 7 | GB 29924—2013 | 食品安全国家标准　食品添加剂标识通则 |
| 8 | GB 13432—2013 | 食品安全国家标准　预包装特殊膳食用食品标签 |
| 9 | GB 9685—2016 | 食品安全国家标准　食品接触材料及制品用添加剂使用标准 |
| 10 | GB 7718—2011 | 食品安全国家标准　预包装食品标签通则 |
| 11 | GB 28050—2011 | 食品安全国家标准　预包装食品营养标签通则 |

食品安全标准中的产品标准包括食品产品标准、食品添加剂质量规格标准以及食品相关产品标准，如《食品安全国家标准 粮食》（GB 2715—2016）。生产经营规范标准是对食品生产和经营过程中的卫生和食品安全内容进行规定的标准，如《食品安全国家标准 食品生产通用卫生规范》（GB 14881—2013）。检验方法与规程标准包括理化检验、微生物检验、微生物学检验、毒理学检验和农药残留检验、兽药残留检验等的方法标准，如《食品安全国家标准 食品中水分的测定》（GB 5009.3—2016）。

《食品安全法》同时规定，制定食品安全国家标准应当以保障公众身体健康为宗旨，以食品安全风险评估结果为依据，做到科学合理、公开透明、安全可靠。

> **同步训练 2-1** 通过互联网了解我国食品安全国家标准的整合、清理和发布情况。

## 三、我国食品标准体系存在的主要问题

### 1. 食品标准体系合理性尚需完善

我国现行食品标准起草部门众多，缺乏强有力的组织协调，致使我国食品标准合理性不够完善，国家标准之间不统一，行业标准与国家标准之间层次不清，存在着交叉、矛盾和重复等不协调问题。如果同一产品有几个标准，并且检验方法不同、含量限度不同，不仅会给实际操作带来困难，而且也无法适应目前食品的生产及市场监管需要。如《坚果炒货食品通则》（GB/T 22165—2008）中规定坚果炒货食品中 $SO_2$ 残留量≤0.4g/kg，而《食品安全国家标准 食品添加剂使用标准》（GB 2760—2014）中则规定 $SO_2$ 不得在坚果炒货食品中使用。这种多层面的规定不仅造成企业执行标准困难，也会造成政府部门制定标准的资源浪费和执法尺度不一。

### 2. 部分重要标准短缺

我国食品标准的配套性虽已有较大改善，但整体而言还显不足，这就使得食品生产全过程的安全监控缺乏有效的技术指导和技术依据。如食用调和油、儿童食品等食品，目前尚未出台针对性的国家标准，有的食品则缺乏配套的检测方法标准和食品包装材料标准，还有一些食品标准存在规定的指标不全面等问题。这种标准缺失，会直接导致市场混乱，并为食品安全埋下隐患。

### 3. 标准复审和修订不及时，技术内容相对滞后

《标准化法》第二十九条规定，标准的复审周期一般不超过五年。我国标准更新速度缓慢，"标龄"高出德国、美国、英国、日本等发达国家 1 倍以上。如《小麦粉》（GB/T 1355—1986）等标准的"标龄"已超过 30 年，其中的技术内容不能及时反映市场需求变化，也难以反映科技的发展和技术的进步。

### 4. 标准意识亟待提高

我国《标准化法》虽已发布 20 多年，但并未能被大多数公民了解和接受，甚至少数从事质量监督和产品生产的人员对该法也了解甚少。在食品的产销环节中，为了局部的利益，

没有严格执行相关标准，甚至有随意更改标准要求的现象发生，致使一些伪劣产品有机会进入市场危及人们的身体健康。由于历史原因，我国食品行业规模化和组织化程度不高，再加上部分从业人员知识水平有限、思想意识不够先进，标准信息的发布渠道畅通性不足，标准的宣传、培训、推广措施不到位，部分标准的可操作性不是很强。

食品标准化是一个系统工程，需要社会各方的共同努力才能发展、完善。我国需要加强对食品标准化工作的重视程度，加快食品标准的宣传工作，让全社会、各企业及相关人员都认识到执行食品标准的必要性和迫切性，以共同推进我国食品安全工作的开展。

**同步训练 2-2** 讨论应从哪些方面着手来完善我国的食品标准体系。

# 第二节　食品中有毒有害物质的限量标准

食品中的有毒有害物质是影响食品安全的重要因素之一，也是食品安全管理的重点内容之一。造成食品中有毒有害物质污染的原因有很多，既有外在因素，如农产品生产过程中喷洒的农药以及食品加工过程中添加的辅料等造成，也有内在因素，如食品加工过程中发生化学反应而造成，还有水、空气、土壤等生产环境污染因素。

对于食品中有毒有害物质的含量限制，我国制定了一系列标准（见表 2-2）。这些标准规定了食品存在的有毒有害物质的人体可接受的最高水平，其目的是将有毒有害物质限定在安全阈值内，以保证食品的食用安全性，最大限度地保障人体健康。

表 2-2　我国部分现行食品中有毒有害物质限量标准

| 序号 | 标准编号 | 标准名称 |
| --- | --- | --- |
| 1 | GB 2761—2017 | 食品安全国家标准　食品中真菌毒素限量 |
| 2 | GB 2762—2017 | 食品安全国家标准　食品中污染物限量 |
| 3 | GB 2763—2019 | 食品安全国家标准　食品中农药最大残留限量 |
| 4 | GB 29921—2013 | 食品安全国家标准　食品中致病菌限量 |
| 5 | GB 31650—2019 | 食品安全国家标准　食品中兽药最大残留限量 |
| 6 | 原农业部第 235 号公告 | 动物性食品中兽药最高残留限量 |

## 一、食品中污染物限量标准

污染物是指食品在从生产（包括农作物种植、动物饲养和兽医用药）、加工、包装、贮存、运输、销售，直至食用等过程中产生的或由环境污染带入的、非有意加入的化学性危害物质。国际上通常将常见的食品污染物在各种食品中的限量要求，统一制定公布为食品污染物限量通用标准。为不断完善我国食品污染物限量标准，我国于 2017 年 3 月 17 日发布《食品安全国家标准　食品中污染物限量》（GB 2762—2017），代替 GB 2762—2012，并于 2017年 9 月 17 日正式施行。标准的修订坚持《食品安全法》立法宗旨，以保障公众健康为基础、风险评估为依据，科学合理设置污染物指标及限量。GB 2762—2017 规定了除农药残留、兽药残留、生物毒素和放射性物质以外的污染物的限量要求。

### 1. 术语和定义

**（1）可食用部分** 食品原料经过机械手段（如谷物碾磨、水果剥皮、坚果去壳、肉去骨、鱼去刺、贝去壳等）去除非食用部分后，所得到的用于食用的部分。

注：① 非食用部分的去除不可采用任何非机械手段（如粗制植物油精炼过程）。

② 用相同的食品原料生产不同产品时，可食用部分的量依生产工艺不同而异。如用麦类加工麦片和全麦粉时，可食用部分按 100% 计算；加工小麦粉时，可食用部分按出粉率折算。

**（2）限量** 污染物在食品原料和（或）食品成品可食用部分中允许的最大含量水平。

### 2. 应用原则

GB 2762 规定的主要应用原则有：①无论是否制定污染物限量，食品生产和加工者均应采取控制措施，使食品中污染物的含量达到最低水平；②标准列出了可能对公众健康构成较大风险的污染物，制定限量值的食品是对消费者膳食暴露量产生较大影响的食品。

### 3. 指标要求

标准规定了铅、镉、汞、砷、锡、镍、铬、亚硝酸盐、硝酸盐、苯并［a］芘、N-二甲基亚硝胺、多氯联苯、3-氯-1,2-丙二醇等污染物质在不同类别食品中的限量指标。

## 二、食品中农药最大残留限量标准

农药是用于防治危害农作物和农林产品的有害生物及调节植物生长发育的各种药剂。为了防治农林有害生物，提高粮食产量，农林生产中大量使用农药。农药的大量使用不仅对土壤、水体、大气等自然环境造成直接污染，还通过食物链的生物富集作用大量残留于食物中，严重威胁着人类健康，因此，农药残留问题受到人们的广泛关注。

2019 年 8 月，国家卫生健康委员会、农业农村部和国家市场监督管理总局联合发布 GB 2763—2019《食品安全国家标准 食品中农药最大残留限量》，代替 GB 2763—2016 和 GB 2763.1—2018，并于 2020 年 2 月 15 日正式实施。GB 2763 是贯彻落实中央提出的"四个最严"的关键要素，为有效指导农产品按标生产、强化质量安全监管起到了重要作用。GB 2763—2019 规定了 483 种农药在 356 种（类）食品中的 7107 项残留限量，涵盖的农药品种和限量数量均首次超过国际食品法典委员会（CAC）的数量，标志着我国农药残留限量标准迈上新台阶。

### 1. 适用范围

GB 2763 规定了食品中 2,4-滴等 483 种农药 7107 项最大残留限量，适用于与限量相关的食品。

### 2. 术语和定义

**（1）残留物（residue definition）** 由于使用农药而在食品、农产品和动物饲料中出现的任何特定物质，包括被认为具有毒理学意义的农药衍生物，如农药转化物、代谢物、反应产物及杂质等。

**(2) 最大残留限量（maximum residue limit，MRL）** 在食品或农产品内部或表面法定允许的农药最大浓度，以每千克食品或农产品中农药残留的毫克数表示（mg/kg）。

**(3) 再残留限量（extraneous maximum residue limit，EMRL）** 一些持久性农药虽已禁用，但还长期存在环境中，从而再次在食品中形成残留，为控制这类农药残留物对食品的污染而制定其在食品中的残留限量，以每千克食品或农产品中农药残留的毫克数表示（mg/kg）。

**(4) 每日允许摄入量（acceptable daily intake，ADI）** 人类终生每日摄入某物质，而不产生可检测到的危害健康的估计量，以每千克体重可摄入的量表示（mg/kg bw）。

### 3. 技术要求

GB 2763 标准规定了 483 种农药的用途、ADI、残留物、在食品和农产品中的最大残留限量以及检测方法，是判别食品和农产品质量安全水平的重要依据。

> **同步训练 2-3** 从 GB 2763 中查找农药毒死蜱在芹菜中的最大残留限量。

## 三、食品中真菌毒素限量标准

真菌毒素是指真菌在生长繁殖过程中产生的次生有毒代谢产物，真菌毒素限量是指真菌毒素在食品原料和（或）食品成品可食用部分中允许的最大含量水平。人和动物摄入含大量真菌毒素的食品会发生急性中毒，而长期摄入含少量真菌毒素的食品则会导致慢性中毒和癌症。在目前发现的 400 多种真菌毒素中，国内外关注度较高的主要包括黄曲霉毒素、赭曲霉毒素、玉米赤霉烯酮等，这些毒素致癌、致畸、致突变作用明显，危害巨大。鉴于真菌毒素对人类的危害，各个国家均非常重视，欧盟及美国等发达国家和地区对其设定了严格的限量标准。在我国，原国家卫生和计划生育委员会和原国家食品药品监督管理总局联合发布了《食品安全国家标准　食品中真菌毒素限量》（GB 2761—2017），代替 GB 2761—2011，于2017 年 9 月 17 日正式施行。

GB 2761 在实施中应遵循的主要原则是：无论是否制定真菌毒素限量，食品生产和加工者均应采取控制措施，使食品中真菌毒素的含量达到最低水平；标准列出了可能对公众健康构成较大风险的真菌毒素，制定限量值的食品是对消费者膳食暴露量产生较大影响的食品。

GB 2761 规定了食品中黄曲霉毒素 $B_1$、黄曲霉毒素 $M_1$、脱氧雪腐镰刀菌烯醇、展青霉素、赭曲霉毒素 A 及玉米赤霉烯酮的限量指标，其中食品中黄曲霉毒素 $M_1$ 限量指标见表 2-3。与 GB 2761—2011 相比，GB 2761—2017 增加了葡萄酒和咖啡中赭曲霉毒素 A 限量要求和特殊食品中真菌毒素限量要求。

表 2-3　食品中黄曲霉毒素 $M_1$ 限量指标

| 食品类别（名称） | 限量/（$\mu$g/kg） |
| --- | --- |
| 乳及乳制品[①] | 0.5 |
| 特殊膳食用食品 | |
| 婴幼儿配方食品 | |
| 婴儿配方食品[②] | 0.5（以粉状产品计） |
| 较大婴儿和幼儿配方食品[②] | 0.5（以粉状产品计） |

续表

| 食品类别（名称） | 限量/(μg/kg) |
|---|---|
| 特殊医学用途婴儿配方食品 | 0.5(以粉状产品计) |
| 特殊医学用途配方食品②(特殊医学用途婴儿配方食品涉及的品种除外) | 0.5(以固态产品计) |
| 辅食营养补充品③ | 0.5 |
| 运动营养食品② | 0.5 |
| 孕妇及乳母营养补充食品③ | 0.5 |

① 乳粉按生乳折算。

② 以乳类及乳蛋白制品为主要原料的产品。

③ 只限于含乳类的产品。

## 四、食品中致病菌限量标准

致病菌是常见的致病性微生物，能够引起人或动物疾病。食品中的致病菌主要有沙门菌、副溶血性弧菌、大肠杆菌、金黄色葡萄球菌等。据统计，我国每年由食品中致病菌引起的食源性疾病报告病例数占全部报告的40%～50%。

为控制食品中致病菌污染，预防微生物性食源性疾病发生，同时整合分散在不同食品标准中的致病菌限量规定，我国制定发布《食品安全国家标准　食品中致病菌限量》（GB 29921—2013），自2014年7月1日正式实施。

GB 29921属于通用标准，适用于预包装食品，规定了肉制品、水产制品等11类食品中沙门菌、单核细胞增生李斯特菌、大肠埃希菌O157：H7、金黄色葡萄球菌、副溶血性弧菌等5种致病菌限量规定。非预包装食品的生产经营者应当严格生产经营过程卫生管理，尽可能降低致病菌污染风险。由于罐头类食品应达到商业无菌要求，因此不适用于GB 29921。

## 五、食品中兽药最大残留限量标准

畜禽产品中兽药残留会导致人体中毒、性早熟、细菌耐药性等严重问题，可致敏、致畸、致癌、致突变，另外，抗生素残留还会影响动物性食品的加工。而兽药残留限量标准是评价动物性食品是否安全的准绳之一，其在参与国际合作与竞争、保障产业利益和经济安全方面具有重要意义。同时，兽药残留限量标准作为技术性贸易措施，在国际贸易中的应用日趋频繁，已成为国际经济和科技竞争的制高点。建立和完善兽药残留限量标准，既有利于参与国际标准的制修订、把握国际贸易标准制定的主动权和话语权，又有利于有效突破技术性贸易壁垒，抵御国外动物性食品对我国市场的冲击，从根本上提升我国动物性食品的市场竞争力。

为加强兽药残留监控工作，保证动物性食品卫生安全，根据《兽药管理条例》规定，我国于2002年以原农业部公告第235号的形式发布《动物性食品中兽药最高残留限量》。该标准大量采用了国际食品法典委员会（CAC）、欧盟等的标准，使我国兽药检测项目增至94种，增补原农业部新批准使用的兽药残留限量。

2019年9月，农业农村部、国家卫生健康委员会、国家市场监督管理总局三部门联合发布《食品安全国家标准　食品中兽药最大残留限量》（GB 31650—2019），替代原农业部公告第235号的相关内容，于2020年4月1日起正式实施。该标准规定了267种（类）兽药在畜禽产品、水产品、蜂产品中的2191项残留限量及使用要求，基本覆盖了我国常用兽药品种和主要食品动物及组织，标志着我国兽药残留标准体系建设进入新阶段。

依据药物的安全性及其对食品安全的影响程度，GB 31650 将兽药（包括部分化学物质）分为 3 类：已批准动物性食品中最大残留限量规定的兽药；允许用于食品动物，但不需要制定残留限量的兽药；以及允许作治疗用，但不得在动物性食品中检出的兽药。

为进一步规范养殖用药行为，保障动物源性食品安全，根据《兽药管理条例》有关规定，农业农村部于 2020 年 1 月修订了食品动物中禁止使用的药品及其他化合物清单，以农业农村部公告第 250 号的形式发布。该清单替代原农业部公告第 193 号、235 号、560 号等文件中的相关内容，自发布之日起施行。

> **拓展阅读 2-1** 《动物性食品中兽药最大残留限量》（GB 31650—2019）三大亮点
>
> 一是涵盖兽药品种和限量数量大幅增加。与原农业部公告第 235 号相比，GB 31650 规定的兽药品种增加 76 种、增幅 39.8%，残留豁免品种增加 66 种、增幅 75%，残留限量增加 643 项、增幅 41.5%，基本解决了当前评价动物性食品"限量标准不全"的问题。
>
> 二是标准要求与国际全面接轨。GB 31650 全面采用 CAC 和欧盟、美国等发达国家或地区的最严标准，对原农业部公告第 235 号涉及的残留标志物、日允许摄入量、残留限量值、使用要求等重要技术参数进行了全面修订，设定的残留限量值与 CAC 兽药残留限量值一致率达 90% 以上；对氧氟沙星等 10 多种存在食品安全隐患的兽药品种予以淘汰或改变用途。
>
> 三是标准制定更加科学严谨。标准制定中充分考虑了我国动物性食品生产、消费实际和现行兽药残留限量标准实施中的关键问题，遵照国际通行做法开展了相关风险评估，广泛征求了行业、专家、消费者、社会公众以及相关机构的意见，并接受了世界贸易组织成员的评议。

> **同步训练 2-4** 查看 GB 2761、GB 2762、GB 2763 和 GB 29921 等标准，了解主要指标的限量规定。

# 第三节 食品添加剂标准

由于食品工业的快速发展，食品添加剂已经成为现代食品工业的重要组成部分，并且成为食品工业技术进步和科技创新的重要推动力。在食品添加剂的使用中，除保证其发挥应有的功能和作用外，最重要的是应保证食品的安全卫生。食品添加剂标准是指规定食品添加剂的使用原则、允许使用的食品添加剂品种、使用范围及最大使用量或残留量、产品质量规格等要求的标准，包括食品添加剂使用标准、食品添加剂质量规格标准等。

## 一、食品添加剂使用标准

为了规范食品添加剂的使用、保障食品添加剂使用的安全性，原国家卫生和计划生育委员会根据《食品安全法》的有关规定，修订公布了《食品安全国家标准　食品添加剂使用标准》（GB 2760—2014），于 2015 年 5 月 24 日起正式实施。GB 2760 经过多次修订已经形成比较完善的基础标准，对于规范我国食品添加剂的使用及科学监管起到了重要作用。该标准规定了食品添加剂的使用原则、允许使用的食品添加剂品种、使用范围及最大使用量或残留量等。

### 1. 术语和定义

**(1) 食品添加剂**　为改善食品品质和色、香、味，以及为防腐、保鲜和加工工艺的需要而加入食品中的人工合成或者天然物质。食品用香料、胶基糖果中基础剂物质、食品工业用加工助剂也包括在内。

**(2) 最大使用量**　食品添加剂使用时所允许的最大添加量。

**(3) 最大残留量**　食品添加剂或其分解产物在最终食品中的允许残留水平。

**(4) 食品工业用加工助剂**　保证食品加工能顺利进行的各种物质，与食品本身无关。如助滤、澄清、吸附、脱模、脱色、脱皮、提取溶剂、发酵用营养物质等。

**(5) 食品添加剂编码**　包括食品添加剂的国际编码系统（INS）和中国编码系统（CNS）。

① 国际编码系统（INS）　食品添加剂的国际编码，用于代替复杂的化学结构名称表述。

② 中国编码系统（CNS）　食品添加剂的中国编码，由食品添加剂的主要功能类别代码和在本功能类别中的顺序号组成。

### 2. 食品添加剂使用原则

食品添加剂使用时应符合以下基本要求：①不应对人体产生任何健康危害；②不应掩盖食品腐败变质；③不应掩盖食品本身或加工过程中的质量缺陷或以掺杂、掺假、伪造为目的而使用食品添加剂；④不应降低食品本身的营养价值；⑤在达到预期效果的前提下尽可能降低在食品中的使用量。

在下列情况下可使用食品添加剂：①保持或提高食品本身的营养价值；②作为某些特殊膳食用食品的必要配料或成分；③提高食品的质量和稳定性，改进其感官特性；④便于食品的生产、加工、包装、运输或者贮藏。

### 3. 带入原则

某些种类的食品按照 GB 2760 规定不允许使用某种食品添加剂，但由于食品加工过程中添加的某些配料或辅料本身添加了允许使用的上述食品添加剂，当带有食品添加剂的配料在成品中的含量达到一定水平后，携带的食品添加剂被检出的概率就会大大提高。对于这种情况，GB 2760 作了规定。

在下列情况下食品添加剂可以通过食品配料（含食品添加剂）带入食品中：①根据GB 2760，食品配料中允许使用该食品添加剂；②食品配料中该添加剂的用量不应超过允许的最大使用量；③应在正常生产工艺条件下使用这些配料，并且食品中该添加剂的含量不应超过由配料带入的水平；④由配料带入食品中的该添加剂的含量应明显低于直接将其添加到该食品中通常所需要的水平。

另外，当某食品配料作为特定终产品的原料时，批准用于上述特定终产品的添加剂允许添加到这些食品配料中，同时该添加剂在终产品中的量应符合 GB 2760 的要求。在所述特定食品配料的标签上应明确标示该食品配料用于上述特定食品的生产。

### 4. 食品添加剂的使用规定

食品添加剂的使用应符合 GB 2760 附录 A 的规定。

### 5. 食品用香料和食品工业用加工助剂规定

用于生产食品用香精的食品用香料的使用应符合 GB 2760 附录 B 的规定。食品工业用加工助剂的使用应符合 GB 2760 附录 C 的规定。

### 6. 食品添加剂使用规定查询

GB 2760 附录部分包括附录 A、附录 B、附录 C、附录 D、附录 E、附录 F 及其对应的使用表格（附录 A、附录 B、附录 C 和附录 E 及其对应的表格见表 2-4）。

表 2-4　附录及其对应的使用表格

| 附录 | 附录对应的使用表格 |
|---|---|
| 附录 A | 表 A.1　食品添加剂的允许使用品种、使用范围以及最大使用量或残留量 |
| | 表 A.2　可在各类食品中按生产需要适量使用的食品添加剂名单 |
| | 表 A.3　按生产需要适量使用的食品添加剂所例外的食品类别名单 |
| 附录 B | 表 B.1　不得添加食品用香料、香精的食品名单 |
| | 表 B.2　允许使用的食品用天然香料名单 |
| | 表 B.3　允许使用的食品用合成香料名单 |
| 附录 C | 表 C.1　可在各类食品加工过程中使用，残留量不需限定的加工助剂名单(不含酶制剂) |
| | 表 C.2　需要规定功能和使用范围的加工助剂名单(不含酶制剂) |
| | 表 C.3　食品用酶制剂及其来源名单 |
| 附录 E | 表 E.1　食品分类系统 |

其中附录 A 对食品添加剂使用的主要规定如下：

① 表 A.1 规定了食品添加剂的允许使用品种、使用范围以及最大使用量或残留量。表 A.1 列出的同一功能的食品添加剂（相同色泽着色剂、防腐剂、抗氧化剂）在混合使用时，各自用量占其最大使用量的比例之和不应超过 1。

② 表 A.2 规定了可在各类食品（表 A.3 所列食品类别除外）中按生产需要适量使用的食品添加剂。

③ 表 A.3 规定了表 A.2 所例外的食品类别，这些食品类别使用添加剂时应符合表 A.1 的规定。同时，这些食品类别不得使用表 A.1 规定的其上级食品类别中允许使用的食品添加剂。

在查找一种食品添加剂的具体使用范围时，应将表 A.1 和表 A.2 结合使用，优先查表 A.2，再查表 A.1。

根据表 A.3 的规定，表 A.2 中食品添加剂的使用范围是除表 A.3 中列出的食品类别以外的所有食品类别，最大使用量为按生产需要适量使用；根据表 A.1 的规定，表 A.1 中食品添加剂的使用范围为表 A.1 中该添加剂下规定的"食品名称/分类"的内容，按照相应的最大使用量规定使用。建议在查询某一食品添加剂的使用规定时可按照图 2-1 的流程进行，查询结果可能出现 4 种情况。

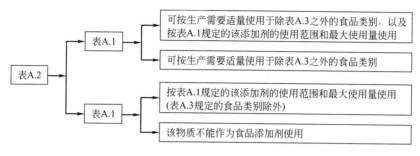

图 2-1　查询食品添加剂使用规定流程图

同步训练 2-5　利用 GB 2760 分别查找黄原胶、甘油、甜蜜素、溴酸钾和糖精钠在食品中的使用规定。

## 二、食品添加剂质量规格标准

食品添加剂质量规格标准是针对我国允许使用的食品添加剂品种需要达到的质量要求，主要包括标准适用的食品添加剂的生产工艺描述以及食品添加剂的分子结构式、分子式及分子量等基本信息，食品添加剂应达到的感官指标、理化指标、微生物指标以及主要成分及杂质和污染物的指标等技术要求，以及相应的检验方法和食品添加剂的鉴别等内容。按照我国食品添加剂使用原则的规定，使用的食品添加剂应当符合相应的质量规格要求。

食品添加剂质量规格标准被列入我国食品安全国家标准体系中。目前，我国现行有效食品添加剂（含营养强化剂）质量规格标准达 600 余项，也是食品安全国家标准体系中数量最多的标准类别之一。我国现行部分食品添加剂质量规格标准见表 2-5。

表 2-5　我国部分现行食品添加剂质量规格标准

| 序号 | 标准编号 | 标准名称 |
| --- | --- | --- |
| 1 | GB 1886.1—2015 | 食品安全国家标准　食品添加剂　碳酸钠 |
| 2 | GB 1886.2—2015 | 食品安全国家标准　食品添加剂　碳酸氢钠 |
| 3 | GB 1886.64—2015 | 食品安全国家标准　食品添加剂　焦糖色 |
| 4 | GB 1886.184—2016 | 食品安全国家标准　食品添加剂　苯甲酸钠 |
| 5 | GB 1886.296—2016 | 食品安全国家标准　食品添加剂　柠檬酸铁铵 |
| 6 | GB 6783—2013 | 食品安全国家标准　食品添加剂　明胶 |

同步训练 2-6　查找某种食品添加剂的质量规格标准，了解其主要内容。

### 三、食品添加剂其他相关标准

除食品添加剂使用标准和质量规格标准外，我国食品添加剂标准体系还包括以下标准。

**(1)** 《食品安全国家标准　食品用香料通则》（GB 29938—2013）对食品香料使用及食品用香料物质、卫生要求、标签、香料质量规格标准等均作出了进一步规定，香料的使用不应对消费者的健康带来危害。例如，供食品使用的香料应该达到一定的纯度规格。

**(2)** 《食品安全国家标准　复配食品添加剂通则》（GB 26687—2011）适用于除食品用香精和胶基糖果基础剂以外的所有复配食品添加剂。

**(3)** 《食品安全国家标准　食品营养强化剂使用标准》（GB 14880—2012）是食品安全国家标准中的基础标准，旨在规范我国食品生产单位的营养强化行为。食品营养强化剂使用必须符合标准的相关要求（包括营养强化剂的允许使用品种、使用范围、使用量、可使用的营养素化合物来源等），但是生产单位可以自愿选择是否在产品中强化相应的营养素。

---

**小知识 2-1　几个相关概念**

（1）复配食品添加剂　为了改善食品品质、便于食品加工，将两种或两种以上单一品种的食品添加剂，添加或不添加辅料，经物理方法混匀而成的食品添加剂。

（2）营养强化剂　为了增加食品的营养成分（价值）而加入到食品中的天然或人工合成的营养素和其他营养成分。

（3）食品用香料　生产食品用香精的主要原料，在食品中赋予、改善或提高食品的香味，只产生咸味、甜味或酸味的物质除外。食品用香料包括食品用天然香料、食品用合成香料、烟熏香味料等，一般配制成食品用香精后用于食品加香，部分也可直接用于食品加香。

---

# 第四节　食品产品标准

产品标准是规定需要满足的要求以保证其适用性的标准。食品产品标准是为保证食品的实用价值，对食品必须达到的某些或全部要求所作的规定，是产品生产、质量检验、选购验收、使用维护和洽谈贸易的技术依据。

食品产品标准是我国食品标准体系的重要组成部分。在我国现行食品产品标准中，除了少部分被纳入强制性食品安全国家标准体系外，其他主要为数量众多的推荐性国家标准和行业标准。根据食品性质不同，大致可将我国食品产品标准分为普通食品产品标准和特殊食品产品标准。

### 一、普通食品产品标准

普通食品产品标准的主要内容一般包括产品分类、技术要求、试验方法、检验规则以及标签与标识、包装、贮存和运输等方面的要求。我国食品产品标准几乎涵盖了所有的食品种类，如食用植物油标准、肉乳食品标准、水产品标准、速冻食品标准、饮料与饮料酒标准、焙烤食品标准、营养强化食品标准等。表2-6~表2-10列出了我国部分现行食品产品标准。

表2-6 我国部分现行食用植物油产品国家标准

| 序号 | 标准编号 | 标准名称 | 序号 | 标准编号 | 标准名称 |
| --- | --- | --- | --- | --- | --- |
| 1 | GB 2716—2018 | 食品安全国家标准 植物油 | 6 | GB/T 10464—2017 | 葵花籽油 |
| 2 | GB/T 1534—2017 | 花生油 | 7 | GB/T 11765—2018 | 油茶籽油 |
| 3 | GB/T 1535—2017 | 大豆油 | 8 | GB/T 19111—2017 | 玉米油 |
| 4 | GB/T 8233—2018 | 芝麻油 | 9 | GB/T 19112—2003 | 米糠油 |
| 5 | GB/T 35026—2018 | 茶叶籽油 | 10 | GB/T 23347—2009 | 橄榄油、油橄榄果渣油 |

表2-7 我国部分现行乳及乳制品食品安全国家标准

| 序号 | 标准编号 | 标准名称 | 序号 | 标准编号 | 标准名称 |
| --- | --- | --- | --- | --- | --- |
| 1 | GB 19301—2010 | 食品安全国家标准 生乳 | 6 | GB 25190—2010 | 食品安全国家标准 灭菌乳 |
| 2 | GB 19302—2010 | 食品安全国家标准 发酵乳 | 7 | GB 25191—2010 | 食品安全国家标准 调制乳 |
| 3 | GB 19644—2010 | 食品安全国家标准 乳粉 | 8 | GB 25192—2010 | 食品安全国家标准 再制干酪 |
| 4 | GB 19645—2010 | 食品安全国家标准 巴氏杀菌乳 | 9 | GB 13102—2010 | 食品安全国家标准 炼乳 |
| 5 | GB 19646—2010 | 食品安全国家标准 稀奶油、奶油和无水奶油 | 10 | GB 25595—2018 | 食品安全国家标准 乳糖 |

表2-8 我国部分现行肉与肉制品国家标准

| 序号 | 标准编号 | 标准名称 | 序号 | 标准编号 | 标准名称 |
| --- | --- | --- | --- | --- | --- |
| 1 | GB 2730—2015 | 食品安全国家标准 腌腊肉制品 | 6 | GB 2707—2016 | 食品安全国家标准 鲜（冻）畜、禽产品 |
| 2 | GB 2726—2016 | 食品安全国家标准 熟肉制品 | 7 | GB/T 17239—2008 | 鲜、冻兔肉 |
| 3 | GB/T 31319—2014 | 风干禽肉制品 | 8 | GB/T 20711—2006 | 熏煮火腿 |
| 4 | GB/T 9961—2008 | 鲜、冻胴体羊肉 | 9 | GB/T 20712—2006 | 火腿肠 |
| 5 | GB/T 17238—2008 | 鲜、冻分割牛肉 | 10 | GB/T 13213—2017 | 猪肉糜类罐头 |

表2-9 我国部分现行速冻食品标准

| 序号 | 标准编号 | 标准名称 | 序号 | 标准编号 | 标准名称 |
| --- | --- | --- | --- | --- | --- |
| 1 | GB 19295—2011 | 食品安全国家标准 速冻面米制品 | 6 | GH/T 1177—2017 | 速冻豇豆 |
| 2 | GB/T 23786—2009 | 速冻饺子 | 7 | GH/T 1173—2017 | 速冻花椰菜 |
| 3 | SB/T 10635—2011 | 速冻春卷 | 8 | GH/T 1176—2017 | 速冻蒜薹 |
| 4 | SB/T 10412—2007 | 速冻面米食品 | 9 | NY/T 952—2006 | 速冻菠菜 |
| 5 | SB/T 10379—2012 | 速冻调制食品 | 10 | NY/T 1069—2006 | 速冻马蹄片 |

表2-10 我国部分现行焙烤食品标准

| 序号 | 标准编号 | 标准名称 | 序号 | 标准编号 | 标准名称 |
| --- | --- | --- | --- | --- | --- |
| 1 | GB 7099—2015 | 食品安全国家标准 糕点、面包 | 6 | GB/T 31059—2014 | 裱花蛋糕 |
| 2 | GB 7100—2015 | 食品安全国家标准 饼干 | 7 | GB/T 20981—2007 | 面包 |
| 3 | GB 17400—2015 | 食品安全国家标准 方便面 | 8 | GB/T 20980—2007 | 饼干 |
| 4 | GB 17401—2014 | 食品安全国家标准 膨化食品 | 9 | QB/T 2686—2005 | 马铃薯片 |
| 5 | SB/T 10403—2006 | 蛋类芯饼（蛋黄派） | 10 | GB/T 19855—2015 | 月饼 |

## 二、特殊食品标准

根据《食品安全法》第七十四条的规定，国家对保健食品、特殊医学用途配方食品和婴幼儿配方食品等特殊食品实行严格监督管理，特殊食品的范围主要包括保健食品、特殊医学用途配方食品和婴幼儿配方食品等产品。近年来，我国保健食品行业发展迅猛，2018年我国特殊食品年产值约6000亿元，保持持续增长态势。但是，虚假夸大宣传、误导消费者、违法添加等潜在风险仍然存在，而特殊食品是满足老年人、婴幼儿、病人等特殊人群以及特殊需要的食品，因此应加大特殊食品监管力度，构建特殊食品共治格局。

**拓展阅读 2-2  我国特殊食品年产值达 6000 亿元**

作为大健康产业的重要组成部分，中国特殊食品产业迎来了加速发展期。2018年，中国营养保健食品协会发布的数据显示，当前我国特殊食品（保健食品、婴幼儿配方乳粉、特殊医学用途配方食品，以及婴幼儿辅食、益生菌等）年产值约6000亿元，保持持续增长态势。

由于健康需求的迫切且多样化，中国特殊食品市场发展潜力巨大。随着中国居民生活水平和健康意识的提高，人们的观念正在从吃得饱、满足基本生理需要，向均衡营养摄入、利于身体健康的方式转变；从有病治病向无病预防、提高健康质量转变，这都将促进特殊食品产业迅猛发展。同时，我国的特殊食品消费市场在原料供应、产品加工等方面已成为全球供应链的重要组成部分。未来，中国特殊食品产业将在严格规范中谋求发展，婴幼儿配方乳粉的品牌价值将进一步凸显，特殊医学用途配方食品将成为产业发展的新蓝海。

制定和实施特殊食品相关标准是国家进行规范特殊食品市场、保证特殊人群食用安全的重要措施。目前，我国已经发布10项特殊食品的产品标准（表2-11），《食品安全国家标准　老年食品通则》《食品安全国家标准　肿瘤全营养配方食品》《食品安全国家标准　糖尿病全营养配方食品》以及婴幼儿配方食品标准也正在制定或修订，这些标准与特殊食品的检验标准及生产规范标准等标准，共同构成了我国完善的特殊食品标准体系。特殊食品由于其适用人群的特殊性，因此对其定义、涵盖范围、营养素含量、部分有害物质限量等的要求与其他食品有明显不同。

表 2-11  我国现行特殊食品产品食品安全国家标准

| 序号 | 标准编号 | 标准名称 |
| --- | --- | --- |
| 1 | GB 16740—2014 | 食品安全国家标准　保健食品 |
| 2 | GB 10765—2010 | 食品安全国家标准　婴儿配方食品 |
| 3 | GB 10767—2010 | 食品安全国家标准　较大婴儿和幼儿配方食品 |
| 4 | GB 10769—2010 | 食品安全国家标准　婴幼儿谷类辅助食品 |
| 5 | GB 10770—2010 | 食品安全国家标准　婴幼儿罐装辅助食品 |
| 6 | GB 25596—2010 | 食品安全国家标准　特殊医学用途婴儿配方食品通则 |
| 7 | GB 29922—2013 | 食品安全国家标准　特殊医学用途配方食品通则 |
| 8 | GB 22570—2014 | 食品安全国家标准　辅食营养补充品 |
| 9 | GB 24154—2015 | 食品安全国家标准　运动营养食品通则 |
| 10 | GB 31601—2015 | 食品安全国家标准　孕妇及乳母营养补充食品 |

### 1. 保健食品标准

保健食品是声称并具有特定保健功能或者以补充维生素、矿物质为目的的食品，即适用于特定人群食用，具有调节机体功能，不以治疗疾病为目的，并且对人体不产生任何急性、亚急性或慢性危害的食品。

为了打击违规营销宣传产品功效、误导和欺骗消费者等违法行为，营造健康有序的市场经营环境，保障消费者合法权益和消费安全，我国制定了一系列保健食品产品、生产、检测标准。《食品安全国家标准 保健食品》（GB 16740—2014）为保健食品的产品标准，规定了保健食品的原料和辅料、感官要求、理化指标、污染物限量、真菌毒素限量、微生物限量、食品添加剂和营养强化剂及标签标识等方面的要求，适用于我国各类保健食品。

### 2. 婴幼儿配方食品标准

婴幼儿是指处于0～3岁的小龄孩子。婴幼儿期是人一生身体发育的重要时期，此时的营养状况关系到后期的身体和智力发育。在我国，婴幼儿配方和辅食食品的安全性和营养充足性一直受到全社会的高度关注，我国相关部门对乳品、婴幼儿配方食品的营养需求和质量安全也给予了高度重视。2010年我国发布《食品安全国家标准 婴儿配方食品》（GB 10765—2010）等5项婴幼儿主辅食品的食品安全国家标准，对我国婴幼儿配方食品的生产、质量控制和安全监管起到了重要作用。同时，为了配合国家对贫困地区儿童营养改善项目，针对6～60月龄的儿童，我国还制定了《食品安全国家标准 辅食营养补充品》（GB 22570—2014）。

《食品安全国家标准 婴儿配方食品》规定了乳基婴儿配方食品（以乳类及乳蛋白制品为主要原料）和豆基婴儿配方食品（以大豆及大豆蛋白制品为主要原料）的原料要求、感官要求、必需成分、维生素、矿物质、可选择性成分、其他指标、有毒有害物质限量、食品添加剂和营养强化剂、标签、使用说明以及包装等的要求，两类产品的能量和营养成分应能够满足0～6月龄婴儿的正常营养需要。

### 3. 特殊医学用途配方食品标准

特殊医学用途配方食品是为了满足进食受限、消化吸收障碍、代谢紊乱或特定疾病状态人群对营养素或膳食的特殊需要，专门加工配制而成的配方食品。该类产品必须在医生或临床营养师指导下，单独食用或与其他食品配合食用，根据不同临床需要和适用人群，可分为全营养配方食品、特定全营养配方食品和非全营养配方食品。

《食品安全国家标准 特殊医学用途配方食品通则》（GB 29922—2013）是指导和规范我国特殊医学用途配方食品的生产和使用，保障产品适用人群的营养需求和食用安全的通用标准。由于特殊医学用途配方食品的适用人群处于进食受限、消化吸收障碍、代谢紊乱或特定疾病状态，GB 29922对产品各项技术指标（营养素、污染物、微生物等）的要求都非常严格，且生产过程应遵守GB 29923的相关要求。

我国每年新出生婴儿约1600万，其中部分婴儿由于受各种疾病影响，不能喂养母乳或普通婴儿配方食品，特殊医学用途婴儿配方食品是这些婴儿生命早期或相当长时间内赖以生存的主要食物来源。为满足特殊医学状况婴儿的营养需求，指导和规范我国特殊医学用途婴儿配方食品的生产经营，原卫生部组织制定了《特殊医学用途婴儿配方食品通则》（GB

25596—2010）。该标准规定，特殊医学用途婴儿配方食品的配方应以医学和营养学的研究结果为依据，其安全性、营养充足性以及临床效果均需要经过科学证实，单独或与其他食物配合使用时可满足 0～6 月龄特殊医学状况婴儿的生长发育需求。

**同步训练 2-7** 通过互联网了解我国特殊食品标准的制修订现状。

# 第五节 食品标签标准

食品标签是消费者认识食品的载体，是向消费者提供食品信息和特性的说明，同时也是食品监管部门监督检查的重要依据。对食品标签、食品营养标签的规范和管理，能帮助消费者直观了解包括食品营养组分、特征等在内的信息，引导消费者合理选择预包装食品。做好预包装食品标签管理，既是维护消费者权益、保障行业健康发展的有效手段，也是实现食品安全科学管理的需求。我国相继出台的《食品安全法》和《食品标识管理规定》等提供了规范食品标签的法律依据。在标准层面，我国也发布实施了多项标准来管理食品标签，表 2-12 中所列为我国部分现行食品标签、标识等的国家标准。

**表 2-12　我国部分现行食品标签、标识国家标准**

| 序号 | 标准编号 | 标准名称 |
| --- | --- | --- |
| 1 | GB 7718—2011 | 食品安全国家标准　预包装食品标签通则 |
| 2 | GB 28050—2011 | 食品安全国家标准　预包装食品营养标签通则 |
| 3 | GB 13432—2013 | 食品安全国家标准　预包装特殊膳食用食品标签 |
| 4 | GB/T 30643—2014 | 食品接触材料及制品标签通则 |
| 5 | GB/T 32950—2016 | 鲜活农产品标签标识 |

## 一、预包装食品标签通则

《食品安全国家标准　预包装食品标签通则》（GB 7718—2011）是我国食品标签标识通用食品安全国家标准，规定了预包装食品标签的通用性要求，适用于直接提供给消费者的预包装食品标签和非直接提供给消费者的预包装食品标签，不适用于为预包装食品在储藏运输过程中提供保护的食品储运包装标签、散装食品和现制现售食品的标识。

### 1. 术语和定义

（1）**预包装食品**　预先定量包装或者制作在包装材料和容器中的食品，包括预先定量包装以及预先定量制作在包装材料和容器中并且在一定量限范围内具有统一的质量或体积标识的食品。

（2）**食品标签**　食品包装上的文字、图形、符号及一切说明物。

（3）**配料**　在制造或加工食品时使用的，并存在（包括以改性的形式存在）于产品中的任何物质，包括食品添加剂。

（4）**生产日期（制造日期）**　食品成为最终产品的日期。

（5）**保质期**　预包装食品在标签指明的贮存条件下，保持品质的期限。在此期限内，产品完全适于销售，并保持标签中不必说明或已经说明的特有品质。

（6）**规格**　同一预包装内含有多件预包装食品时，对净含量和内含件数关系的表述。

**2. 基本要求**

GB 7718 对预包装食品标签的基本要求主要有：应符合法律、法规的规定，并符合相应食品安全标准的规定；应清晰、醒目、持久，应使消费者购买时易于辨认和识读；应通俗易懂、有科学依据；应真实、准确，不得虚假、夸大，不误导、欺骗消费者；不应标注或暗示具有预防、治疗疾病作用的内容；不应与食品或其包装物（容器）分离；应使用规范的汉字（商标除外）；每件独立包装的食品标识应当分别标注等。

**3. 预包装食品标签强制标示内容**

直接向消费者提供的预包装食品标签强制标示内容包括食品名称、配料表、净含量和规格、生产者和（或）经销者的名称、地址和联系方式、生产日期和保质期、贮存条件、食品生产许可证编号、产品标准代号及其他需要标示的内容（辐照食品、转基因食品、营养标签等）。GB 7718 详细规定了上述内容的标注要求，具体可参见标准原文。

非直接提供给消费者的预包装食品标签应按照直接向消费者提供的预包装食品标签强制标示的相应要求标示食品名称、规格、净含量、生产日期、保质期和贮存条件，其他内容如未在标签上标注，则应在说明书或合同中注明。

**4. 推荐标示内容**

GB 7718 列出了预包装食品标签推荐标示的内容，如批号和食用方法等。

**5. 标示内容的豁免**

GB 7718 规定，可以免除标示保质期的预包装食品有酒精度大于等于 10％的饮料酒、食醋、食用盐、固态食糖类和味精。当预包装食品包装物或包装容器的最大表面面积小于 $10cm^2$ 时，可以只标示产品名称、净含量、生产者（或经销商）的名称和地址。

由单一配料制成的预包装食品可以免除标示配料表。在加工过程中已挥发或去除的配料不需要在配料表中标示。

**同步训练 2-8**　查看并认识自己购买过的预包装食品的标签。

## 二、预包装食品营养标签通则

食品营养标签是向消费者提供食品营养信息和特性的说明，是预包装食品标签的一部分，也是消费者直观了解食品营养组分、特征的有效方式。世界上多个国家强制实施营养标签规定。根据营养调查结果，我国居民既有营养不足，也有营养过剩的问题，特别是脂肪、钠（食盐）、胆固醇的摄入较高，这是引发慢性病的主要因素。

根据《食品安全法》有关规定，为指导和规范我国食品营养标签标示，引导消费者合理选择预包装食品，促进公众膳食营养平衡和身体健康，保护消费者知情权、选择权和监督权，原卫生部在参考 CAC 和国内外管理经验的基础上，组织制定了《食品安全国家标准 预包装食品营养标签通则》（GB 28050—2011），并于 2013 年 1 月 1 日起正式实施。GB 28050 规定了预包装食品营养标签的相关术语和定义、基本要求、强制标示内容、可选择标示内容、营养成分的表达方式以及豁免强制标示营养标签的预包装食品等，适用于预包装食品营养标签上营养信息的描述和说明，但不适用于保健食品及预包装特殊膳食用食品的营养标签标示。

## 1. 术语和定义

**（1）营养标签** 指预包装食品标签上向消费者提供食品营养信息和特性的说明，包括营养成分表、营养声称和营养成分功能声称。营养标签是预包装食品标签的一部分。

**（2）营养素** 即食物中具有特定生理作用，能维持机体生长、发育、活动、繁殖以及正常代谢所需的物质，包括蛋白质、脂肪、碳水化合物、矿物质及维生素等。

**（3）营养成分** 营养成分指食品中的营养素和除营养素以外的具有营养和（或）生理功能的其他食物成分。各营养成分的定义可参照《食品营养成分基本术语》（GB/Z 21922）。

**（4）核心营养素** 营养标签中的核心营养素包括蛋白质、脂肪、碳水化合物和钠。

**（5）营养成分表** 标有食品营养成分名称、含量及其占营养素参考值（NRV）百分比的规范性表格。

**（6）营养素参考值（NRV）** 指专用于食品营养标签，用于比较食品营养成分含量的参考值。

**（7）营养声称** 对食品营养特性的描述和声明，如能量水平、蛋白质含量水平。营养声称包括含量声称和比较声称。

① 含量声称 描述食品中能量或营养成分含量水平的声称。含量声称用语包括"含有""高""低"或"无"等。

② 比较声称 与消费者熟知的同类食品的营养成分含量或能量值进行比较以后的声称。比较声称用语包括"增加"或"减少"等。

**（8）营养成分功能声称** 指某营养成分可以维持人体正常生长、发育和正常生理功能等作用的声称。

---

**小知识 2-2 能量及营养成分相关概念**

能量：指食品中的蛋白质、脂肪和碳水化合物等营养素在人体代谢中产生的能量。食品中能量的计算依据为主要供能成分含量乘以相应的换算系数加和而成。

蛋白质：指含氮的有机化合物，以氨基酸为基本组成单位。

脂肪：又称甘油三酯，由脂肪酸和甘油结合而成。

脂肪酸：有机酸中链状羧酸的总称，包括饱和脂肪酸（碳链上不含双键）和不饱和脂肪酸（碳链上含有一个及以上顺式双键的脂肪酸总和）。反式脂肪酸指油脂加工中产生的含有一个及以上非共轭反式（trans）双键的不饱和脂肪酸总和。

碳水化合物：指糖、寡糖、多糖的总称。

糖：指单糖、双糖之和。用于预包装食品营养标签标示的糖只包括葡萄糖、果糖、蔗糖、麦芽糖等单/双糖组分。

维生素A：指具有视黄醇生物活性的一类化合物，包括视黄醇、β-胡萝卜素及其他类胡萝卜素衍生物。

钠：食品中以各种化合物形式存在的钠的总和。

钙：食品中以各种化合物形式存在的钙的总和。

### 2. 基本要求

GB 28050对食品营养标签标示的基本要求如下：①预包装食品营养标签标示的任何营养信息，应真实、客观，不得标示虚假信息，不得夸大产品的营养作用或其他作用；②预包装食品营养标签应使用中文；③营养成分表应以一个"方框表"的形式表示（特殊情况除外），方框可为任意尺寸，并与包装的基线垂直，表题为"营养成分表"；④食品营养成分含量应以具体数值标示，数值可通过原料计算或产品检测获得；⑤食品企业根据食品特点在规定的营养标签格式中选择使用其中的一种格式；⑥营养标签应标在向消费者提供的最小销售单元的包装上。

### 3. 强制标示内容

GB 28050规定营养标签强制标示的内容包括：

① 所有预包装食品营养标签强制标示的内容包括能量、核心营养素的含量值及其占营养素参考值（NRV）的百分比。当标示其他成分时，应采取适当形式使能量和核心营养素的标示更加醒目。

② 对除能量和核心营养素外的其他营养成分进行营养声称或营养成分功能声称时，在营养成分表中还应标示出该营养成分的含量值及其占营养素参考值（NRV）的百分比。

③ 若预包装食品使用了营养强化剂，在营养成分表中还应标示出食品中该营养成分的含量值及其占营养素参考值（NRV）的百分比。

④ 若食品配料含有或生产过程中使用了氢化和（或）部分氢化油脂时，在营养成分表中应标示出反式脂肪（酸）的含量。

⑤ 上述未规定营养素参考值（NRV）的营养成分仅需标示含量。

### 4. 可选择标示内容

除了强制标示内容外，营养成分表中还可选择标示标准表1中的其他成分。

当某营养成分含量标示值符合标准规定的要求和条件时，可对该成分进行含量声称和（或）比较声称。两种声称均需使用相应的标准语或其同义语。

当某营养成分的含量标示值符合含量声称或比较声称的要求和条件时，可使用规定的营养成分功能声称标准用语。不应对功能声称用语进行任何形式的删改、添加和合并。

### 5. 营养成分的表达方式

预包装食品中能量和营养成分的含量应以每100克（g）和（或）每100毫升（mL）和（或）每份食品可食部中的具体数值来标示。当用份标示时，应标明每份食品的量。

### 6. 关于豁免强制标示营养标签的预包装食品

根据国际上实施营养标签制度的经验，GB 28050 规定了可以豁免标示营养标签的部分食品范围。鼓励豁免的预包装食品按 GB 28050 要求自愿标示营养标签。

豁免强制标示营养标签的食品包括：①生鲜食品，如包装的生肉、生鱼、生蔬菜和水果、禽蛋等；②乙醇含量≥0.5％的饮料酒类；③包装总表面积≤100cm² 或最大表面面积≤20cm² 的食品；④现制现售的食品；⑤包装的饮用水；⑥每日食用量≤10g 或 10mL 的预包装食品；⑦其他法律法规标准规定可以不标示营养标签的预包装食品。

但是，上述豁免标示营养标签的预包装食品，如果在其包装上出现任何营养信息时，也需按照 GB 28050 执行。

**同步训练 2-9**　下表为某声称高钙食品的营养成分表，试指出其错误之处。

**营养成分表**

| 项目 | 每 100g | 营养素参考值/％ |
| --- | --- | --- |
| 能量 | 1088kJ | 13 |
| 蛋白质 | 28.8g | 48 |
| 脂肪 | 2.6g | 4 |
| 钠 | 1368mg | 68 |
| 铁 | 2.5mg | 17 |

# 第六节　食品生产经营过程标准

## 一、食品生产经营卫生规范标准

食品生产经营者是保证食品安全的第一责任人，只有从法律制度和标准上确保食品生产经营者切实做到依法生产经营，诚实守信，对食品安全负起应尽的社会责任，才能建立起保障食品安全的长效机制。卫生规范是食品生产的最基本条件和卫生要求，是食品生产企业保证食品安全的重要手段，是实施食品安全生产过程监管的重要技术依据。2009 年《食品安全法》颁布前，原卫生部以食品卫生国家标准的形式发布了近 20 项"卫生规范"和"良好生产规范"。有关行业主管部门制定和发布了各类"良好生产规范"和"技术操作规范"等 400 余项生产经营过程标准。

2013 年以来，原国家卫生计生委通过整合食品生产经营过程的卫生要求标准，形成以《食品安全国家标准  食品生产通用卫生规范》（GB 14881—2013）为基础的 40 余项涵盖主要食品类别的生产经营规范类食品安全标准体系。表 2-13 为我国部分现行食品生产经营卫生规范类食品安全标准。

表 2-13  我国部分现行食品生产经营卫生规范类食品安全国家标准

| 序号 | 标准编号 | 标准名称 |
|---|---|---|
| 1 | GB 14881—2013 | 食品安全国家标准  食品生产通用卫生规范 |
| 2 | GB 31621—2014 | 食品安全国家标准  食品经营过程卫生规范 |
| 3 | GB 8950—2016 | 食品安全国家标准  罐头食品生产卫生规范 |
| 4 | GB 8951—2016 | 食品安全国家标准  蒸馏酒及其配制酒生产卫生规范 |
| 5 | GB 8952—2016 | 食品安全国家标准  啤酒生产卫生规范 |
| 6 | GB 8953—2018 | 食品安全国家标准  酱油生产卫生规范 |
| 7 | GB 8954—2016 | 食品安全国家标准  食醋生产卫生规范 |
| 8 | GB 8955—2016 | 食品安全国家标准  食用植物油及其制品生产卫生规范 |
| 9 | GB 8956—2016 | 食品安全国家标准  蜜饯生产卫生规范 |
| 10 | GB 8957—2016 | 食品安全国家标准  糕点、面包卫生规范 |
| 11 | GB 12693—2010 | 食品安全国家标准  乳制品良好生产规范 |
| 12 | GB 12694—2016 | 食品安全国家标准  畜禽屠宰加工卫生规范 |
| 13 | GB 12695—2016 | 食品安全国家标准  饮料生产卫生规范 |
| 14 | GB 13122—2016 | 食品安全国家标准  谷物加工卫生规范 |
| 15 | GB 17403—2016 | 食品安全国家标准  糖果巧克力生产卫生规范 |
| 16 | GB 17404—2016 | 食品安全国家标准  膨化食品生产卫生规范 |
| 17 | GB 18524—2016 | 食品安全国家标准  食品辐照加工卫生规范 |
| 18 | GB 31646—2018 | 食品安全国家标准  速冻食品生产和经营卫生规范 |
| 19 | GB 20799—2016 | 食品安全国家标准  肉和肉制品经营卫生规范 |
| 20 | GB 19304—2018 | 食品安全国家标准  包装饮用水生产卫生规范 |

## 1. 食品生产通用卫生规范

《食品安全国家标准  食品生产通用卫生规范》（GB 14881—2013）是规范食品生产行为，防止食品生产过程的各种污染，生产安全且适宜食用的食品的基础性食品安全国家标准。GB 14881 规定了食品生产过程中原料采购、加工、包装、贮存和运输等环节的场所、设施、人员的基本要求和管理准则，适用于各类食品的生产，如确有必要制定某类食品生产的专项卫生规范，应当以 GB 14881 作为基础。GB 14881 既是规范企业食品生产过程管理的技术措施和要求，又是监管部门开展生产过程监管与执法的重要依据，也是鼓励社会监督食品安全的重要手段。

**（1）术语和定义**

① 污染　在食品生产过程中发生的生物、化学、物理污染因素传入的过程。

② 虫害　由昆虫、鸟类、啮齿类动物等生物（包括苍蝇、蟑螂、麻雀、老鼠等）造成的不良影响。

③ 食品加工人员　直接接触包装或未包装的食品、食品设备和器具、食品接触面的操作人员。

④ 接触表面　设备、工器具、人体等可被接触到的表面。

⑤ 分离　通过在物品、设施、区域之间留有一定空间，而非通过设置物理阻断的方式进行隔离。

⑥ 分隔　通过设置物理阻断如墙壁、卫生屏障、遮罩或独立房间等进行隔离。

⑦ 食品加工场所　用于食品加工处理的建筑物和场地，以及按照相同方式管理的其他建筑物、场地和周围环境等。

⑧ 监控　按照预设的方式和参数进行观察或测定，以评估控制环节是否处于受控状态。

⑨ 工作服　根据不同生产区域的要求，为降低食品加工人员对食品的污染风险而配备的专用服装。

**（2）标准的主要内容**

① 厂房和车间的设计布局　食品企业应从原材料入厂至成品出厂，从人流、物流、气流等因素综合考虑，统筹厂房和车间的设计布局，兼顾工艺、经济、安全等原则，满足食品卫生操作要求，预防和降低产品受污染的风险。

② 设施与设备　首先要确定企业设施与设备是否充足和适宜。设施与设备涉及生产过程控制的各个直接或间接的环节，其中，设施包括供、排水设施，清洁消毒设施，废弃物存放设施，个人卫生设施，通风设施，照明设施，仓储设施，温控设施等；设备包括生产设备、监控设备，以及设备的保养和维修等。

③ 食品生产企业的卫生管理　卫生管理是食品生产企业食品安全管理的核心内容之一。卫生管理从原料采购到出厂管理，贯穿于整个生产过程。卫生管理涵盖管理制度、厂房与设施、人员健康与卫生、虫害控制、废弃物、工作服等方面的管理。

④ 控制食品原料、食品添加剂和食品相关产品的安全　食品生产者应根据国家法规和标准规定的要求采购原料，根据企业自身的监控重点采取适当措施保证物料合格；查验供货者的许可证和物料合格证明文件，并对物料进行验收审核；在贮存物料时，应依照物料的特性分类存放，对有温度、湿度等要求的物料，应配置必要的设备设施。

⑤ 生产过程的食品安全控制　生产过程中的食品安全控制措施是保障食品安全的重中之重。企业应高度重视生产加工、产品贮存和运输等食品生产过程中的潜在危害控制，根据企业的实际情况制定并实施生物性、化学性、物理性污染的控制措施，确保这些措施切实可行和有效，并做好相应的记录。

⑥ 检验验证产品的安全　检验是验证食品生产过程管理措施有效性、确保食品安全的重要手段。企业对各类样品可以自行进行检验，也可以委托具备相应资质的食品检验机构进行检验。企业应妥善保存检验记录，以备查询。

⑦ 食品的贮存和运输　科学合理的贮存环境和运输条件是避免食品污染和腐败变质、保障食品性质稳定的重要手段。企业应根据食品的特点、卫生和安全需要选择适宜的贮存和运输条件。贮存、运输食品的容器和设备应当安全、无害，保持清洁，降低食品污染的

风险。

⑧ 产品召回管理措施　食品生产者发现其生产的食品不符合食品安全标准或存在其他不适于食用的情况时，应当立即停止生产，按要求进行产品召回；及时对不安全食品采取补救、无害化处理、销毁等措施。

⑨ 岗位培训　对食品生产管理者和生产操作者等从业人员的培训是企业确保食品安全最基本的保障措施之一。企业应按照工作岗位的需要对食品加工及管理人员进行有针对性的食品安全培训，提高员工对执行企业卫生管理等制度的能力和意识。

⑩ 记录和文件管理　记录和文件管理是企业质量管理的基本组成部分，涉及食品生产管理的各个方面，与生产、质量、贮存和运输等相关的所有活动都应在文件系统中明确规定。所有活动的计划和执行都必须通过文件和记录证明。文件内容应清晰、易懂，并有助于追溯。

⑪ 食品生产企业应建立食品安全相关的管理制度　完备的管理制度是生产安全食品的重要保障。企业的食品安全管理制度需涵盖从原料采购到食品加工、包装、贮存、运输等全过程的管理制度。

> **同步训练 2-10**　对照 GB 14881，查验本校食品加工实训场所是否符合标准中的相关规定，并提出整改措施。

### 2. 食品经营过程卫生规范

《食品安全国家标准　食品经营过程卫生规范》（GB 31621—2014）是我国首次设立的涉及食品经营过程中的采购、运输、验收、贮存和销售等环节的卫生规范，对保障食品经营过程的食品安全至关重要，可全面推进食品经营链条的无缝衔接管理，促进我国食品流通企业食品安全水平整体保障能力的提高。

**(1) 范围**　GB 31621 规定了食品采购、运输、验收、贮存、分装与包装、销售等经营过程中的食品安全要求，适用于各种类型的食品经营活动，但不适用于网络食品交易、餐饮服务、现制现售的食品经营活动。

**(2) 采购**　采购食品应查验供货者的许可证和食品合格证明文件，并建立合格供应商档案。采购散装食品所使用的容器和包装材料应符合国家相关法律法规及标准的要求。

**(3) 运输**　运输食品应使用专用运输工具，并具备防雨、防尘设施。运输工具应具备相应的冷藏、冷冻设施或保护性设施等，并保持正常运行。运输工具和装卸食品的容器、工具和设备应保持清洁和定期消毒。食品在运输过程中应符合保证食品安全所需的温度等特殊要求。

**(4) 验收**　应依据国家相关法律法规及标准，对食品进行符合性验证和感官抽查，对有温度控制要求的食品应进行运输温度测定。应查验食品合格证明文件，并留存相关证明。应如实记录食品的名称、规格、数量、生产日期、保质期、进货日期以及供货者的名称、地址及联系方式等信息。

**(5) 贮存**　贮存场所应保持完好、环境整洁，与有毒、有害污染源有效分隔。应有良好的通风、排气装置，保持空气清新无异味，避免日光直接照射。应遵循先进先出的原则，定期检查库存食品，及时处理变质或超过保质期的食品。贮存设备、工具、容器等应保持卫生清洁，并采取有效措施防止鼠类昆虫等侵入。

**（6）销售** 应具有与经营食品品种、规模相适应的销售场所。销售场所应布局合理，食品经营应防止交叉污染。应具有与经营食品品种、规模相适应的销售设施和设备。与食品表面接触的设备、工具和容器，应使用安全、无毒、无异味、防吸收、耐腐蚀且可承受反复清洗和消毒的材料制作。从事食品批发业务的经营企业销售食品，应如实记录批发食品的相关信息，并保存相关票据。

**（7）产品追溯和召回** 当发现经营的食品不符合食品安全标准时，应立即停止经营，并有效、准确地通知相关生产经营者和消费者，并记录停止经营和通知情况。应配合相关食品生产经营者和食品安全主管部门进行相关追溯和召回工作，避免或减轻危害。

**（8）卫生管理** 食品经营企业应根据食品的特点以及经营过程的卫生要求，建立对保证食品安全具有显著意义的关键控制环节的监控制度，确保有效实施并定期检查，发现问题及时纠正。食品经营企业应制定卫生监控制度，确立内部监控的范围、对象和频率。记录并存档监控结果，定期对执行情况和效果进行检查，发现问题及时纠正。食品经营人员应符合国家相关规定对人员健康的要求，进入经营场所应保持个人卫生和衣帽整洁，防止污染食品。接触直接入口或不需清洗即可加工的散装食品时应戴口罩、手套和帽子，头发不应外露。

**（9）培训** 食品经营企业应建立相关岗位的培训制度，对从业人员进行相应的食品安全知识培训。食品经营企业应根据不同岗位的实际需求，制定和实施食品安全年度培训计划并进行考核，做好培训记录。应定期审核和修订培训计划，评估培训效果，并进行常规检查，以确保培训计划的有效实施。

**（10）管理制度和人员** 食品经营企业应配备食品安全专业技术人员、管理人员，并建立保障食品安全的管理制度。

**（11）记录和文件管理** 应对食品经营过程中采购、验收、贮存、销售等环节详细记录。记录内容应完整、真实、清晰、易于识别和检索，确保所有环节都可进行有效追溯。应如实记录发生召回的食品名称、批次、规格、数量、发生召回的原因及后续整改方案等内容。

**同步训练 2-11** 对照 GB 31621，查看本地超市食品的贮存和销售等环节是否符合规定。

**思政小课堂 生产经营不符合食品标准的食品案例**

【案例一】芝麻酱铅含量超标，厂商启动召回程序

2020 年 3 月 19 日，经抽检，某公司生产的 240 瓶"纯芝麻酱"的铅含量不符合 GB 2762—2017《食品安全国家标准 食品中污染物限量》要求，检验结论为不合格。经执法人员教育，当事人认识到错误行为，接到不合格报告后主动启动召回程序、采取整改措施，并积极配合执法机关进行调查。市场监管局责令其停止违法行为，并处以罚款 69000 元，没收违法所得。

【案例二】某水产公司生产不符合食品安全标准的食品

2021 年 9 月，市场监管局对某水产公司生产的海蜇进行监督抽检。经检验，山

梨酸及其钾盐项目不符合 GB 2760—2014《食品安全国家标准 食品添加剂使用标准》要求，检验结论为不合格。当事人生产超限量使用食品添加剂的淡化海蜇的行为，违反了《食品安全法》第三十四条的规定。市场监管局根据《行政处罚法》第二十八条、《食品安全法》第一百二十四条的规定，给予当事人警告、没收违法所得、罚款50000 元的行政处罚。

【启示】食品标准是食品生产经营者在经营食品时应当遵守的技术要求，是保证食品安全的重要手段。食品生产经营者生产经营不符合食品标准的食品，需承担相应的法律责任。

## 二、食品流通标准

进入 21 世纪之后，随着国民经济持续较快发展，我国食品工业生产经营和食品消费格局发生了深刻变化，人们的食品消费观念从传统单一向现代的多样化、快捷化发展。食品流通是指食品从生产领域向消费领域转移的过程，包括商流和物流两个方面，其基本活动包括运输、贮藏、装卸搬运、包装、流通加工、配送、信息处理以及销售等。

食品流通过程与食品安全密切相关，涉及原料、加工工艺过程、包装、贮运及生产加工的相关因素（环境、物品、人员）等一系列过程中可能影响食品质量安全的因素。因此，广义的食品流通标准为初级农产品生产后到消费者消费之间涉及的采购、初加工、分级、包装标识、贮藏运输、销售等各环节和过程的各类标准。我国发布实施的食品流通标准主要包括国家标准和行业标准两个级别，这些类别的标准共同构成了我国食品流通标准体系，构建了流通过程中维护食品安全的有效屏障，是实现流通环节食品质量安全控制的重要手段，同时在一定程度上也促进提高了产品的流通效率。

以下主要介绍食品流通规范标准、食品包装标准以及食品贮藏和运输标准。

### 1. 食品流通规范标准

我国历来重视食品流通特别是农产品流通的标准化工作，表 2-14 所列为目前我国部分现行食品流通规范标准。其中，《食品良好流通规范》（GB/T 23346—2009）规定了食品良好流通规范的通用要求，适用于食品链中采购、流通加工、贮存、运输、销售等流通环节中的任何组织。

### 2. 食品包装标准

食品包装是为在流通过程中保护食品、方便储运、促进销售，按一定技术方法而采用的容器、材料及辅助物等的总体名称，是食品流通的重要条件。食品包装与食品直接接触，其材料安全是确保食品安全的关键控制点之一。食品包装材料种类繁多，如金属、玻璃、纸质、塑料、复合材料等，而用于制造各类食品包装材料的化学物质种类达数千种，为了避免来源于食品包装材料的化学物质对人体产生危害，应当制定严格的法律法规和标准来控制其中有害化学物质的含量。

表 2-14　我国部分现行食品流通规范标准

| 序号 | 标准编号 | 标准名称 | 序号 | 标准编号 | 标准名称 |
|---|---|---|---|---|---|
| 1 | GB/T 23346—2009 | 食品良好流通规范 | 11 | SB/T 11026—2013 | 浆果类果品流通规范 |
| 2 | GB/T 34318—2017 | 食用菌干制品流通规范 | 12 | SB/T 11025—2013 | 果脯类流通规范 |
| 3 | GB/T 34317—2017 | 食用菌速冻品流通规范 | 13 | SB/T 10828—2012 | 豆制品良好流通规范 |
| 4 | GB/T 24861—2010 | 水产品流通管理技术规范 | 14 | SB/T 10889—2012 | 预包装蔬菜流通规范 |
| 5 | SB/T 11100—2014 | 仁果类果品流通规范 | 15 | SB/T 10967—2013 | 红辣椒干流通规范 |
| 6 | SB/T 11099—2014 | 食用菌流通规范 | 16 | SB/T 10882—2012 | 大蒜流通规范 |
| 7 | SB/T 11031—2013 | 块茎类蔬菜流通规范 | 17 | SB/T 10879—2012 | 大白菜流通规范 |
| 8 | SB/T 11029—2013 | 瓜类蔬菜流通规范 | 18 | SB/T 10894—2012 | 预包装鲜食葡萄流通规范 |
| 9 | SB/T 11028—2013 | 柑橘类果品流通规范 | 19 | SB/T 10892—2012 | 预包装鲜苹果流通规范 |
| 10 | SB/T 11027—2013 | 干果类果品流通规范 | 20 | SB/T 10891—2012 | 预包装鲜梨流通规范 |

　　我国食品包装标准主要由通用标准、产品标准、检验方法标准及规范等四部分构成，已初步形成了较为完整的食品包装标准体系。我国部分食品包装材料和容器标准见表 2-15 和表 2-16。其中，《食品安全国家标准　食品接触材料及制品用添加剂使用标准》（GB 9685—2016）是食品包装的通用标准，规定了食品接触材料及制品用添加剂的使用原则、允许使用的添加剂品种、使用范围、最大使用量、特定迁移限量或最大残留量、特定迁移总量限量及其他限制性要求。GB 4806 系列标准属于食品安全国家标准体系中的食品包装材料产品标准，规定了各类食品接触材料及制品的通用安全要求。

表 2-15　我国部分食品包装材料和包装容器食品安全国家标准

| 序号 | 标准编号 | 标准名称 |
|---|---|---|
| 1 | GB 4806.1—2016 | 食品安全国家标准　食品接触材料及制品通用安全要求 |
| 2 | GB 4806.2—2015 | 食品安全国家标准　奶嘴 |
| 3 | GB 4806.3—2016 | 食品安全国家标准　搪瓷制品 |
| 4 | GB 4806.4—2016 | 食品安全国家标准　陶瓷制品 |
| 5 | GB 4806.5—2016 | 食品安全国家标准　玻璃制品 |
| 6 | GB 4806.6—2016 | 食品安全国家标准　食品接触用塑料树脂 |
| 7 | GB 4806.7—2016 | 食品安全国家标准　食品接触用塑料材料及制品 |
| 8 | GB 4806.8—2016 | 食品安全国家标准　食品接触用纸和纸板材料及制品 |
| 9 | GB 4806.9—2016 | 食品安全国家标准　食品接触用金属材料及制品 |
| 10 | GB 4806.10—2016 | 食品安全国家标准　食品接触用涂料及涂层 |
| 11 | GB 4806.11—2016 | 食品安全国家标准　食品接触用橡胶材料及制品 |
| 12 | GB 9685—2016 | 食品安全国家标准　食品接触材料及制品用添加剂使用标准 |

表 2-16 我国部分食品包装材料和包装容器国家标准

| 序号 | 标准编号 | 标准名称 |
|---|---|---|
| 1 | GB/T 23508—2009 | 食品包装容器及材料 术语 |
| 2 | GB/T 23509—2009 | 食品包装容器及材料 分类 |
| 3 | GB/T 24696—2009 | 食品包装用羊皮纸 |
| 4 | GB/T 24695—2009 | 食品包装用玻璃纸 |
| 5 | GB/T 18192—2008 | 液体食品无菌包装用纸基复合材料 |
| 6 | GB/T 18454—2019 | 液体食品无菌包装用复合袋 |
| 7 | GB/T 8946—2013 | 塑料编织袋通用技术要求 |
| 8 | GB/T 19741—2005 | 液体食品包装用塑料复合膜、袋 |
| 9 | GB/T 5738—1995 | 瓶装酒、饮料塑料周转箱 |
| 10 | GB/T 23778—2009 | 酒类及其他食品包装用软木塞 |

### 3. 食品贮藏和运输标准

贮藏和运输是食品流通过程中的两个重要环节，被称为"流通的支柱"，贮藏和运输过程操作是否规范将直接影响食品的质量和安全。为保证食品安全，我国制定了多项食品（主要为生鲜农产品）的贮藏和运输标准。表 2-17 为我国部分现行食品贮藏与运输国家标准。

表 2-17 我国部分现行食品贮藏和运输国家标准

| 序号 | 标准编号 | 标准名称 | 序号 | 标准编号 | 标准名称 |
|---|---|---|---|---|---|
| 1 | GB/T 29372—2012 | 食用农产品保鲜贮藏管理规范 | 6 | GB/T 33129—2016 | 新鲜水果、蔬菜包装和冷链运输通用操作规程 |
| 2 | GB/T 51124—2015 | 马铃薯贮藏设施设计规范 | 7 | GB/T 17479—1998 | 杏冷藏 |
| 3 | GB/T 30354—2013 | 食用植物油散装运输规范 | 8 | GB/T 28640—2012 | 畜禽肉冷链运输管理技术规范 |
| 4 | GB/T 8559—2008 | 苹果冷藏技术 | 9 | GB/T 23244—2009 | 水果和蔬菜 气调贮藏技术规范 |
| 5 | GB/T 8867—2001 | 蒜薹简易气调冷藏技术 | 10 | GB/T 18518—2001 | 黄瓜 贮藏和冷藏运输 |

其中，《食用农产品保鲜贮藏管理规范》（GB/T 29372—2012）规定了食用农产品保鲜贮藏基本要求、贮藏前的准备、贮藏及运输要求，适用于果蔬、肉类、水产品等的保鲜贮藏；《新鲜水果、蔬菜包装和冷链运输通用操作规程》（GB/T 33129—2016）规定了新鲜果蔬包装、预冷、冷链运输的通用操作规程，适用于新鲜果蔬的包装、预冷和冷链运输操作。

除了国家标准，我国还出台了一系列食品贮藏和运输行业标准，包括农业行业标准、国内贸易行业标准和进出口行业标准等。

### 4. 其他食品流通标准

除了食品流通规范标准、食品包装标准、食品贮藏和运输标准以外，我国还发布实施了食品销售标准、食品配送标准等食品流通标准。

> **同步训练 2-12** 检索食品流通行业标准 1～2 项，了解其主要内容。

# 第七节　食品检验标准

食品品质的优劣直接关系到消费者的身心健康。评价食品的品质，就需要对食品进行检验。食品检验标准是指对食品的质量和安全指标进行测定、试验、计量所作的统一规定，主要包括感官分析方法标准、理化检验方法标准、微生物检验方法标准、毒理学检验标准、农残兽残检验标准等，是我国食品标准体系的重要组成部分。

## 一、感官分析方法标准

食品感官分析又称感官检验、感官评价，是用感觉器官检查食品感官特性的一种科学方法。在感官分析中，根据人的感觉器官对食品的各种质量特性的"感觉"，并用语言、文字、符号或数据进行记录，再运用概率统计原理进行统计分析，从而得出结论，对食品的色、香、味、形、质地、口感等各项指标做出评价。食品质量的优劣最直接地表现在其感官性状上，通过感官指标来鉴别食品的优劣和真伪，不仅简便易行，而且直观实用。目前，感官分析方法已经成为世界各国广泛采用的一类重要的食品质量检验方法。

从 20 世纪 80 年代初 ISO 食品技术委员会成立感官分技术委员会开始开展感官分析方法的标准化工作，至今已制定发布了 20 多项感官分析方法国际标准，我国先后采标制定了 20 多项感官分析标准。表 2-18 列出了我国部分现行食品感官检验标准。

**表 2-18　我国部分现行食品感官检验标准**

| 序号 | 标准编号 | 标准名称 |
| --- | --- | --- |
| 1 | GB/T 10220—2012 | 感官分析　方法学　总论 |
| 2 | GB/T 12310—2012 | 感官分析方法　成对比较检验 |
| 3 | GB/T 12311—2012 | 感官分析方法　三点检验 |
| 4 | GB/T 12312—2012 | 感官分析　味觉敏感度的测定方法 |
| 5 | GB/T 12313—1990 | 感官分析方法　风味剖面检验 |
| 6 | GB/T 12314—1990 | 感官分析方法　不能直接感官分析的样品制备准则 |
| 7 | GB/T 12315—2008 | 感官分析　方法学　排序法 |
| 8 | GB/T 12316—1990 | 感官分析方法　"A"-"非 A"检验 |
| 9 | GB/T 16861—1997 | 感官分析　通用多元分析方法鉴定和选择用于建立感官剖面的描述词 |
| 10 | GB/T 21265—2007 | 辣椒辣度的感官评价方法 |

## 二、食品理化检验方法标准

由于食品的感官性状变化程度很难具体衡量，且鉴别者的客观条件不同和主观态度各异，尤其是在对食品感官性状的鉴别判断有争议时，往往难以下结论，此时，若需要衡量食品感官性状的具体变化程度，则应该借助理化和微生物的检验方法来确定。食品理化检验是检测工作的一个重要组成部分，可以为食品质量监督和行政执法提供公正、准确的依据。

我国食品安全国家标准中的理化检验方法标准适用于食品安全相关指标的检测，具体涉及食品添加剂、营养强化剂、重金属等污染物、生物毒素、放射性物质等指标，以及食品产品、食品相关产品、婴幼儿食品和乳品中以及辐照产品中相应理化指标的检验方法。标准规范了检测方法的操作步骤和检验手段，在某些标准方法中明确标准的检出限、定量限等方法相关参数。表2-19总结了我国现行主要食品理化检验方法食品安全国家标准概况（数据统计时间为2019年8月）。除食品安全国家标准外，我国还发布实施了数量众多的食品理化检验进出口行业标准。

表2-19 我国现行主要食品理化检验方法食品安全国家标准概况

| 序号 | 标准编号 | 标准主要内容 | 标准数量/项 |
|---|---|---|---|
| 1 | GB 5009 系列 | 食品中食品添加剂、营养强化剂、重金属等污染物、生物毒素等的测定方法 | 146 |
| 2 | GB 5413 系列 | 婴幼儿食品和乳品中营养成分和物理性质的测定方法 | 12 |
| 3 | GB 14883 系列 | 食品中各种放射性物质的测定方法 | 10 |
| 4 | GB 31604 系列 | 食品接触材料和制品检测方法 | 49 |
| 5 | GB 8538—2016 | 食品安全国家标准 饮用天然矿泉水检验方法 | 1 |
| 6 | GB 22031—2010 | 食品安全国家标准 干酪及加工干酪制品中添加的柠檬酸盐的测定 | 1 |
| 7 | GB 22255—2014 | 食品安全国家标准 食品中三氯蔗糖（蔗糖素）的测定 | 1 |
| 8 | GB 23748—2016 | 食品安全国家标准 辐照食品鉴定 筛选法 | 1 |
| 9 | GB 28404—2012 | 食品安全国家标准 保健食品中 $\alpha$-亚麻酸、二十碳五烯酸、二十二碳五烯酸和二十二碳六烯酸的测定 | 1 |
| 10 | GB 29989—2013 | 食品安全国家标准 婴幼儿食品和乳品中左旋肉碱的测定 | 1 |
| 11 | GB 31642—2016 | 食品安全国家标准 辐照食品鉴定 电子自旋共振波谱法 | 1 |
| 12 | GB 31643—2016 | 食品安全国家标准 含硅酸盐辐照食品的鉴定 热释光法 | 1 |

## 三、食品微生物食品安全国家标准检验方法标准

食品微生物食品安全国家标准检验是运用微生物学的理论和方法，检验食品中微生物的种类、数量、性质及其对人体健康的影响，以判别食品是否符合标准的检验方法，这对于食品污染和食源性疾病的控制具有重要作用。

我国食品安全国家标准体系中的食品微生物食品安全国家标准检验方法标准为GB 4789系列标准，目前已经发布实施30项（部分标准见表2-20）。GB 4789系列标准适用于食品中相应微生物指标的定性和定量检验，内容涉及食品中的致病菌（如沙门菌、副溶血性弧菌、单核细胞增生李斯特菌等）、指示菌（大肠菌群、肠杆菌科等）以及商业无菌等的检验方法，同时还包括培养基和试剂质量要求、样品处理等内容，属于各类食品的通用微生物食品安全

国家标准检验方法。现行 GB/T 4789 系列推荐性国家标准共 10 项，主要规定了针对不同类别食品（如肉与肉制品、蛋与蛋制品、酒类等）的微生物食品安全国家标准检验方法（见表 2-21）。

表 2-20　我国部分食品微生物学检验食品安全国家标准

| 序号 | 标准编号 | 标准名称 |
|---|---|---|
| 1 | GB 4789.1—2016 | 食品安全国家标准　食品微生物学检验　总则 |
| 2 | GB 4789.2—2016 | 食品安全国家标准　食品微生物学检验　菌落总数测定 |
| 3 | GB 4789.3—2016 | 食品安全国家标准　食品微生物学检验　大肠菌群计数 |
| 4 | GB 4789.4—2016 | 食品安全国家标准　食品微生物学检验　沙门氏菌检验 |
| 5 | GB 4789.5—2012 | 食品安全国家标准　食品微生物学检验　志贺氏菌检验 |
| 6 | GB 4789.6—2016 | 食品安全国家标准　食品微生物学检验　致泻大肠埃希氏菌检验 |
| 7 | GB 4789.7—2013 | 食品安全国家标准　食品微生物学检验　副溶血性弧菌检验 |
| 8 | GB 4789.8—2016 | 食品安全国家标准　食品微生物学检验　小肠结肠炎耶尔森氏菌检验 |
| 9 | GB 4789.9—2014 | 食品安全国家标准　食品微生物学检验　空肠弯曲菌检验 |
| 10 | GB 4789.10—2016 | 食品安全国家标准　食品微生物学检验　金黄色葡萄球菌检验 |

表 2-21　我国现行食品微生物学检验推荐性国家标准

| 序号 | 标准编号 | 标准名称 |
|---|---|---|
| 1 | GB/T 4789.17—2003 | 食品卫生微生物学检验　肉与肉制品检验 |
| 2 | GB/T 4789.19—2003 | 食品卫生微生物学检验　蛋与蛋制品检验 |
| 3 | GB/T 4789.20—2003 | 食品卫生微生物学检验　水产食品检验 |
| 4 | GB/T 4789.21—2003 | 食品卫生微生物学检验　冷冻饮品、饮料检验 |
| 5 | GB/T 4789.22—2003 | 食品卫生微生物学检验　调味品检验 |
| 6 | GB/T 4789.23—2003 | 食品卫生微生物学检验　冷食菜、豆制品检验 |
| 7 | GB/T 4789.24—2003 | 食品卫生微生物学检验　糖果、糕点、蜜饯检验 |
| 8 | GB/T 4789.25—2003 | 食品卫生微生物学检验　酒类检验 |
| 9 | GB/T 4789.27—2008 | 食品卫生微生物学检验　鲜乳中抗生素残留检验 |
| 10 | GB/T 4789.29—2003 | 食品卫生微生物学检验　椰毒假单胞菌酵米面亚种检验 |

## 四、食品毒理学评价程序和规程

毒理学评价是通过一系列毒理学试验对受试物的毒性作用进行定性分析，并结合受试物的资料确定受试物在食品中的安全限量，是食品安全性评价的基础。我国食品安全性毒理学评价程序和方法标准为 GB 15193 系列标准，包括毒理学评价程序和方法标准共 26 项（部分见表 2-22）。该系列标准适用于评价食品生产、加工、贮藏、运输和销售过程中涉及的可能对健康造成危害的化学、生物和物理因素的安全性毒理学评价，检验对象包括食品及其原料、食品添加剂、新食品原料、辐照食品、食品相关产品以及食品污染物等。标准内容涉及食品安全性毒理学评价程序、食品毒理学实验室操作规范、急性经口毒性试验、慢性毒性试验、遗传毒性试验、致畸试验、致癌试验、致突变试验以及生殖发育毒性试验等。

表 2-22　我国部分食品毒理学评价程序和规程食品安全国家标准

| 序号 | 标准编号 | 标准名称 |
|---|---|---|
| 1 | GB 15193.1—2014 | 食品安全国家标准　食品安全性毒理学评价程序 |
| 2 | GB 15193.2—2014 | 食品安全国家标准　食品毒理学实验室操作规范 |
| 3 | GB 15193.3—2014 | 食品安全国家标准　急性经口毒性试验 |
| 4 | GB 15193.4—2014 | 食品安全国家标准　细菌回复突变试验 |
| 5 | GB 15193.5—2014 | 食品安全国家标准　哺乳动物红细胞微核试验 |
| 6 | GB 15193.6—2014 | 食品安全国家标准　哺乳动物骨髓细胞染色体畸变试验 |
| 7 | GB 15193.8—2014 | 食品安全国家标准　小鼠精原细胞或精母细胞染色体畸变试验 |
| 8 | GB 15193.9—2014 | 食品安全国家标准　啮齿类动物显性致死试验 |
| 9 | GB 15193.10—2014 | 食品安全国家标准　体外哺乳类细胞 DNA 损伤修复(非程序性 DNA 合成)试验 |
| 10 | GB 15193.11—2015 | 食品安全国家标准　果蝇伴性隐性致死试验 |

**小知识 2-3　毒理学相关概念**

毒理学一词的原义是"描述毒物的科学",毒物学是毒理学的前身。现代毒理学是研究外源化学物对生物体的损害作用以及两者之间的相互作用的科学,在不同领域、不同角度、不同深度形成了众多的、交叉的毒理学分支学科,是一门新兴的边缘科学。

食品毒理学是研究食品中外源化学物质的性质、来源与形成以及它们的不良反应与可能的有益作用和机制,并确定这些物质的安全限量和评价食品安全性的一门科学,是现代食品卫生学的重要组成部分。食品毒理学的作用就是从毒理学角度,研究食品中可能含有的外源化学物质对食用者健康的毒作用机理,检验和评价食品(包括食品添加剂)的安全性或安全范围,从而达到确保人类健康的目的。

## 五、农药残留和兽药残留检测标准

近些年来,随着食品中农药残留问题的逐渐显现,农药残留检测成为食品安全的重要保障技术之一,农药残留最高限量标准与农药残留检测方法标准共同构成了我国的农药残留标准体系。目前,我国农药残留检测方法标准近 1000 项,以国家标准为主,行业标准、地方标准等作为补充,这些标准的发布与实施,为我国农药残留的检测提供了技术依据。GB 23200 系列标准为我国农药残留检测方法的食品安全国家标准,目前共发布 116 项,表 2-23 列出了其中部分标准。

表 2-23　我国部分农药残留检测方法食品安全国家标准

| 序号 | 标准编号 | 标准名称 |
|---|---|---|
| 1 | GB 23200.1—2016 | 食品安全国家标准　除草剂残留量检测方法　第 1 部分:气相色谱-质谱法测定　粮谷及油籽中酰胺类除草剂残留量 |

续表

| 序号 | 标准编号 | 标准名称 |
|---|---|---|
| 2 | GB 23200.2—2016 | 食品安全国家标准 除草剂残留量检测方法 第2部分:气相色谱-质谱法测定 粮谷及油籽中二苯醚类除草剂残留量 |
| 3 | GB 23200.3—2016 | 食品安全国家标准 除草剂残留量检测方法 第3部分:液相色谱-质谱/质谱法测定 食品中环己烯酮类除草剂残留量 |
| 4 | GB 23200.4—2016 | 食品安全国家标准 除草剂残留量检测方法 第4部分:气相色谱-质谱/质谱法测定 食品中芳氧苯氧丙酸酯类除草剂残留量 |
| 5 | GB 23200.5—2016 | 食品安全国家标准 除草剂残留量检测方法 第5部分:液相色谱-质谱/质谱法测定 食品中硫代氨基甲酸酯类除草剂残留量 |
| 6 | GB 23200.6—2016 | 食品安全国家标准 除草剂残留量检测方法 第6部分:液相色谱-质谱/质谱法测定 食品中杀草强残留量 |
| 7 | GB 23200.7—2016 | 食品安全国家标准 蜂蜜、果汁和果酒中497种农药及相关化学品残留量的测定 气相色谱-质谱法 |
| 8 | GB 23200.8—2016 | 食品安全国家标准 水果和蔬菜中500种农药及相关化学品残留量的测定 气相色谱-质谱法 |
| 9 | GB 23200.108—2018 | 食品安全国家标准 植物源性食品中草铵膦残留量的测定 液相色谱-质谱联用法 |
| 10 | GB 23200.109—2018 | 食品安全国家标准 植物源性食品中二氯吡啶酸残留量的测定 液相色谱-质谱联用法 |

兽药残留检测方法标准是残留监控工作的基础和技术指南,也是国际动物性食品贸易中的一项技术壁垒,各国政府都非常重视对动物性食品兽药残留检测方法标准体系的建设。自1999年成立全国兽药残留专家委员会以来,我国兽药残留标准制修订工作明显加快。目前,我国已发布国家和行业兽药残留检测方法标准500余项,涵盖了《动物性食品中最高残留限量》(农业部公告第235号)中几乎所有禁用和不得检出的化合物以及绝大部分有限量规定的化合物。标准涉及我国国民通常食用的以及进出口贸易常见的动物性食品,基本可以满足对动物性食品安全监管的需要。

截至2019年8月,我国发布兽药残留检测GB 29681~GB 29709系列食品安全国家标准共近30项。表2-24列出了部分兽药残留检测食品安全国家标准。

**表 2-24 我国部分兽药残留检测方法食品安全国家标准**

| 序号 | 标准编号 | 标准名称 |
|---|---|---|
| 1 | GB 29681—2013 | 食品安全国家标准 牛奶中左旋咪唑残留量的测定 高效液相色谱法 |
| 2 | GB 29682—2013 | 食品安全国家标准 水产品中青霉素类药物多残留的测定 高效液相色谱法 |
| 3 | GB 29683—2013 | 食品安全国家标准 动物性食品中对乙酰氨基酚残留量的测定 高效液相色谱法 |
| 4 | GB 29684—2013 | 食品安全国家标准 水产品中红霉素残留量的测定 液相色谱-串联质谱法 |
| 5 | GB 29685—2013 | 食品安全国家标准 动物性食品中林可霉素、克林霉素和大观霉素多残留的测定 气相色谱-质谱法 |
| 6 | GB 29686—2013 | 食品安全国家标准 猪可食性组织中阿维拉霉素残留量的测定 液相色谱-串联质谱法 |
| 7 | GB 29687—2013 | 食品安全国家标准 水产品中阿苯达唑及其代谢物多残留的测定 高效液相色谱法 |
| 8 | GB 29688—2013 | 食品安全国家标准 牛奶中氯霉素残留量的测定 液相色谱-串联质谱法 |
| 9 | GB 29689—2013 | 食品安全国家标准 牛奶中甲砜霉素残留量的测定 高效液相色谱法 |
| 10 | GB 29690—2013 | 食品安全国家标准 动物性食品中尼卡巴嗪残留标志物残留量的测定 液相色谱-串联质谱法 |

同步训练 2-13　我国食品检验标准有哪些类型，分别具有哪些作用？检索各类食品检验标准 1～2 项，并了解其主要内容。

# 第八节　其他食品标准

## 一、食品基础标准

基础标准又称通用基础标准，是指在一定范围内作为其他标准的基础而被普遍使用，并具有广泛指导意义的标准。基础标准规定了各类其他标准中最基本的共同要求。食品行业的基础标准主要包括术语标准、分类标准以及图形符号、代号类标准等。

### 1. 食品术语标准

术语是在特定的学科领域用来表示概念的称谓的集合，是通过语音或文字来表达或限定科学概念的约定性的语言符号，是思想和认识交流的工具。术语标准化是当代社会发展的需要，也是信息技术兴起的需要，是标准化工作的重要基础。

我国部分食品名词术语标准见表 2-25。其中《食品工业基本术语》（GB/T 15091—1994）规定了食品工业常用的基本术语，内容包括一般术语、产品术语、工艺术语以及质量、营养及卫生术语等，适用于食品工业生产、科研、教学及其他有关领域。

表 2-25　我国部分食品名词术语国家标准

| 序号 | 标准编号 | 标准名称 | 序号 | 标准编号 | 标准名称 |
|---|---|---|---|---|---|
| 1 | GB/T 15091—1994 | 食品工业基本术语 | 11 | GB/T 14487—2017 | 茶叶感官审评术语 |
| 2 | GB/T 30785—2014 | 食品加工设备术语 | 12 | GB/T 19480—2009 | 肉与肉制品术语 |
| 3 | GB/T 19000—2016 | 质量管理体系　基础和术语 | 13 | GB/T 10221—2012 | 感官分析　术语 |
| 4 | GB/Z 21922—2008 | 食品营养成分基本术语 | 14 | GB/T 36193—2018 | 水产品加工术语 |
| 5 | GB/T 12140—2007 | 糕点术语 | 15 | GB/T 20573—2006 | 蜜蜂产品术语 |
| 6 | GB/T 31120—2014 | 糖果术语 | 16 | GB/T 12104—2009 | 淀粉术语 |
| 7 | GB/T 15109—2008 | 白酒工业术语 | 17 | GB/T 9289—2010 | 制糖工业术语 |
| 8 | GB/T 33405—2016 | 白酒感官品评术语 | 18 | GB/T 23508—2009 | 食品包装容器及材料　术语 |
| 9 | GB/T 18007—2011 | 咖啡及其制品　术语 | 19 | GB/T 23351—2009 | 新鲜水果和蔬菜　词汇 |
| 10 | GB/T 34262—2017 | 蛋与蛋制品术语和分类 | | | |

### 2. 食品分类标准

食品分类标准是对食品产品进行分类规范的标准，我国目前发布的食品分类标准中主要包括国家标准和行业标准两个级别。表 2-26 为我国部分食品分类国家标准。

表 2-26　我国部分食品分类国家标准

| 序号 | 标准编号 | 标准名称 | 序号 | 标准编号 | 标准名称 |
|---|---|---|---|---|---|
| 1 | GB/T 35886—2018 | 食糖分类 | 6 | GB/T 30590—2014 | 冷冻饮品分类 |
| 2 | GB/T 34262—2017 | 蛋与蛋制品术语和分类 | 7 | GB/T 30645—2014 | 糕点分类 |
| 3 | GB/T 21725—2017 | 天然香辛料　分类 | 8 | GB/T 30766—2014 | 茶叶分类 |
| 4 | GB/T 35825—2018 | 茶叶化学分类方法 | 9 | GB/T 28720—2012 | 淀粉糖分类通则 |
| 5 | GB/T 10789—2015 | 饮料通则 | 10 | GB/T 23823—2009 | 糖果分类 |

### 3. 食品图形符号、代号类标准

图形符号是指以图形为主要特征，用以传递某种信息的视觉符号。图形符号跨越了语言和文化的障碍，具有世界通用效果。术语标准体系和图形符号标准体系属于标准体系中的两大分支，是各行各业、各领域开展标准化工作的基础，我国部分食品图形符号、代号类标准见表 2-27。

表 2-27　我国部分食品图形符号、代号类标准

| 序号 | 标准编号 | 标准名称 |
|---|---|---|
| 1 | GB/T 191—2008 | 包装储运图示标志 |
| 2 | GB/T 7291—2008 | 图形符号　基于消费者需求的技术指南 |
| 3 | GB/T 13385—2008 | 包装图样要求 |
| 4 | GB/T 16900—2008 | 图形符号表示规则　总则 |
| 5 | GB/T 16903.1—2008 | 标志用图形符号表示规则　第1部分:公共信息图形符号的设计原则 |
| 6 | GB/T 16903.2—2013 | 标志用图形符号表示规则　第2部分:理解度测试方法 |
| 7 | GB/T 23371.2—2009 | 电气设备用图形符号基本规则　第2部分:箭头的形式与使用 |
| 8 | GB/T 12529.1—2008 | 粮油工业用图形符号、代号　第1部分:通用部分 |
| 9 | GB/T 12529.2—2008 | 粮油工业用图形符号、代号　第2部分:碾米工业 |
| 10 | GB/T 12529.3—2008 | 粮油工业用图形符号、代号　第3部分:制粉工业 |

## 二、转基因食品标准

转基因技术是指利用现代分子生物学技术，将某些生物的基因转移到其他物种中去改造生物的遗传物质，使其在性状、营养品质、消费品质等方面向人们所需要的目标转变。以转基因生物为直接食品或为原料加工生产的食品称为转基因食品。根据原料来源不同，转基因食品分为转基因植物食品、转基因动物食品和转基因微生物食品。

转基因食品的安全性问题受到世界各国的高度关注。在国际上，为了统一评价转基因食品安全性的标准，CAC 于 2003 年起先后通过了四个有关转基因生物食用安全性评价的标准。依据国际标准，目前国际上对转基因生物的食用安全性评价主要从营养学评价、新表达物质毒理学评价、致敏性评价等方面进行评估。

近年来，我国发布实施了一系列转基因产品国家标准及行业标准，主要包括转基因产品基础检测标准、产品成分检测标准以及安全管理和评价标准等，形成了较为完善且严格的转基因产品标准体系。表 2-28 所列为我国部分转基因产品国家标准。

表 2-28　我国部分转基因产品国家标准

| 标准编号 | 标准名称 |
| --- | --- |
| 转基因产品基础检测方法和要求标准 | |
| GB/T 19495.1—2004 | 转基因产品检测　通用要求和定义 |
| GB/T 19495.2—2004 | 转基因产品检测　实验室技术要求 |
| GB/T 19495.3—2004 | 转基因产品检测　核酸提取纯化方法 |
| GB/T 19495.4—2018 | 转基因产品检测　实时荧光定性聚合酶链式反应(PCR)检测方法 |
| GB/T 19495.5—2018 | 转基因产品检测　实时荧光定量聚合酶链式反应(PCR)检测方法 |
| 转基因产品成分检测方法标准 | |
| GB/T 33807—2017 | 玉米中转基因成分的测定　基因芯片法 |
| GB/T 31730—2015 | 水稻中转基因成分测定　膜芯片法 |
| 农业农村部公告第 111 号-1—2018 | 转基因植物及其产品成分检测　基因组 DNA 标准物质制备技术规范 |
| 农业农村部公告第 111 号-2—2018 | 转基因植物及其产品成分检测　基因组 DNA 标准物质定值技术规范 |
| 农业部 2031 号公告-19—2013 | 转基因植物及其产品成分检测　抽样 |
| 农业部 2122 号公告-1—2014 | 转基因动物及其产品成分检测　猪内标准基因定性 PCR 方法 |
| 转基因产品安全性评价标准 | |
| 农业部 2406 号公告-1—2016 | 农业转基因生物安全管理通用要求　实验室 |
| 农业部 1485 号公告-18—2010 | 转基因生物及其产品食用安全检测　外源蛋白质过敏性生物信息学分析方法 |

# 三、辐照食品标准

食品辐照技术是用$^{60}$Co、$^{137}$Cs 等放射源产生的 γ 射线，或加速器产生的 10MeV 以下的高能电子束，对食品和农副产品进行加工处理的技术，其主要作用是杀菌、杀虫、消毒、防霉以及抑芽等，从而延长食品及农副产品的保藏期。由于具有减少食品损失、提高食品质量，且能耗低、无污染、灭菌彻底和不破坏营养成分等优势，食品辐照技术已经在多个国家实现商业化，已应用的食品包括熟禽肉类、花粉、干果果脯类、香辛料类、新鲜水果蔬菜类、冷冻包装畜禽肉类、豆类谷类及其制品等多个类别。

辐照食品标准是食品辐照技术推广和应用的重要基础，也是提高辐照食品质量安全水平和市场竞争力的重要保障。自 1984 年 CAC 正式颁布《辐照食品国际通用标准》以来，世界各国均制定了本国的辐照食品法规和标准。我国已经制定了包括辐照食品规范标准、卫生标准、工艺标准、检测鉴定标准以及剂量标准等种类的多项标准，表 2-29 列出了我国部分辐照食品国家标准。《食品安全国家标准　食品辐照加工卫生规范》（GB 18524—2016）规定了食品辐照加工的辐照装置、辐照加工过程、人员和记录等基本卫生要求和管理准则，适用于食品的辐照加工，是食品辐照加工的基础性标准。

表 2-29　我国部分辐照食品国家标准

| 标准编号 | 标准名称 |
| --- | --- |
| 辐照食品规范标准 | |
| GB 18524—2016 | 食品安全国家标准　食品辐照加工卫生规范 |
| GB/T 17568—2019 | γ 辐照装置设计建造和使用规范 |
| GB 10252—2009 | γ 辐照装置的辐射防护与安全规范 |
| GB/T 22545—2008 | 宠物干粮食品辐照杀菌技术规范 |

续表

| 标准编号 | 标准名称 |
|---|---|
| 辐照食品卫生标准 | |
| GB 14891.1—1997 | 辐照熟畜禽肉类卫生标准 |
| GB 14891.2—1994 | 辐照花粉卫生标准 |
| GB 14891.3—1997 | 辐照干果果脯类卫生标准 |
| GB 14891.4—1997 | 辐照香辛料类卫生标准 |
| GB 14891.5—1997 | 辐照新鲜水果、蔬菜类卫生标准 |
| GB 14891.6—1994 | 辐照猪肉卫生标准 |
| GB 14891.7—1997 | 辐照冷冻包装畜禽肉类卫生标准 |
| GB 14891.8—1997 | 辐照豆类、谷类及其制品卫生标准 |
| 辐照工艺标准 | |
| GB/T 18525.1—2001 | 豆类辐照杀虫工艺 |
| GB/T 18525.2—2001 | 谷类制品辐照杀虫工艺 |
| GB/T 18525.3—2001 | 红枣辐照杀虫工艺 |
| GB/T 18525.4—2001 | 枸杞干、葡萄干辐照杀虫工艺 |
| GB/T 18525.5—2001 | 干香菇辐照杀虫防霉工艺 |
| GB/T 18525.6—2001 | 桂圆干辐照杀虫防霉工艺 |
| GB/T 18525.7—2001 | 空心莲辐照杀虫工艺 |
| GB/T 18526.1—2001 | 速溶茶辐照杀菌工艺 |
| GB/T 18526.2—2001 | 花粉辐照杀菌工艺 |
| GB/T 18526.3—2001 | 脱水蔬菜辐照杀菌工艺 |
| GB/T 18526.4—2001 | 香料和调味品辐照杀菌工艺 |
| GB/T 18526.5—2001 | 熟畜禽肉类辐照杀菌工艺 |
| GB/T 18526.6—2001 | 糟制肉食品辐照杀菌工艺 |
| GB/T 18526.7—2001 | 冷却包装分割猪肉辐照杀菌工艺 |
| GB/T 18527.1—2001 | 苹果辐照保鲜工艺 |
| GB/T 18527.2—2001 | 大蒜辐照抑制发芽工艺 |
| 辐照食品鉴定和剂量标准 | |
| GB 21926—2016 | 食品安全国家标准　含脂类辐照食品鉴定　2-十二烷基环丁酮的气相色谱-质谱分析法 |
| GB 23748—2016 | 食品安全国家标准　辐照食品鉴定　筛选法 |
| GB 31642—2016 | 食品安全国家标准　辐照食品鉴定　电子自旋共振波谱法 |
| GB 31643—2016 | 食品安全国家标准　含硅酸盐辐照食品的鉴定　热释光法 |

## 巩固训练

### 一、概念题

食品添加剂　　　最大残留量　　　预包装食品　　　营养标签　　食品标签
NRV　　污染　　食品加工人员　　每日允许摄入量　　特殊医学用途配方食品

### 二、不定项选择题

1. 我国食品安全标准分为（　　）。

A. 国家标准　　　　B. 行业标准　　　　　C. 地方标准

D. 企业标准　　　　E. 团体标准

2. GB/T 31120—2014《糖果术语》属于我国食品标准体系中的（　　）。

A. 产品标准　　　　B. 添加剂标准　　　　C. 基础标准　　　D. 检验方法标准

3. 《食品安全国家标准　食品添加剂使用标准》（GB 2760—2014）规定的内容有（　　）。

A. 食品添加剂的使用原则

B. 允许使用的食品添加剂品种

C. 食品添加剂的生产方法

D. 食品添加剂使用范围及最大使用量或残留量

4. 不属于预包装食品营养标签强制标示内容的有（　　）。

A. 能量　　　　　　　　　　　　B. 核心营养素的含量值

C. 营养素参考值　　　　　　　　D. 能量、核心营养素占 NRV 的百分比

5. 食品中有毒有害及污染物质包括（　　）。

A. 致病菌　　　　B. 真菌毒素　　　　C. 重金属

D. 农药残留　　　　E. 兽药残留

6. 下列（　　）项预包装食品豁免强制标示营养标签。

A. 五花肉　　　　B. 黄瓜　　　　C. 黄桃罐头

D. 纯净水　　　　E. 白酒

7. 规定食品的分类、技术要求、试验方法、检验规则以及标签与标识、包装、贮存和运输等方面的要求的标准为（　　）。

A. 产品标准　　　　B. 基础标准　　　　C. 检验标准　　　D. 生产规范标准

8. 下列选项中，不属于特殊食品的是（　　）。

A. 保健品　　　　B. 老年食品　　　　C. 高钙牛乳

D. 婴幼儿配方食品　　　　　　E. 蜂蜜

9. 《食品安全国家标准　婴儿配方食品》中规定了（　　）的相关指标要求。

A. 乳基婴儿配方食品　　　　　　B. 豆基婴儿配方食品

C. 辅食配方食品　　　　　　　　D. 幼儿配方食品

E. 儿童配方食品

10. 规定了食品生产过程中原料采购、加工、包装、贮存和运输等环节的场所、设施、人员的基本要求和管理准则的食品安全国家标准的名称为（　　）。

A. 食品经营过程卫生规范　　　　B. 食品生产通用卫生规范

C. 食品良好流通规范　　　　　　D. 饮料生产卫生规范

## 三、问答题

1. 食品安全标准包括哪些内容？

2. 赭曲霉毒素 A 在食品中的限量规定是怎样的？

3. 标准 GB 2760 的范围是什么？食品添加剂使用时应符合哪些要求？

4. GB 7718 规定预包装食品标准应当标示和推荐标示的内容分别有哪些？

5. 我国食品检验标准主要包括哪些类别？

## 四、计算题

某食品的营养标签上标明的蛋白质含量为 3g/100g，NRV％为 5％。若某人只能食用此食品，则此人每天至少需要食用多少此食品才能达到其对蛋白质的需求（仅考虑蛋白质）？

# 第三章

# 食品法律法规基础知识

**☀ 知识目标**

了解我国的立法体制的特点，熟悉法律的基本特征。掌握食品法律法规的渊源及表现形式。

**☀ 能力目标**

理解法、法律、法规的概念、特征；熟悉我国的立法过程；明确宪法是国家的最高法的含义。

**☀ 思政与素质目标**

学思践悟全面依法治国新理念新思想新战略，牢固树立法治观念，深化对法治理念、法治原则、重要法律概念的认知，提高运用法治思维和法治方式维护食品安全的职业素质。

## 引例：我国现行有效法律 274 件

据全国人大常委会法制工作委员会介绍，截至 2019 年 10 月，我国现行有效法律 274 件，收入 2018 年版法律汇编的有关法律问题和重大问题的决定 119 件。此外，还制定了行政法规 600 多件、地方性法规 12000 余件。以宪法为核心的中国特色社会主义法律体系已经形成并不断完善，为改革开放和社会主义现代化建设提供了坚实的法制保障。1949 年以后特别是改革开放以来，经过长期努力，我国形成了中国特色社会主义法律体系，在人们生活的各方面总体上实现了有法可依，这是一个重大成就。

分析：什么是法律和法规？法律和法规的制定程序是怎样的？我国法律法规是如何实施的？学完本章内容，你将能够回答上述问题。

# 第一节　法和法律法规

## 一、法

### 1. 法的概念

法是由国家制定或认可，并由国家强制力保证实施的，反映统治阶级意志的规范体系。

这一意志的内容是由统治阶级的物质生活条件所决定的，它通过规定人们相互关系中的权利和义务，确认、保护和发展对统治阶级有利的社会关系和社会秩序。

### 2. 法的渊源

法的渊源是指法的"形式渊源"，一般是从形式意义上的法的渊源理解的，也就是法的效力渊源，是一定国家机关按照法定职权和程序制定或认可的具有不同法律效力和地位的法的不同表现形式，即根据法的效力来源不同而划分的法的不同形式。我国社会主义法的渊源是指具有不同法律效力的规范性文件，它们是由有立法权的国家机关按照一定程序制定和颁布的。根据制定的机关和效力层级及范围的不同，当代中国法的渊源分为宪法、法律、行政法规、地方性法规、规章和国际条约等。

### 3. 法的基本特征

法是一种特殊的社会规范，具有规范性、意志性、强制性、普遍性和程序性等特征，这些特征是通过法的内容及权利和义务的规定来体现和调整的，以维护一定的社会关系和社会秩序。

**(1) 规范性**  规范性是指以明白、肯定的方式告诉人们在一定的条件下可以做什么、必须做什么、禁止做什么，规定人们在法律上的权利以及这些权利受到侵犯时应得到的法律保护，规定人们在法律上的义务以及拒绝履行这些义务应受到的法律制裁，即为人的行为规定了模式、标准和方向。法不同于一般的规范，它是一种调整人与人之间社会关系的社会规范。

**(2) 意志性**  法是由国家制定和认可的，体现国家的意志，具有统一性和权威性，对于全体社会成员，包括统治阶级自己都具有普遍的约束力，以维护整个统治阶级的利益。国家制定，是指通过相应国家立法机关，按照法定程序，创制各种具有不同法律效力的规范性文件的活动。国家认可，是指国家以一定形式承认，并且赋予某些已经实际存在的有利于统治阶级的某种社会行为规则以法律效力的活动，如道德规范、某些风俗习惯等。一个国家只能有一个总的法律体系，该法律体系中的各规范之间不能相互矛盾。

**(3) 强制性**  法具有国家强制性，要通过依法运用强制力保证法的实施，以国家强制力保证法律所规定的人们行为应该遵守的准则、权利和义务在现实中得以实现。违反法规定的行为，都将由国家的专门机关依法定程序追究行为人的法律责任，责任人也将受到法律的制裁，以维护统治阶级的整体利益。例如，甲方欠乙方的钱不还，乙方起诉至法院，法院判决由甲方还钱，甲方拒不履行，乙方申请法院强制执行，法院执行部门将甲方银行存款冻结、扣划给乙方，这就是法的强制性的表现。

**(4) 普遍性**  法的普遍性包括两个方面的内容：法的效力对象具有广泛性；法的效力具有重复性，法对人们的行为具有反复适用的效力。

**(5) 程序性**  法律在本质上要求实现程序化，而且程序的独特性质和功能也为保障法律的效率和权威提供了条件。法律是按照法定的职权及方式发布的，有确定的表现形式。不同的法律形式，表明其地位和效力的不同。法律是需要通过特定的国家立法机构，按照特定的立法程序制定的，并表现为特定的法律文件才能成立的。

**拓展阅读 3-1 权利和义务的关系**

法律的核心内容在于规定了人们在法律上的权利和义务。法律规定的权利通常表现为允许人们做和不做某种行为，赋予了人们某种利益和行为自由。法律规定的义务，通常表现为规定人们必须做或不能做某种行为，即规定了人们必须履行的某种责任或行为界限。这些都是国家强制力所保障的，而其他社会规范中的权利和义务是不受国家强制力所保障的。法律通过规定人们在一定社会关系中的权利和义务，来确认保护和发展有利于统治阶级的社会关系和社会秩序。法律上的权利和义务在本质上是统一的，任何权利的实施总是以义务的履行为条件的。也就是说，权利和义务是相对应的，没有无权利的义务，也没有无义务的权利。而其他的社会规范（如道德规范）基本是义务性的，不以权利和义务的相对应为条件。

## 二、法律

法律有广义和狭义两层含义。广义的法律是指法的整体，是指由国家机关制定或认可的，由国家强制力保证实施的，具有普遍效力的行为规范的总称，包括法律、有法律效力的解释及行政机关为执行法律而制定的规范性文件，在我国的法律制度中，是指宪法、行政法规在内的一切规范性文件。狭义的法律是指全国人民代表大会及其常务委员会制定的规范性法律文件。

法律是一个国家、一个社会进行社会管理、维持社会秩序、规范人们生活的基本规则，也是一个社会、一个国家的民众在一定历史时期内共同生活所必须遵循的普遍规范，具有政治统治、社会管理和文化传播等多重功能。法律作为规则对于现代社会中的每一个国家、政府，乃至每一个公民都是至关重要的。没有法律就不可能有现代的国家，就不可能有现代的社会文明，也不可能有现代的生活。

**拓展阅读 3-2 基本法律和非基本法律**

从法律的性质看，基本法律是对某一类社会关系的调整和规范，在国家和社会生活中，应当具有全局性、普遍性和根本性的指导意义。从调整的内容看，基本法律所涉及的事项应当是公民的基本权利和义务关系；国家经济和社会中某一方面的基本关系；国家政治生活各个方面的基本制度；事关国家主权和国内市场统一的重大事项；以及其他基本和重大的事项。

宪法规定，全国人大制定基本法律，并不意味着全国人大只能制定基本法律、非基本的法律全国人大就无权制定。宪法规定的意义仅在于基本法律必须由全国人大制定，至于非基本的法律，宪法虽然没有明确规定全国人大可以制定，但宪法第六十二条规定，全国人大可以行使"应当由最高国家权力机关行使的其他职权"。这包括可以制定非基本法律，所以只要全国人大认为必要，它完全可以制定非基本法律。总之，全国人大作为最高国家权力机关，其立法权限是十分宽泛的，不仅可以制定基本法律，也可以制定非基本法律，但重点应当是基本法律。

# 三、法规

## 1. 法规的含义

广义的法规是指由权力机构制定的具有法律效力的文件（ISO/IEC 第 2 号指南）。在我国，法规指除了宪法以外，包括法律、行政法规、规章以及地方性法规等在内的一切规范性文件。而狭义的法规特指国务院制定的行政法规。

## 2. 技术法规

技术法规是 WTO/TBT 协议中使用的概念，是用以界定对国际货物贸易产生壁垒作用的一类技术性贸易措施。WTO/TBT 协议附录 1 中将技术法规定义为：是规定强制执行的产品特性或其相关工艺和生产方法，包括适用的管理规定在内的文件。技术法规也可以包括或专门规定用于产品、加工或生产方法的术语、符号、包装、标志或标签要求方面的内容，它有时也可叫指令、法规、法律等不同称谓。

技术法规须符合三条标准才能确定为属于《TBT 协议》中技术法规的范畴：①文件必须适用于某个可确认的产品或某类可确认的产品；②文件必须制定产品的一个或多个特性；③文件必须是强制性的。

---

**拓展阅读 3-3　技术法规的强制性**

技术法规具有强制性特征，即只有满足技术法规要求的产品方能销售或进出口。凡不符合这一标准的产品，不予进口。曾有过这样的例子：①由于意大利菲亚特生产的 500 型汽车有一个特点，它的车门是从前往后开的，为了不进口这种汽车，德国禁止生产和使用车门从前往后开的汽车。②法国一度禁止进口含有红霉素的糖果，这项技术规定实际上是针对英国的，因为英国的糖果在制造过程中曾用红霉素染料染色。③法国还曾禁止含有葡萄糖的果汁进口。这项规定一时为人们所不解。后来才知道，原来它是针对美国有关货物的，因为在美国这类产品经常添加这种附加剂。④美国则规定，凡不符合美国联邦食品、药品及化妆品法规的食品、饮料、药品及化妆品，都不予进口。⑤又如，某国颁布技术法规，要求低于某一价格的打火机必须安装防止儿童开启的装置。这种将商品价格和技术标准联系起来的做法缺乏科学性和合理性，从而构成了贸易壁垒。

而从另一方面看，技术法规通过对产品安全、卫生、环保等方面的强制性要求，在一定程度上保障了人类、动植物的生命和健康，保护环境和防止欺诈。不符合技术法规要求的产品被拒绝入境或上市，从而迫使制造商生产出合格产品，销售商销售合格产品，保证了入境和上市产品的质量。一个国家的技术法规对产品的技术要求反映了该国的技术水平，反过来通过不断提高技术法规对产品的技术要求，也可以推动技术的进步。技术法规已成为技术性贸易措施的一种重要形式，苛刻的、有针对性的技术法规常常被作为合理合法的贸易保护的手段加以使用。相互不一致、不协调的技术法规会增加生产和贸易的成本从而对贸易产生阻碍作用，过于严格的技术法规对国际贸易有很强的壁垒作用。相反，协调一致的技术法规会极大地拓宽市场，促进和便利生产和贸易。

# 第二节 我国的立法体制和程序

立法体制，是指一个国家立法权限的划分及立法机构的设置，其核心是立法权限的划分问题，特别是关于中央和地方立法权限的划分问题。一个国家采取什么样的立法体制，是由这个国家的国体、政体、国家结构形式等一系列因素决定的。而作为最重要的国家权力的立法权，其行使主体是由国体决定的。

## 一、我国的立法体制

### 1. 立法主体

立法主体是指根据宪法和有关法律规定，有权制定、修改、补充、废止各种规范性法律文件以及认可法律规范的国家机关、社会组织、团体和个人。立法主体是立法权的载体，是立法权的行使者。

当代世界各国的立法主体，主要有以下类型：

① 具有代表性质的权力机关，即议会。

② 具有管理性质的行政机关，即政府。

③ 具有创制判例性质的司法机关，即法院及法官。

④ 被国家机关授权或由法律规定的社会组织、团体。

⑤ 由宪法和法律规定的享有全民公决权或立法否决权的公民个人。

根据《中华人民共和国宪法》和《中华人民共和国立法法》（以下简称《立法法》）的规定，我国的立法主体只包括前两类。

立法机关是指在国家机构体系中有权制定、修改、补充和废止宪法和法律的国家机关。立法权是相对于行政权、司法权而言的，国家权力是指有权的机关制定、修改、补充或者废止法律、法规的权利。国家立法权是以国家名义制定法律的权力，是独立、完整和最高的国家权力，它集中体现了全体人民的共同意志和整体利益，是维护国家法制统一的关键所在。在我国，全国人民代表大会和全国人民代表大会常务委员会行使国家立法权。

> **同步训练 3-1** 通过互联网了解全球范围内主要国家的立法体制。

### 2. 我国立法体制的基本特征

我国是统一的、单一制的国家，各地方经济、社会发展不平衡，与这一国家结构形式相适应，在最高国家权力机关集中行使立法权的前提下，为了使法律既能通行全国，又能适应各地千差万别的不同情况的需要，在实践中能行得通，各项立法活动应遵守《中华人民共和国宪法》确立的"在中央的统一领导下，充分发挥地方的主动性、积极性"的原则，在认真总结新中国成立以来我国法制建设的实践经验的基础上，《立法法》确立了我国的统一又分层次的立法体制。

所谓统一，一是所有立法都必须以宪法为依据，不得与宪法相抵触；下位法不得同上位法相抵触。二是国家立法权由全国人大及其常务委员会统一行使，法律只能由全国人大及其常务委员会制定。

所谓分层次，就是在保证国家法制统一的前提下，还有不同层次的立法活动，一是国家最高行政机关国务院制定行政法规的活动；二是省、自治区、直辖市以及设区的市的人大及其常委会制定地方性法规的活动；三是民族自治地方制定自治条例和单行条例；此外还有国务院各部门制定部门规章和省、自治区、直辖市以及设区的市的人民政府制定政府规章的活动。制定规章，从本质上来说，属于执行法律和法规的行政行为。

在这个多层次的立法体制中，全国人大及其常委会的立法权是最高立法权，又称国家立法权。适应执行法律和行使行政管理职权的需要，国务院可以根据宪法和法律，规定行政措施，制定行政法规，发布决定和命令。为充分调动地方的积极性和主动性，各地根据本地的具体情况和实际需要，可以拥有一定的立法权限。但是国务院的制定行政法规权，虽然带有一定的立法性质，从权力归属上讲仍属于行政权，而不是国家立法权。各地权力机关制定地方性法规的权力属于地方立法权，也不是国家立法权。

---

**拓展阅读3-4　我国分层次的立法体制如何体现和保证统一**

我国分层次的立法体制是通过以下两方面体现和保证法制统一的：一方面，明确不同层次法律规范的效力。宪法具有最高的法律效力，一切法律、法规都不得同宪法相抵触。法律的效力高于行政法规，行政法规不得同法律相抵触。法律、行政法规的效力高于地方性法规和规章，地方性法规和规章不得同法律、行政法规相抵触。地方性法规的效力高于地方政府规章，地方政府规章不得同地方性法规相抵触。另一方面，实行立法监督制度。行政法规要向全国人大常委会备案，地方性法规要向全国人大常委会和国务院备案，规章要向国务院备案。全国人大常委会有权撤销同宪法、法律相抵触的行政法规和地方性法规，国务院有权改变或者撤销不适当的规章。

---

### 3. 我国的立法主体

**（1）全国人大及其常务委员会**　全国人大及其常务委员会行使国家立法权。全国人大制定和修改刑事、民事、国家机构的和其他的基本法律。全国人民代表大会常务委员会制定和修改除应当由全国人民代表大会制定的法律以外的其他法律；全国人民代表大会常务委员会在全国人民代表大会闭会期间，对全国人民代表大会制定的法律进行部分补充和修改，但是不得同该法律的基本原则相抵触，并有权撤销国务院制定的同宪法、法律相抵触的行政法规、决定和命令，撤销省、自治区、直辖市国家权力机关制定的同宪法、法律和行政法规相抵触的地方性法规和决议。

**（2）国务院**　中华人民共和国国务院，即中央人民政府根据宪法和法律制定行政法规，发布决定和命令。根据《立法法》的规定，行政法规可以就下列两个方面的事项作出规定：一是为执行法律的规定需要制定行政法规的事项；二是《宪法》第八十九条规定的国务院行政管理职权的事项。应当由全国人民代表大会及其常务委员会制定法律的事项，国务院根据全国人民代表大会及其常务委员会的授权决定先制定的行政法规，经过实践检验，制定法律的条件成熟时，国务院应当及时提请全国人民代表大会及其常务委员会制定法律。

**（3）省、自治区、直辖市、设区的市和自治州的人大及其常务委员会**　省、自治区、直辖市的人大及其常务委员会根据本行政区域的具体情况和实际需要，在不与宪法、法律、行政法规相抵触的前提下，可以制定地方性法规。设区的市、自治州的人大及其常委会，根据本市（州）的具体情况和实际需要，在不与宪法、法律、行政法规和本省、自治区的地方性法规相抵触的前提下，可以对城乡建设与管理、环境保护、历史文化保护等方面的事项制定地方性法规，报本省、自治区的人大常委会批准后施行。

> **拓展阅读 3-5　地方性法规权限范围**
>
> 　　根据《立法法》，地方性法规可以就以下两个方面的事项作出规定：一是为执行法律、行政法规的规定，需要根据本行政区域的实际情况作具体规定的事项；二是属于地方性事务需要制定地方性法规的事项。同时《立法法》还规定，除应当由全国人大及其常务委员会制定法律的事项外，其他事项国家尚未制定法律或者行政法规的，省、自治区、直辖市和设区的市，根据本地方的具体情况和实际需要，可以先制定地方性法规。在国家制定的法律或者行政法规生效后，地方性法规同法律或行政法规相抵触的规定无效，制定机关应当及时予以修改或者废止。

　　（4）**经济特区所在地的省、市的人大及其常委会**　经济特区所在地的省、市的人大及其常委会根据全国人大的授权决定，制定法规，在经济特区范围内实施。

　　（5）**民族自治地方的人民代表大会**　民族自治地方的人民代表大会有权依照当地民族的政治、经济和文化的特点，制定自治条例和单行条例。自治条例和单行条例可以依照当地民族的特点，对法律、行政法规的规定作出变通规定，但不得违背法律或者行政法规的基本原则，不得对宪法和民族区域自治法的规定以及其他有关法律、行政法规专门就民族自治地方所作的规定作出变通规定。自治区的自治条例和单行条例报全国人大常委会批准后生效。自治州、自治县的自治条例和单行条例，报省、自治区、直辖市的人大常委会批准后生效。

　　（6）**国务院各部、委员会、中国人民银行、审计署和具有行政管理职能的直属机构**　国务院各部、委员会、中国人民银行、审计署和具有行政管理职能的直属机构，可以根据法律和国务院的行政法规、决定、命令，在本部门的权限范围内制定规章。

　　（7）**省、自治区、直辖市和设区的市、自治州的人民政府**　省、自治区、直辖市和设区的市、自治州的人民政府，可以根据法律、行政法规和本省、自治区、直辖市的地方性法规制定规章，规章的内容不得与法律、法规相抵触。

## 二、立法程序

　　立法程序是指有关国家机关制定、修改或废除规范性法律文件的法定步骤和方式。立法作为一项决策活动，是一项严肃、复杂的系统工程，整个立法活动必然要经过一系列法律规定的步骤和环节。以全国人民代表大会及其常务委员会的立法程序为例，立法的基本程序主要有法律议案的提出、法律草案的审议、法律草案的表决和通过、法律的公布四个步骤。

### 1. 法律议案的提出

　　法律议案的提出是指有立法提案权的机关或个人，向立法机关提出关于制定、修改、废止某项法律的提案或建议。提出法律议案的过程是立法的第一道程序。

　　在提出法律议案以前的立法准备阶段，应当广泛地调查研究，听取群众意见，参照国外有关法律文献，拟定法律草案初稿，并与立法议案一起向立法机关提出。也可以只提出立法的主旨和理由，即立法动议，然后提请立法机关组成专门起草法律的机构，拟定法律草案，并组织有关单位、群众讨论，广泛征集意见。

**同步训练 3-2** 根据《立法法》，分别列举有权向全国人大和全国人大常委会提出法律议案的主体。

**拓展阅读 3-6 法律草案的形成过程**

法律草案文本是法律议案中最重要的内容，它以条文的形式体现立法目的、指导思想、原则和所要确立的法律规范。起草法律草案，是立法工作的基础性环节。根据中央国家机关起草法律草案的实践，法律草案的形成过程一般包括以下几个环节。

① 立项 目前，每届全国人大常委会制定五年立法规划，每年还制定年度立法计划。通过制定立法规划和立法计划，将需要制定法律的项目列入规划和计划，并列明提出法律草案的大致时间。如果没有列入规划和计划，经过充分调查研究和认证，认为需要制定法律的，也可以作出立法决策。

② 起草 根据提出法律议案的时间要求，承担起草任务的机关或部门立即着手起草工作的部署和安排，组成起草班子。起草班子一般由与立法事项有关的领导、专家和实际工作者组成。

③ 调查研究 开展调查研究包括召开各种座谈会、专题研讨会以及基层调查、收集资料等多种形式。调查研究的内容主要包括现行法律法规对立法事项的规定、有关国家和地区的相关规定和做法、理论研究情况、成功经验、存在的问题以及实际工作部门、专家学者的意见和建议等。在调查研究的基础上，通过分析研究，进一步明确立法目的，确定起草思路。

④ 起草条文 起草班子运用立法技术，科学地表达需要确立的法律规范，形成"试拟稿"。"试拟稿"经讨论同意后形成"征求意见稿"，发给各方面征求意见。

⑤ 征求意见 一是将征求意见稿印发有关方面书面征求意见，二是召开座谈会、认证会和听证会征求意见。

⑥ 审查和决定 征求意见稿经反复讨论修改后形成送审稿，报提案机关审查。送审稿经讨论通过后，即形成正式的法律草案。

## 2. 法律草案的审议

法律草案的审议是指立法机关对已经列入议程的法律草案进行审议和讨论，是立法的重要环节。列入全国人大议程的法律草案，由法律委员会根据各代表团和有关的专门委员会的审议意见，对法律草案进行统一审议，向主席团提出审议结果报告和法律草案修改稿。列入全国人大常务委员会议程的法律草案，一般经三次常务委员会会议审议后再交付表决。

法律草案的审议，主要审议法律草案的立法动机、立法时机、立法精神和内容以及立法技术等，审议的结果包括提交表决（或修改后提交表决）、搁置、终止审议。

### 3. 法律草案的表决和通过

法律草案经过多次审议后，就要交付立法机关全体成员投票表决。表决和通过是立法机关以法定多数对法律案所附法律草案表示最终的赞同，从而使法律草案成为法律，这是权力机关立法的决定环节。表决时如果没有获得法定数量以上人的赞同，即未获得通过。《立法法》规定，提交全国人大表决的法律草案表决稿，由全体代表的过半数通过，提交全国人大常委会表决的法律草案表决稿，由常务委员会全体组成人员的过半数通过。

### 4. 法律的公布

法律的公布是指立法机关将表决通过的法律以法定形式公之于社会的一个法定程序。我国宪法规定，中华人民共和国主席根据全国人民代表大会的决定和全国人民代表大会常务委员会的决定，签署主席令公布法律。签署公布法律的主席令，应当载明该法律的制定机关、通过日期和施行日期。

> **小知识 3-1　法律解释**
>
> 　　法律解释是指对法律规定的含义所作的说明与阐述，根据解释主体和解释效力的不同，分为正式解释和非正式解释。正式解释（法定解释、有权解释）是指由特定的国家机关和人员根据宪法和法律所赋予的职权，对法所作的具有法的效力的说明、解答或阐述，分为立法、司法和行政三种解释。非正式解释一般是由学者或者其他个人及组织对法律规定所作的不具有法律约束力的解释。

# 第三节　食品法律法规的渊源与实施

## 一、食品法律法规的概念

食品法律法规是指由国家制定或认可，以加强食品安全监督管理为目的，通过国家强制力保证实施的法律规范的总和。食品法律法规制定的目的是保证食品的安全，防止食品污染和有害因素对人体的危害，保障人民身体健康，增强人民体质，这也是它与其他法律规范的重要区别所在。

食品法律法规体系是以法律或政令形式颁布的，是对全社会有约束力的权威性规定，既包括法律规范，也包括以技术法规为基础所形成的各种食品法规。目前，占主导地位的《食品安全法》，与《农产品质量安全法》《产品质量法》等数部单行的有关食品安全的法律以及诸如《消费者权益保护法》《进出口商品检验法》《商标法》等法律中有关食品安全的相关规定，共同构成了我国食品安全法律体系框架。

## 二、食品法律法规的渊源

食品法律法规的渊源又称食品法的法源，是指食品法的各种具体表现形式，是由有不同立法权的国家机关制定或认可的，具有不同法律效力或法律地位的各类规范性食品法律文件的总称。

**（1）宪法** 宪法是国家的根本大法，是国家最高权力机关通过法定程序制定的具有最高法律效力的规范性法律文件。它规定和调整国家的社会制度和国家制度、公民的基本权利和义务等最根本的全局性的问题。宪法具有最高的法律效力，是其他一切法律、法规制定的依据。宪法不仅是食品法的重要渊源，也是其他法律的重要渊源，是制定食品法律、法规的来源和基本依据。我国宪法由全国人民代表大会按特殊程序制定和修改。

**（2）食品法律** 法律是指由全国人民代表大会和全国人民代表大会常务委员会制定颁布的规范性法律文件，其效力仅次于宪法，高于行政法规、地方性法规、规章。法律分为基本法律和一般法律两类。基本法律是由全国人民代表大会制定的调整国家和社会生活中带有普遍性的社会关系的规范性法律文件的统称，如刑法、民法、诉讼法，以及有关国家机构的组织法等法律。一般法律是由全国人民代表大会常务委员会制定的调整国家和社会生活中某些具体社会关系或其中某一方面内容的规范性文件的统称，一般法律调整范围比基本法律小，内容较具体，如《食品安全法》《商标法》等。

**（3）食品行政法规** 食品行政法规是国务院根据宪法和法律的规定，在其职权范围内制定的关于国家食品行政管理活动的规范性文件，地位和效力仅次于宪法和法律，但高于地方性法规、规章。行政法规报全国人民代表大会常务委员会备案。我国食品行政法规主要有《食品安全法实施条例》《乳品质量安全监督管理条例》等。

**（4）地方性食品法规** 地方性食品法规是指各省、自治区、直辖市以及设区的市的人民代表大会及其常委会，根据本行政区域的具体情况和实际需要制定的，适用于本地方的有关食品行政管理活动的规范文件的总称。地方性法规和地方其他规范性文件不得与宪法、食品法律和食品行政法规相抵触，否则无效。《上海市食品安全条例》为上海市地方性食品法规。

**（5）食品自治条例与单行条例** 食品自治条例和单行条例是由民族自治地方的人民代表大会依照当地民族的政治、经济和文化的特点制定的食品规范性文件的总称。自治条例和单行条例可以依照当地民族的特点，对法律和行政法规的规定作出变通规定，但不得违背法律或者行政法规的基本原则，不得对宪法和民族区域自治法的规定以及其他有关法律、行政法规专门就民族自治地方所作的规定作出变通规定。《门源回族自治县自治条例》《玉树藏族自治州藏医药管理条例》分别为当地现行有效的自治条例和单行条例。

**（6）食品规章** 国务院各部、委员会、中国人民银行、审计署和具有行政管理职能的直属机构，可以根据法律和国务院的行政法规、决定、命令，在本部门的权限范围内，制定部门规章。如《学校食品安全与营养健康管理规定》为国家市场监督管理总局制定的食品部门规章。地方政府规章是省、自治区、直辖市和较大的市的人民政府，根据法律、行政法规和本省、自治区的地方性法规制定的规范性文件的总称。地方政府规章仅在本地区内有效。如《宁夏回族自治区食品小摊点备案管理办法（试行）》为宁夏回族自治区人民政府制定的食品地方政府规章。

**（7）食品标准** 由于食品法的内容具有技术控制和法律控制的双重性质，因此食品标准、食品技术规范和操作规程也成为食品法律渊源的重要组成部分。值得注意的是，这些标准、规范和规程的法律效力虽然不及法律、法规，但在具体的执法过程中，它们的地位又是相当重要的，因为食品法律、法规只对一些问题作了原则性规定，而对某种行为的具体控制，则需要依靠标准、规范和规程。所以从一定意义上说，只要食品法律、法规对某种行为作了规范，那么食品标准、规范和规程对这种行为的控制就有了法律效力。

**（8）其他规范性文件**　规范性文件不属于法律、行政法规和部门规章，也不属于标准等技术规范，这类规范性文件如国务院或有关行政部门和地方政府或相关行政部门所发布的各种通告、公告等。这类规范性文件，同样是食品法律体系的重要组成部分，也是不可缺少的。如《国务院关于设立国务院食品安全委员会的通知》、市场监督管理总局印发《关于进一步加强婴幼儿谷类辅助食品监管的规定》的通知（国市监食生〔2018〕239 号），以及原国家食品药品监督管理总局《关于规范保健食品功能声称标识的公告》（2018 年第 23 号）有关问题的解读等。

**（9）国际条约**　国际条约是指我国与外国签订的具体规范性内容的国际协定或者我国批准加入并生效的国际法规范性文件。它可由国务院按职权范围同外国缔结相应的条约和协定。这种与食品有关的国际条约虽然不属于我国国内法的范畴，但其一旦生效，除我国声明保留的条款外，也与我国国内法一样对我国国家机关和公民具有约束力。

> **同步训练 3-3**　如何判断一项地方性规范性文件是属于地方性食品法规还是地方政府规章？

## 三、食品法律法规的实施

### 1. 食品法律法规实施的概念和方式

**（1）食品法律法规实施的概念**　食品法律法规实施是指食品法律法规在社会实际生活中的具体应用和实现，也就是通过一定的方式使食品法律规范的要求和规定在社会生活中得到贯彻和实现的活动。这是法律作用与社会关系的特殊形式，它主要包括以下两个方面：①国家机关及其公职人员严格执行法律，运用法律保证法律的实现；②一切国家机关、社会团体和个人，即凡行为受法律调整的个人和组织都要遵守法律。

只有通过法律实施，才能把法律规范中设定的抽象的权利和义务转化为现实生活中具体的权利和义务，转化为人们的实际的法律活动。

**（2）食品法律法规的实施方式**　根据法律实施的主体不同，食品法律法规的实施分为两种方式，主要有食品法律法规的遵守和食品法律法规的适用两种方式。

法律遵守简称守法，它要求每一个组织和个人都必须自觉遵守食品法律法规的规定，从自身做起，规范自我行为。食品法律法规的遵守是指一切国家机关和武装力量、各政党和各社会团体、各企业事业组织和全体公民都必须恪守食品法律法规的规定，严格依法办事。

食品法律法规的适用有广义和狭义之分，广义是指食品安全监督管理部门从事食品监督管理和具体适用食品法律、法规和规章，处理食品行政案件的一切活动。狭义的食品法律法规的适用，仅指食品安全监督管理部门按照食品法律法规的规定作出具体行为的过程。

在实践中，食品法律法规的实施是一种职能活动，并以大量的具体行为表现出来。

### 2. 食品法律法规的适用规则

法的适用规则是指在适用法律规范过程中，遇到法律规范相互冲突时，选择适用法律规范所应遵守的法定具体规则。我国食品法的渊源形式众多，标准数量较大，由于这些规范性文件的制定主体不同，难免会出现不一致或者相互冲突的情况，使适用法律处于两难境地。

鉴于此，《立法法》确立了下列适用规则：①上位法优于下位法；②同位法具有同等效力，在各自的权限范围内实施；③特别规定优于一般规定；④新的规定优于旧的规定；⑤不溯及既往原则。

> **拓展阅读3-7** 《立法法》关于法律效力的规定
>
> 宪法具有最高的法律效力，一切法律、行政法规、地方性法规、自治条例和单行条例、规章都不得同宪法相抵触；法律的效力高于行政法规、地方性法规、规章；行政法规的效力高于地方性法规、规章；地方性法规的效力高于本级和下级地方政府规章；省、自治区的人民政府制定的规章的效力高于本行政区域内的设区的市、自治州的人民政府制定的规章；部门规章与部门规章以及部门规章与地方政府规章之间具有同等效力，它们在各自的权限范围内施行；法律、行政法规、地方性法规、自治条例和单行条例、规章不溯及既往，但为了更好地保护公民、法人和其他组织的权利和利益而作的特别规定除外。

> **同步训练3-4** 了解不同形式的法律法规发生冲突时的解决办法（参见《立法法》）。

### 3. 食品法律法规的适用范围

食品法律法规的适用范围也称效力范围，由法律的空间效力、时间效力和对人的效力三个部分组成。法律的适用范围由国家主权及立法体制确定。

**(1) 空间效力** 食品法律法规的空间效力，即食品法律法规适用的地域范围。食品法律法规空间效力范围的普遍原则，是适用于制定它的机关所管辖的全部领域。在我国，作为我国最高权力机构的常设机构——全国人民代表大会常务委员会制定的法律，其效力适用于中华人民共和国的全部领域。由有立法权的各级地方人大及其常委会制定的地方性法规，只能在该行政区域内适用，并不得与国家法律规定相抵触。

> **同步训练3-5** 列举各种形式的食品法律法规的空间效力。

**(2) 时间效力** 食品法律法规的时间效力，即其从什么时候开始发生效力和到什么时候失去效力，及对生效前发生的行为有无溯及力。食品法律法规的时间效力是由国家立法机关根据实施国家管理的需要，通过立法决定。

目前，我国对于食品法律法规生效时间的规定主要有三种形式：①自食品法律法规公布之日起生效；②食品法律法规自身规定生效时间；③以另一部法律法规的实施为本法生效的前提。

关于终止食品法效力的做法也有以下几种情况：①自新法生效之日起旧法废止；②由国家立法机关决定批准公布失效的法律目录；③采取新法优于旧法的原则，凡新法颁布后，旧法的规定与新法的规定相抵触的，自行失效。

法的溯及力，又称法溯及既往的效力，指某一法律法规文件颁布后，对它生效以前所发生而未经最后处理的事件或行为是否适用。如果适用，新法就具有溯及力，否则即没有溯及力。我国食品法律法规不溯及既往，但为了更好地保护公民、法人和其他组织的权利和利益而作的特别规定除外。

**同步训练 3-6**　说明《食品安全法》（2009 年发布）的时间效力。

**（3）对人的效力**　法对人的效力，即法对哪些人适用。这里的"人"包括具有法律关系主体资格的自然人、法人和其他组织。对此，各国确定的原则不同，不同的法采用的原则也不同。概括起来，主要有以下几种做法：①属地原则。即以地域为标准，不管当事人是本国人还是外国人，只要其行为发生在本国领域内，均适用本国法。②属人原则。即以当事人的国籍为标准，凡属本国人，无论其行为发生在国内还是国外，均适用本国法。③保护原则。即以国家利益为标准，无论当事人是本国人还是外国人，也无论当事人的行为发生在国内还是国外，只要其行为损害了本国利益，均适用本国法。④折衷原则。为避免冲突，现代各国多采用以属地原则为基础，同时结合属人原则和保护原则的折衷主义原则。

**同步训练 3-7**　《食品安全法》（2015 年发布）的效力范围是怎样的？

### 4. 食品行政执法

**（1）食品行政执法的概念**　食品行政执法是指国家食品行政机关、法律法规授权的组织依据法律、法规的规定，对食品管理事项予以处置，从而直接影响其权利和义务的活动。行政执法是行政管理行为中的重要方面，它有广义的行政执法和狭义的行政执法之分。

广义的行政执法，是指所有的行政执法主体在行政管理的一切活动中遵守和依照法律、法规、规章和规范性文件进行行政管理的活动，它可以发生在抽象的和具体的行政行为之中。狭义的行政执法是指法律、法规、规章所规定的行政执法主体，把法律、法规、规章和规范性文件的规定适用于具体对象或案件的活动，它一般只能发生在具体的行政行为中。

**（2）食品行政执法的特征**

① 执法的主体是特定的　食品行政执法主体是指依法享有国家食品行政执法权力，以自己的名义实施食品行政执法活动，并独立承担由此引起的法律责任的组织。主体只能是食品行政管理机关，以及法律、法规授权的组织。目前，我国县级以上食品安全监督管理部门是食品行政执法主体。

② 执法是一种职务性行为　执法主体只能在法律规定的职权范围内履行其责任，不得越权或者滥用职权。

③ 执法的对象是特定的　即食品行政相对人。

④ 执法行为的依据是法定的　食品行政执法的依据只能是国家现行有效的食品法律、法规、规章以及上级食品行政机关的措施和发布的决定、命令、指示等。

⑤ 执法行为具有单方意志性　食品行政执法行为在执法机关一方的意志作用下即可依法实施，不以行政相对人的意志为转移。

⑥ 执法行为必然产生一定的法律后果　法律后果可能是肯定的，也可能是否定的。

**(3) 食品行政执法的有效条件** 食品行政执法的有效条件，即食品行政执法行为产生法律效力的必要条件。只有符合有效条件的食品行政执法行为，才能产生法律效力。一般情况下，食品行政执法行为产生法律效力需要同时具备以下四个要件。

① 资格要件 资格要件是指做出食品行政执法行为的主体符合法定的条件。实施食品行政执法行为的主体必须是具有食品行政执法权力的行政机关，或者法律、法规授权的机关，其他任何个人或者组织不得行使食品行政执法权力。

② 职权要件 职权要件是指享有实施食品行政执法行为资格的主体，必须在自己的权限范围内从事行政执法行为才具有法律效力。超出权限范围，实质上失去了执法主体的资格。

③ 内容要件 内容要件是指食品行政执法行为的内容必须合法与合理，才能产生预期的法律效果。合法即严格依据卫生法律、法规或者规章而作出的食品行政执法行为；合理即食品行政机关在自由裁量权的范围内公正、适当地实施食品行政执法行为。

④ 程序要件 程序要件是指实施食品行政执法行为的方式、步骤、顺序、期限等，必须符合法律规定。违反法律程序，即使内容合法、正确，同样构成食品行政执法行为无效。

**(4) 我国食品行政执法的主体** 如前所述，食品行政执法主体是指食品行政执法活动的承担者，是指依法享有国家食品行政执法权力，能以自己的名义实施食品行政执法活动并承担由此引起的法律责任的组织。我国食品行政执法的主体是食品安全监督管理部门。

县级以上食品安全监督管理部门负责所在辖区的食品安全监督管理工作，以自己名义对辖区内食品生产经营者开展监督检查，依法查处食品安全违法行为。

农业行政部门负责食用农产品从种植、养殖到进入批发、零售市场或生产加工企业前的监管和执法。

出入境检验检疫部门负责进出口食品安全监督和执法。

## 巩固训练

**一、概念题**

法　　法规　　食品法律法规　　法的渊源　　食品法规　　技术法规

**二、填空题**

1. 根据制定主体不同，我国食品规章分为_____规章和_____规章两类。

2. _____由国家主席以主席令的形式公布；_____由国务院总理签署国务院令公布。

3. 根据国情，我国确立了_____的立法体制。

4. 食品法律法规的实施，主要有_____和_____两种方式。

5. 食品法规从新法公布之日起，相应的旧法应_____。

**三、不定项选择题**

1. 省、自治区、直辖市的人民代表大会及其常务委员会制定的规范性文件称为（　　）。

A. 地方性法规　　B. 部门规章　　C. 地方政府规章　　D. 行政法规

2. 由国务院卫生行政部门制定的规范性文件称为（　　）。

A. 地方性法规　　B. 部门规章　　C. 地方政府规章　　D. 行政法规

3. 由国务院制定的规范性文件称为（　　）。

A. 地方性法规　　B. 部门规章　　C. 地方政府规章　　D. 行政法规

4. 以下不能在全国范围内有效的法律法规有（　　）。

A. 法律　　　　　B. 部门规章　　　C. 地方政府规章　　　D. 行政法规

5. 在法的渊源中，行政法规的上位法包括（　　）。

A. 部门规章　　　　B. 地方政府规章　　　　　　C. 法律

D. 宪法　　　　　　E. 地方性法规

6. （　　）的人大及其常委会有权制定适用于本地方的地方性法规。

A. 省　　　　　　　B. 自治区　　　C. 直辖市

D. 自治州　　　　　E. 设区的市

7. 法律法规的正式解释通常分为（　　）。

A. 任意解释　　　　B. 学理解释　　　C. 行政解释

D. 司法解释　　　　E. 立法解释

8. 法律法规对人的效力包括（　　）等类型。

A. 属地原则　　　　B. 属人原则　　　C. 保护主义

D. 折衷主义　　　　E. 绝对主义

9. （　　）可以向全国人大提出法律案。

A. 国务院　　　　　B. 中央军委　　　C. 最高法院　　　　D. 最高检察院

10. 全国人民代表大会通过的法律通过（　　）方式予以公布。

A. 由国家主席签署主席令　　　　　B. 由国务院总理签署国务院令

C. 全国人大公告　　　　　　　　　D. 全国人大常委会公告

## 四、问答题

1. 我国的立法程序是怎样的？

2. 食品法律法规的渊源有哪些？

3. 食品法律法规的效力范围是什么？

4. 根据《立法法》规定，只能制定法律的事项有哪些？

5. 我国的立法体制主要内容是什么？

# 第 四 章
# 《食品安全法》及其配套法规

### 知识目标

了解我国食品安全立法历程和现状；掌握《食品安全法》的主要内容；熟悉《食品安全法》的主要配套规章及其内容。

### 能力目标

能根据需要正确应用主要食品法律法规；能正确分析食品安全违法行为的法律责任；能根据规定完成《食品生产许可申请》的填写。

### 思政与素质目标

主动践行全面依法治国新理念新思想新战略，提高运用食品法律法规维护食品安全的职业能力；牢固树立食品生产经营者是食品安全第一责任人的职业意识，具备以食品法律法规为行为准则的职业素质；培养自觉维护食品安全的责任意识。

## 引例：《食品安全法》新法实施

"史上最严"《食品安全法》于2015年4月24日经第十二届全国人大常委会第十四次会议审议通过。新版《食品安全法》共十章，154条，于2015年10月1日起正式施行。这部《食品安全法》经全国人大常委会第九次会议、第十二次会议两次审议，三易其稿，被称为"史上最严"《食品安全法》。新法在食品安全监管制度、机制、方式等方面进行了诸多创新，在我国食品安全法治建设史上具有里程碑意义。新法实施以后，我国食品安全形势稳定向好，配套法规制度逐步完善，全程追溯制度正在建立，风险管理初成体系，网络食品交易走向规范。新版《食品安全法》根据2018年12月29日第十三届全国人民代表大会常务委员会第七次会议《关于修改〈中华人民共和国产品质量法〉等五部法律的决定》修正。

分析："史上最严"的"严"字主要体现在哪里？修订后的《食品安全法》规定了哪些内容？《食品安全法》有哪些配套的法规和规章？学完本章，你将能够回答上述问题。

# 第一节 概　　述

## 一、食品与食品安全

### 1. 食品

食品是一个动态的概念，伴随着人类社会的发展而不断变化。通俗来讲，食品是除药品外，通过人口摄入、供人充饥和止渴并能满足人们某种需要的物料的统称。在我国，按照食品的原料和加工工艺不同，将食品分为 31 大类（2020 年《食品生产许可分类目录》）。

从食品安全角度出发，食品的概念往往还涉及所有生产食品的原料，食品原料或种植、养殖过接触的物质和环境，食品的添加物质，所有直接或间接接触食品的包装材料、设施以及影响食品原有品质的环境。食品概念有其特有的法律特征，根据《中华人民共和国食品安全法》（以下简称《食品安全法》）第一百五十条第一款的规定：食品，指各种供人食用或者饮用的成品和原料以及按照传统既是食品又是中药材的物品，但是不包括以治疗为目的的物品。

### 2. 食品安全

对于食品安全的概念，有关国际组织和学术界都存在不同的认识。严格来说，食品安全是一个内涵和外延都较为模糊的概念。近 20 年来，我国大多数学者研究有关食品安全时所采用的是世界卫生组织（WHO）关于食品安全的定义，即："食品安全是指食品中不应包含有可能损害或威胁人体健康的有毒、有害物质或因素，从而导致消费者急性或慢性毒害或感染疾病，或产生危及消费者及其后代健康的隐患"。这一定义是基于对食品安全的一种良好愿望与期待。而事实上，各种复杂因素的存在使得食品安全不能达到零风险。

我国《食品安全法》第一百五十条规定：食品安全，指食品无毒、无害，符合应当有的营养要求，对人体健康不造成任何急性、亚急性或者慢性危害。

## 二、我国食品安全法律法规体系

我国高度重视食品安全监管工作，自 1982 年起相继制定实施了一系列与食品安全卫生有关的法律法规和标准，这为提高我国的食品安全水平奠定了重要基础。目前，我国已经形成了以《食品安全法》为核心，以《产品质量法》《农产品质量安全法》《标准化法》《进出口商品检验法》等法律为基础，以《食品安全法实施条例》《食品生产许可管理办法》《食品经营许可管理办法》等行政法规、部门规章以及涉及食品安全要求的技术标准为主体，以各省及地方的地方性法规和政府规章为补充的食品安全法律法规体系。

## 三、食品安全法

食品安全法的概念有广义与狭义之分。

广义的食品安全法，是指国家调整人们在食品生产经营及其管理活动中所发生的特定的经济关系的法律规范的总称，是国家关于食品安全的基本法律制度，即除了狭义的食品安全法外，还包括调整食品生产经营及食品监督管理活动的法律、法规的总称。

狭义的食品安全法，是指一个具体的法律规范文本，即《食品安全法》。本书中提到的食品安全法为狭义的界定。

## 四、我国食品安全立法历程

### 1.《食品安全法》实施以前的食品法律法规

新中国成立初期，食品安全的最高目标是解决国民的温饱问题，所以食品安全的概念主要局限于数量安全方面。20世纪50～60年代，食品安全事件大部分是发生在食品消费环节中的中毒事故。1965年，当时的国家卫生部等五个部门联合制定实施的《食品卫生管理试行条例》，是新中国成立以来我国第一部综合性的食品卫生管理法规。

国家实行改革开放政策后，大量个体经济和私营经济进入餐饮行业和食品加工行业，食品生产经营渠道和面貌日益多元化和复杂化，污染食品的因素和食品污染的机会随之增多，出现了食物中毒事故数量不断上升的态势，严重威胁人民的健康和生命安全。全社会改善食品卫生环境的需求日益迫切，对健全食品卫生法制建设提出了新的要求。

基于上述原因，1981年4月国务院开始着手起草《食品卫生法》，在广泛征求意见的基础上进行多达10余次的反复修改，最终全国人大常委会于1982年11月19日通过了《中华人民共和国食品卫生法（试行）》，并于1983年7月1日起开始试行。该法在内容上相对于之前的食品安全控制体系而言，取得了一定的进步和突破。

这部试行法自试行之日起，直到1995年10月30日的第八届全国人民代表大会常务委员会第十六次会议上，才在当时的国务院法制局和卫生部的推动下通过修订，成为正式的《食品卫生法》以适应新的形势。这部法律从试行到正式施行的十二年间，我国食品工业实现了迅猛发展，新型食品、保健食品、开发利用新资源生产的食品也大量涌现。可以说，《食品卫生法》的制定和实施，对于改革开放后食品工业迅猛发展过程中所产生的新情况、新问题的解决发挥了巨大的作用，对当时的食品卫生监管产生了积极的效果。

### 2.《食品安全法》立法背景

《食品卫生法》对保证食品安全、保障人民群众身体健康，发挥了积极作用，推动了我国食品总体状况不断改善。但是，食品安全问题仍然比较突出，不少食品存在安全隐患，食品安全事故时有发生，如发生在2001年的月饼事件和苏丹红事件，2008年的福寿螺事件、三聚氰胺事件等。产生这些问题的一个主要原因，是有关食品卫生安全的制度和监管体制不够完善。为了在制度上解决这些问题，更好地保证食品安全，有必要对食品卫生制度加以补充、完善，制定《食品安全法》。

《食品安全法》的立法宗旨是"保障公众身体健康和生命安全"，更加凸显"安全"二字，在《食品卫生法》的基础上，涵盖了"从农田到餐桌"的全过程，对我国的食品安全法律制度进一步加以完善，在一个更为科学的体系下，用食品安全标准来统筹食品相关标准，避免食品标准之间的交叉与重复，更好地保证食品安全。

### 3. 《食品安全法》立法过程

2004年7月21日召开的国务院第59次常务会议和2004年9月1日国务院发布的《国务院关于进一步加强食品安全工作的决定》（国发〔2004〕23号），要求国务院法制办抓紧组织修改《食品卫生法》。国务院法制办成立了《食品卫生法》修订领导小组，组织起草《食品卫生法（修订草案）》。此后，法制办赴多地的城市和农村调研；收集研究了多个国家的食品卫生安全制度；多次召开论证会，邀请卫生、农业、检验检疫、法学等方面的专家，分专题进行研究、论证；召开食品安全中美专家研讨会；先后6次将征求意见稿送各相关部门以及部分食品生产经营企业征求意见。

2005年11月和2007年4月，全国人大科教文卫委员会先后两次召开修订《食品卫生法》座谈会，法制办就《食品卫生法》工作情况作了汇报，并听取了代表们的意见。此外，对草案涉及的重大问题，法制办还多次向国务院报告。在反复研究各方面意见的基础上，法制办会同国务院有关部门对《食品卫生法（修订草案）》作了进一步修改，并将草案名称改为《食品安全法（草案）》，形成了《食品安全法（草案）》。该草案于2007年10月31日由国务院第195次常务会议讨论通过并提交第十届全国人大常委会审议，于2007年12月26日第十届全国人大第31次会议初审；2008年8月25日第十一届全国人大第4次会议二审；2008年10月23日第十一届全国人大第5次会议三审；2009年2月25日第十一届全国人大第7次会议四审；并于2009年2月28日最终审议通过。

### 4. 《食品安全法》修订背景及过程

2009年出台的《食品安全法》对规范食品生产经营活动、保障食品安全发挥了重要作用，食品安全整体水平得到提升，食品安全形势总体稳中向好。与此同时，我国食品企业违法生产经营现象依然存在，食品安全事件时有发生，监管体制、手段和制度等尚不能完全适应食品安全需要，法律责任偏轻、重典治乱威慑作用没有得到充分发挥，食品安全形势依然严峻。党的十八大以后，党中央、国务院进一步改革完善我国食品安全监管体制，着力建立最严格的食品安全监管制度，积极推进食品安全社会共治格局。为了以法律形式固定监管体制改革成果、完善监管制度机制，解决食品安全领域存在的突出问题，以法治方式维护食品安全，为最严格的食品安全监管提供体制制度保障，修改《食品安全法》被提上日程。

2013年10月10日，原国家食品药品监管总局向国务院报送《食品安全法（修订草案送审稿）》。国务院法制办于同年10月29日将该送审稿全文公布，公开征求社会各界意见。

2014年5月14日，国务院常务会议讨论通过《食品安全法（修订草案）》。同年6月23日，《食品安全法（修订草案）》被提交至全国人大常委会第九次会议一审。2014年12月22日，第十二届全国人大常委会第十二次会议对《食品安全法（修订草案）》进行二审。2015年4月24日，第十二届全国人大常委会第十四次会议对《食品安全法（修订草案）》进行审议，最终以160票赞成、1票反对、3票弃权，表决通过了新修订的《食品安全法》，自同年10月1日起正式施行。根据2018年12月29日第十三届全国人民代表大会常务委员会第七次会议对《食品安全法》作了修正。

同步训练 4-1 简述我国食品安全立法历程。

# 第二节　《食品安全法》的主要内容

　　《食品安全法》共 10 章 154 条，包括总则、食品安全风险监测和评估、食品安全标准、食品生产经营（一般规定，生产经营过程控制，标签、说明书和广告，特殊食品）、食品检验、食品进出口、食品安全事故处置、监督管理、法律责任和附则。以下介绍《食品安全法》的主要内容，其详细条文内容可在政府相关网站下载学习。

## 一、总则

　　《食品安全法》总则部分，主要规定了立法目的、调整范围、食品安全工作原则、食品生产经营者主体社会责任、食品安全监管体制、地方政府职责等内容。

### 1. 立法目的（第一条）

　　《食品安全法》的立法目的是"为了保证食品安全，保障公众身体健康和生命安全"。

　　随着我国社会生活及经济水平的快速发展，人们对食品消费质量的要求不断提高，我国已从长期食品短缺向食物相对剩余转变，消费结构也从温饱型消费向享受型消费转变。食品安全问题是关系社会民生、国家经济健康发展和社会和谐稳定的重大社会问题。因此，保障公众的身体健康和生命安全理应成为《食品安全法》最核心的价值理念之一。《食品安全法》的颁布施行，对于更好地保证食品安全、保障公众身体健康和生命安全具有重要意义。

### 2. 调整范围（第二条）

　　法律作为调整人类行为的社会规范，有其明确的调整对象。《食品安全法》所调整的是为了保障食品安全，在食品的生产、流通、消费和监督过程中产生的人与人之间的关系。

　　《食品安全法》的立法目的，具体而言，是对食品生产、加工、包装、运输、贮藏和销售等环节，对食品生产经营过程中涉及的食品及食品添加剂、相关产品、运输工具等有关事项作出较为全面的规定，主要调整在从"农田到餐桌"整个食物链的过程中所产生的食品生产经营者与消费者及相关第三人的经济关系，以及国家行政部门在监督管理食品安全过程中与食品生产经营者之间发生的管理关系。

　　**(1)《食品安全法》的适用范围**　《食品安全法》的适用范围可归纳为以下几个方面：①食品生产，食品生产包括食品生产和食品加工；②食品经营，食品经营包括食品销售和餐饮服务；③食品添加剂、食品相关产品的生产经营和使用，食品相关产品指的是用于食品的包装材料、容器、洗涤剂、消毒剂和用于食品生产经营的工具、设备；④食品的贮存和运输。除了上述活动以外，其他对食品、食品添加剂和食品相关产品的安全管理活动均适用《食品安全法》。

　　**小知识 4-1　食品相关产品**

　　　　根据《食品安全法》，直接接触食品的物品都属于食品相关产品，包括：食品的包装材料；食品的容器；用于食品生产经营的工具、设备；可用于食品或食品包装、容器、工具、设备的洗涤剂和消毒剂。

其中，用于食品的包装材料和容器又细分为包装、盛放食品或者食品添加剂用的纸、竹、木、金属、搪瓷、陶瓷、塑料、橡胶、天然纤维、化学纤维、玻璃等制品。不仅如此，直接接触食品或者食品添加剂的涂料也在这一范围之内。还有用于食品生产经营的工具、设备，指在食品或者食品添加剂生产、销售、使用过程中直接接触食品或者食品添加剂的机械、管道、传送带、容器、用具、餐具等。

**同步训练 4-2** 在中华人民共和国境内从事（    ）活动，应当遵守《食品安全法》（多选题）。

    A. 食用农产品的种植        B. 食品添加剂的生产经营

    C. 食品相关产品的生产经营    D. 食品生产经营者使用食品添加剂、食品相关产品

    E. 食品生产和加工，食品销售和餐饮服务

**(2) 食用农产品的法律适用**  食用农产品的质量安全管理遵守《农产品质量安全法》的规定，但食用农产品的市场销售、有关质量安全标准的制定、有关安全信息的公布和《食品安全法》对农业投入品作出规定的，应当遵守《食品安全法》的规定。

**小知识 4-2  食用农产品**

食用农产品指在农业活动中获得的供人食用的植物、动物、微生物及其产品。农业活动，指传统的种植、养殖、采摘、捕捞等农业活动，以及设施农业、生物工程等现代农业活动。植物、动物、微生物及其产品，指在农业活动中直接获得的，以及经过分拣、去皮、剥壳、干燥、粉碎、清洗、切割、冷冻、打蜡、分级、包装等加工，但未改变其基本自然性状和化学性质的产品。

### 3. 食品安全工作原则（第三条）

食品安全工作实行预防为主、风险管理、全程控制、社会共治，建立科学、严格的监督管理制度。

**拓展阅读 4-1  食品安全工作原则的含义**

（1）预防为主  "预防为主"原则强调的是"防患于未然"。预防为主的原则决定了食品生产经营者"第一责任人"的责任义务，同时也决定了政府及其相关部门是食品安全监管"第一责任人"的角色定位。

（2）风险管理  "风险管理"原则是"预防为主"原则的专业化表达。在食品安全的语境里，风险（risk）概念与危害（hazard）概念相对使用。风险是指尚未发生的危险；危害是已经发生的危险。

（3）全程控制  "全程控制"原则是一个国际通行的原则，是指食品安全控制从"农田到餐桌"的实施原则。"从农田到餐桌"是一个食品形成的自然过程和市场进程，自然也是食品安全需要关注的全过程。

（4）社会共治 "社会共治"是强调社会各个主体对食品安全均有一定的权利、责任和义务。除了生产经营者和政府监管之外，包括食品行业协会、消费者权益保护协会等非政府组织（NGO），食品相关科研机构，新闻媒体，以及消费者个人等在内的社会相关主体，都对食品安全具有参与权。

（5）建立科学、严格的监督管理制度 这是针对政府监管提出的要求。"科学"即尊重食品安全的客观规律，从食品生产经营活动的客观实际出发制定监督管理制度。"严格"即制度的制定应严格依法依规，并具有清晰明确的可操作性，既便于生产经营者遵守，也便于监管者执行。

## 4. 食品生产经营者主体社会责任（第四条）

《食品安全法》规定："食品生产经营者对其生产经营食品的安全负责"，这是关于食品生产经营者主体责任的规定。食品生产经营者是食品安全第一责任人，应当对其生产经营食品的安全负责，承担食品安全主体责任，这也是国际上的通行原则。食品生产经营是与人民群众的身体健康和生命安全密切相关的特殊行业，落实食品生产经营者的主体责任，对于推进食品行业诚信体系建设、建立完善的食品安全管理制度、保证食品安全具有重要意义。

**思政小课堂　如何落实食品生产经营者的主体责任**

食品生产经营者落实主体责任，应当做到以下两点：一是守法生产经营。《食品安全法》对生产经营者应承担的各项法定义务和要求作出了规定，食品生产经营者应当认真履行这些责任，确保所生产经营食品的安全，否则就要承担相应的法律责任。二是诚信自律，对社会和公众负责，接受社会监督，承担社会责任。食品生产经营者要有社会责任感，守住道德底线，诚信自律，自觉接受社会监督。如《食品安全法》鼓励餐饮服务提供者公开加工过程，公示食品原料及其来源等信息。

## 5. 食品安全监管体制（第五条）

**（1）食品安全委员会的职责** 国家食品安全委员会的职责主要有：分析食品安全形势，研究部署、统筹指导食品安全工作；提出食品安全监管的重大政策措施；督促落实食品安全监管责任。

**小知识 4-3　食品安全委员会**

根据 2009 年《食品安全法》的规定，为切实加强对食品安全工作的领导，2010年 2 月 6 日，国务院决定设立国务院食品安全委员会，作为国务院食品安全工作的高层次议事协调机构，同时设立国务院食品安全委员会办公室，具体承担委员会的日常工作。在 2018 年 3 月的国务院机构改革中，国务院食品安全委员会继续保留，其具体工作由国家市场监督管理总局承担。

**（2）国务院食品安全监督管理部门的职责** 国务院食品安全监督管理部门依照《食品安全法》和国务院规定的职责，负责对食品生产经营活动实施监督管理，承担食品安全委员会的日常工作。

在食品安全管理方面，国务院食品安全监督管理部门的主要职责有：对食品生产经营活动实施监督管理；承担食品安全委员会的日常工作，负责对食品安全工作的综合协调；对食品添加剂的生产经营活动进行监督管理；负责对重大食品安全信息的统一发布；负责会同有关部门对食品安全事故进行调查处置；负责制定食品检验机构的资质认定条件和检验规范；参与食品安全国家标准的制定。

**（3）国务院卫生行政部门的职责** 国务院卫生行政部门依照《食品安全法》和国务院规定的职责，组织开展食品安全风险监测和风险评估，会同国务院食品安全监督管理部门制定并公布食品安全国家标准。

**（4）国务院其他有关部门的职责** 国务院进出口检验检疫部门负责食品、食品添加剂和食品相关产品的出入境管理。

国务院农业行政部门负责食用农产品的种植、养殖环节，以及食用农产品进入批发、零售市场或生产加工企业前的质量安全监督管理，负责畜禽屠宰环节和生鲜乳收购环节质量安全监督管理，负责与国务院卫生行政部门并会同国务院食品安全监督管理部门制定食品中兽药残留、农药残留的限量规定及其检验方法与规程，并会同国务院卫生行政部门制定屠宰畜、禽的检验规程。

> **同步训练 4-3** 说出下列政府部门的实际名称：国务院食品安全监督管理部门、国务院卫生行政部门、国务院出入境检验检疫部门、国务院农业行政部门、国务院标准化行政主管部门。

### 6. 地方政府职责（第六条）

县级以上地方人民政府在食品安全监督管理工作中承担着重要责任，具体包括：①统一领导、组织、协调本行政区域的食品安全监督管理工作，统一领导、组织、协调本行政区域的食品安全突发事件应对工作；②建立、健全食品安全全程监督管理的工作机制和信息共享机制；③依照《食品安全法》和国务院的规定，确定本级食品安全监督管理、卫生行政部门和其他有关部门的职责。

### 7. 举报违法行为（第十二条）

做好食品安全工作，需要多管齐下、内外并举，综合施策、标本兼治，构建企业自律、政府监管、行业自律、公众参与、社会监督的食品安全社会共治格局，凝聚起维护食品安全的强大合力。《食品安全法》规定，任何组织或者个人有权举报食品安全违法行为，依法向有关部门了解食品安全信息，对食品安全监督管理工作提出意见和建议，这也是社会组织和公众参与食品安全社会共治的主要方式。

> **拓展阅读 4-2 安徽"12331"2018 年收到诉求 34225 件，共兑现奖金 17 万余元**
>
> 假如：和朋友聚餐吃到了虫子，该怎么维权？在电子交易平台购买了"三无"食品，可以吃吗？家人在药房买的药品过期了，如何投诉？父母购买的保健食品不知道真假，怎么查询？在日常生活中，如果遇到此类的问题，都可以拨打"12331"热线电话为您解决烦恼。

自 2014 年"12331"投诉举报系统正式上线以来，其作用越来越明显。2018 年，全省（安徽）共收到各类投诉举报咨询 34225 件，拨打"12331"，公众不仅可以维护自己的合法权益，符合条件的情况下还可以获得奖励。2018 年，全省已兑现举报奖励 203 件，兑现奖金 173018.46 元。（编者注：目前"12331"热线已经整合到"12315"热线）

## 二、食品安全风险监测和评估

### 1. 食品安全风险监测制度（第十四条）

**（1）食品安全风险监测的内容**　国家建立食品安全风险监测制度，主要对食源性疾病、食品污染和食品中的有害因素进行监测。

**小知识 4-4　食源性疾病、食品污染和食品中的有害因素**

食源性疾病是指食品中致病因素进入人体引起的感染性、中毒性等疾病，包括常见的食物中毒、肠道传染病、人畜共患传染病、寄生虫病以及化学性有毒有害物质所引起的疾病。食源性疾病具有暴发性、散发性、地区性和季节性特征，发病率居各类疾病总发病率的前列，在全球范围内都是一个日益严重的食品安全和公共卫生问题。

食品污染是指食品及其原料在生产、加工、运输、包装、贮存、销售、烹调等过程中，因农药、废水、污水、病虫害和家畜疫病所引起的污染，以及霉菌毒素引起的食品霉变，运输、包装材料中有毒物质等对食品所造成的污染的总称，可分为生物性污染、化学性污染和物理性污染三大类。

食品中的有害因素按来源可分为三类：①食品污染物，即在生产、加工、贮存、运输、销售等过程中混入食品中的物质；②食品中天然存在的有害物质；③食品加工、保藏过程中产生的有害物质。

**小知识 4-5　食品安全风险监测的定义和特点**

食品安全风险监测是指系统和持续收集食源性疾病、食品污染、食品中有害因素等相关数据信息，并应用医学、卫生学原理和方法进行监测。食品安全风险监测是政府实施食品安全监督管理的重要手段，承担着为政府提供技术决策、技术服务和技术咨询的重要职能。食品安全风险监测主要有四个方面的功能：①全面了解食品污染状况和趋势；②发现食品安全隐患，协助确定需重点监管的食品和环节，为监管工作提供科学依据；③为风险评估、标准制修订提供基础数据；④了解食源性疾病发生情况，以便早期识别和防控食源性疾病。

**（2）食品安全风险监测计划和方案**　食品安全风险监测计划是针对食源性疾病、食品污染以及食品中的有害因素进行监测的具体计划。食品安全风险监测方案针对的是一定时期、一定区域内食品安全风险监测的重要工作、重大活动，比食品安全风险计划更明确、具体和有针对性。

《食品安全法》规定，国家食品安全风险监测计划由国务院卫生行政部门会同国务院食品安全监督管理等部门制定、实施；而省、自治区、直辖市人民政府卫生行政部门会同同级食品安全监督管理等部门，根据国家食品安全风险监测计划，结合本行政区域的具体情况，制定、调整本行政区域的食品安全风险监测方案，并报国务院卫生行政部门备案并实施。

### 2. 食品安全风险评估制度（第十七～二十三条）

**（1）食品安全风险评估专家委员会**　国务院卫生行政部门负责组织食品安全风险评估工作，成立由医学、农业、食品、营养、生物、环境等方面的专家组成的食品安全风险评估专家委员会进行食品安全风险评估。食品安全风险评估结果由国务院卫生行政部门公布。

**（2）应进行食品安全风险评估的情形**　应进行食品安全风险评估的情形主要有六种：①通过食品安全风险监测或者接到举报发现食品、食品添加剂、食品相关产品可能存在安全隐患的；②为制定或者修订食品安全国家标准提供科学依据需要进行风险评估的；③为确定监督管理的重点领域、重点品种需要进行风险评估的；④发现新的可能危害食品安全因素的；⑤需要判断某一因素是否构成食品安全隐患的；⑥国务院卫生行政部门认为需要进行风险评估的其他情形。

**（3）食品安全风险评估结果的作用**　食品安全风险评估结果是制定、修订食品安全标准和实施食品安全监督管理的科学依据。

经食品安全风险评估，得出食品、食品添加剂、食品相关产品不安全结论的，国务院食品安全监督管理等部门应当依据各自职责立即向社会公告，告知消费者停止食用或者使用，并采取相应措施，确保该食品、食品添加剂、食品相关产品停止生产经营；需要制定、修订相关食品安全国家标准的，国务院卫生行政部门应当会同国务院食品安全监督管理部门立即制定、修订。

---

**拓展阅读 4-3　食品安全风险评估的含义、内容和意义**

食品安全风险评估，是指对食品、食品添加剂、食品相关产品中生物性、化学性和物理性危害因素对人体健康可能造成的不良影响所进行的科学评估，具体包括危害识别、危害特征描述、暴露评估、风险特征描述等四个阶段。

食品安全风险评估是一个科学、客观的过程，必须遵循客观规律，运用科学方法，根据食品安全风险监测信息、科学数据以及其他有关信息进行。食品、食品添加剂、食品相关产品中"生物性、化学性和物理性危害因素"就是食品安全风险评估的内容，基本可以概括所有对食品安全构成危害的因素。

开展食品安全风险评估具有几个方面的重要意义：①是国际通行做法，也是应对日益严峻的食品安全形势的重要经验。②可以为相关部门提供科学决策依据，对于制定、修改食品安全标准和提高有关部门的监督管理效率都能发挥积极作用。③对于在WTO框架协议下开展国际食品贸易具有重大意义。④是进行食品安全管理的重要技术基础，有利于提升公众的食品安全信心，推动我国食品安全管理由末端控制向风险控制转变、由经验主导向科学主导转变。

## 三、食品安全标准

### 1. 制定食品安全标准的原则（第二十四条）

制定食品安全标准是保证食品安全、保障公众身体健康的重要措施，是实现食品安全科学管理、强化各环节监管的重要基础，也是规范食品生产经营、促进食品行业健康发展的技术保障。

食品安全标准的制定应做到科学合理、安全可靠。要以食品安全风险评估结果为依据，以可能对人体健康造成危害的食品安全风险因素为重点，科学合理地设置标准内容。食品标准还应安全可靠，保证食品无毒无害，并且符合有关营养要求，不会对人体造成危害。

### 2. 食品安全标准的强制性（第二十五条）

食品安全标准涉及人民群众身体健康和生命安全，《食品安全法》规定，食品安全标准是强制执行的标准。生产经营者、检验机构以及监管部门必须严格执行食品安全标准，禁止生产经营不符合食品安全标准的食品、食品添加剂和食品相关产品，否则应承担法律责任。

### 3. 食品安全标准的内容（第二十六条）

食品安全标准应当包括八个方面的内容。

### 4. 食品安全地方标准和食品安全企业标准（第二十九～三十条）

对地方特色食品，没有食品安全国家标准的，省、自治区、直辖市人民政府卫生行政部门可以制定并公布食品安全地方标准，报国务院卫生行政部门备案。食品安全国家标准制定后，该地方标准即行废止。

国家鼓励食品生产企业制定严于食品安全国家标准或者地方标准的企业标准，在本企业适用。

## 四、食品生产经营

### 1. 一般规定（第三十三～四十三条）

**（1）食品生产经营要求**  食品生产经营首先应当符合食品安全标准，按照食品安全标准进行生产经营是《食品安全法》对食品生产经营最基本、最核心的要求之一。除此之外，食品生产经营活动还应符合《食品安全法》对场所、设备和设施、人员和制度等的相关规定。

**（2）禁止生产经营的食品、食品添加剂、食品相关产品（第三十四条）**  为了保障食品、食品添加剂、食品相关产品的安全，《食品安全法》还明确规定了禁止生产经营的食品、食品添加剂、食品相关产品，共13项。

**（3）食品生产经营许可**  国家对食品生产经营实行许可制度。食品生产经营直接关系人身健康和生命安全，对其实行许可制度是必要的。《食品安全法》规定，对从事食品生产、食品销售、餐饮服务的，应当依法取得许可。食品经营许可统一由食品安全监督管理部门监督管理，颁发食品生产经营许可证。但销售食用农产品，不需要取得许可。

**(4) 食品生产加工小作坊和食品摊贩等的管理** 食品生产加工小作坊和食品摊贩等从事食品生产经营活动，应当符合《食品安全法》规定的与其生产经营规模、条件相适应的食品安全要求，保证所生产经营的食品卫生、无毒、无害，食品安全监督管理部门应当对其加强监督管理。县级以上地方人民政府应当对食品生产加工小作坊、食品摊贩等进行综合治理。

**(5)"三新"产品应进行安全性评估** 利用新的食品原料生产食品，或者生产食品添加剂新品种、食品相关产品新品种（简称"三新"产品），应当向国务院卫生行政部门提交相关产品的安全性评估材料。国务院卫生行政部门应当自收到申请之日起六十日内组织审查。

**(6) 食品中不得添加药品** 《食品安全法》规定，生产经营的食品中不得添加药品，但是可以添加按照传统既是食品又是中药材的物质。按照传统既是食品又是中药材的物质目录由国务院卫生行政部门会同国务院食品安全监督管理部门制定、公布。

---

**同步训练 4-4** 列举几种按照传统既是食品又是中药材的常见物质。

---

**(7) 食品添加剂生产许可和使用要求**

① 食品添加剂生产许可 食品添加剂可以改善食品的色、香、味等，但使用不当或过量使用，都会给人体健康带来危害，加强食品添加剂的管理对于保证食品安全至关重要。因此，国家对食品添加剂生产实行许可制度。《食品安全法》规定，从事食品添加剂生产，应当具有与所生产食品添加剂品种相适应的场所、生产设备或者设施、专业技术人员和管理制度，并依照食品生产经营生产许可的程序，取得食品添加剂生产许可。

② 食品添加剂的使用要求 《食品安全法》规定，食品添加剂应当在技术上确有必要且经过风险评估证明安全可靠，方可列入允许使用的范围。同时，食品生产经营者应当按照食品安全国家标准关于食品添加剂的品种、使用范围、用量的规定使用食品添加剂，不得添加食品添加剂以外的化学物质和其他可能危害人体健康的物质。

**(8) 生产食品相关产品的要求** 由于直接接触食品的包装材料具有较高风险，极易影响食品安全，因此，生产食品相关产品应当符合法律、法规和食品安全国家标准的要求，对直接接触食品的包装材料等具有较高风险的食品相关产品，按照国家有关工业产品生产许可证管理的规定实施生产许可。

**(9) 食品安全全程追溯制度** 《食品安全法》规定，国家建立食品安全全程追溯制度，食品生产经营者应当建立食品安全追溯体系，保证食品可追溯。这一规定，可实现"从农田到餐桌"各个环节的可追溯，一旦出现问题，能及时找到问题环节，遏制事态扩大，也能及时找到责任主体，落实法律责任。建立食品安全全程追溯制度，是加强食品生产经营管理、强化食品安全监管、促进社会诚信建设、维护消费者合法权益的现实需要。

## 2. 生产经营过程控制（第四十四～六十六条）

**(1) 企业的食品安全管理制度要求** 对于食品安全管理制度，《食品安全法》对食品生产经营企业提出了四个具体要求：

① 建立健全食品安全管理制度 完备的食品安全管理制度是生产安全食品的重要保障，

是保证生产经营企业生产经营的食品达到相应食品安全要求的前提。企业的食品安全管理制度涵盖从原料采购到食品加工、包装、贮存、运输和出厂销售的全过程。

② 对职工进行食品安全知识培训，加强食品检验工作，依法从事生产经营活动　食品安全知识培训对于提高食品从业人员的食品安全知识水平，增强保证食品安全的自觉性，保障食品安全，具有十分重要的意义。

③ 明确生产经营企业主要负责人的责任　食品生产经营企业是食品安全的责任主体，而在食品生产经营企业的食品安全保障中，其主要负责人起着决定性作用，落实生产经营企业主要负责人的主体责任是食品生产经营企业履行职责的先决条件。

④ 配备食品安全管理人员并进行培训和考核　企业是食品安全的第一责任人，企业食品安全管理水平的高低在相当程度上决定了其生产经营食品安全性的高低。对食品安全管理人员进行培训和考核，可以提高其管理水平，从而提高其生产经营食品的安全性。

**（2）从业人员健康管理制度**　《食品安全法》规定，食品生产经营者应当建立并执行从业人员健康管理制度，患有国务院卫生行政部门规定的有碍食品安全疾病的人员，不得从事接触直接入口食品的工作。

从事接触直接入口食品工作的食品生产经营人员应当每年进行健康检查，取得健康证明后方可上岗工作。

> **拓展阅读 4-4　《有碍食品安全的疾病目录》（2016 年）**
> ①霍乱；②细菌性和阿米巴性痢疾；③伤寒和副伤寒；④病毒性肝炎（甲型、戊型）；⑤活动性肺结核；⑥化脓性或者渗出性皮肤病。

**（3）生产企业实施控制要求**　食品生产企业对生产加工、产品贮存和运输等食品生产过程中的潜在危害进行控制，根据企业实际情况制定并实施有效的控制措施，这也是食品生产企业全面保障食品安全的重要措施。为了进一步推进食品生产企业良好生产规范，保证出厂的食品符合食品安全标准，《食品安全法》对食品生产企业制定并实施食品安全管理控制要求作出了规定：食品生产企业首先应对原料采购和验收以及投料等进行原料控制；其次是对生产工序、设备、贮存和包装等生产关键环节进行控制；然后是对原料检验、半成品检验和成品出厂检验等进行检验控制；最后还要对所生产食品的运输和交付进行控制。

**（4）鼓励食品生产经营企业采用现代管理方式**　鼓励食品生产经营企业采用现代管理方式，如符合良好生产规范（GMP）要求以及实施危害分析与关键控制点（HACCP）体系，以提高企业食品安全管理水平，保障食品的质量安全。

**（5）农业投入品的使用**　农业投入品是在农产品生产过程中使用或添加的物质，包括肥料、农药、兽药、饲料和饲料添加剂等生产资料。农业投入品是关系食用农产品安全问题的重要因素，依法严格规范农业投入品的使用管理，对于从源头保证食品安全具有重要意义。

在农业投入品的使用上，《食品安全法》的规定如下：①食用农产品生产者应当按照食品安全标准和国家有关规定使用农业投入品，严格执行农业投入品使用安全间隔期或者休药期的规定，不得使用国家明令禁止的农业投入品。禁止将剧毒、高毒农药用于蔬菜、瓜果、茶叶和中草药材等国家规定的农作物。②食用农产品的生产企业和农民专业合作经济组织应当建立农业投入品使用记录制度。③县级以上人民政府农业行政部门应当加强对农业投入品使用的监督管理和指导，建立健全农业投入品安全使用制度。

**（6）进货查验记录制度和出厂检验记录制度**

① 食品生产者的采购查验制度 食品生产者采购食品原料、食品添加剂和食品相关产品是关系食品安全的源头，这些物料的品质、来源和安全状况，直接决定了其生产的食品的安全性。因此，《食品安全法》规定：食品生产者采购食品原料、食品添加剂、食品相关产品，应当查验供货者的许可证和产品合格证明；不得采购或者使用不符合食品安全标准的食品原料、食品添加剂、食品相关产品。

② 食品生产企业进货查验记录制度 查验记录制度是食品生产企业建立追溯体系的具体手段。依照《食品安全法》的规定，食品生产企业应当建立食品原料、食品添加剂、食品相关产品进货查验记录制度，记录采购物品和供货者相关信息，并保存相关凭证。

③ 食品出厂检验记录制度 出厂检验是食品生产中的最后一道工序，也是食品生产者能够控制的最后一道关卡，目的是为了防止不合格的食品进入市场。《食品安全法》规定，食品生产企业应当建立食品出厂检验记录制度，查验出厂食品的检验合格证和安全状况，如实记录食品和购货者的相关信息，并保存相关凭证。

④ 食品经营者的进货查验记录制度 食品经营者在采购食品时，应当查验供货者的许可证和食品出厂检验合格证明文件。同时，食品经营者应建立食品进货查验记录制度，如实记录食品和供货者的相关信息，并保存相关凭证。

上述记录和凭证保存期限均为不少于产品保质期满后六个月，没有明确保质期的，保存期限不少于两年。

> **同步训练 4-5** 食品生产企业应当建立食品出厂检验记录制度，并保存相关凭证。记录和凭证保存期限不得少于产品保质期满后（　　　）；没有明确保质期的，保存期限不得少于（　　　）。

**（7）网络食品交易第三方平台提供者的义务** 近年来，随着电子商务的迅猛发展，网络食品交易规模越来越大。对于消费者而言，网络食品潜藏着一定风险，容易引发食品安全问题，发生纠纷后，不可控因素增大，甚至出现消费者难以求偿的情况。因此，《食品安全法》对网络食品进行规范，明确了网络食品交易第三方平台提供者的义务。首先，网络食品交易第三方平台提供者对入网食品经营者身份具有审查义务，进行实名登记，明确其食品安全管理责任，审查其许可证；其次，发现入网食品经营者有违法行为的，网络食品交易第三方平台提供者对其具有制止、报告和停止提供服务的义务。

**（8）食品召回制度** 为加强食品生产经营管理，减少和避免不安全食品的危害，保障公众身体健康和生命安全，《食品安全法》确立了食品召回制度。根据食品召回程序的启动方式，食品召回可分为食品生产经营者主动召回和监管部门强制召回两种。

① 主动召回

a. 食品生产者召回 食品生产者发现其生产的食品不符合食品安全标准或者有证据证明可能危害人体健康的，应当立即停止生产，召回已经上市销售的食品，通知相关生产经营者和消费者，并记录召回和通知情况。

b. 食品经营者召回 食品经营者发现其经营的食品不符合食品安全标准或者有证据表

明可能危害人体健康的，应当立即停止经营，通知相关生产经营者和消费者，以及及时采取补救措施，避免危害进一步扩大，并记录停止经营和通知情况。食品生产者接到经营者的通知后，认为应当召回的，应当立即召回，由于食品经营者的原因造成其经营的食品需要召回的，应当由食品经营者进行召回。

c. 召回后的处理　食品生产经营者应当对召回的食品采取无害化处理、销毁等措施，防止其再次流入市场。对因标签、标志或者说明书不符合食品安全标准而被召回的食品，食品生产者在采取补救措施并且能保证食品安全的情况下可以继续销售，但应当向消费者明示补救措施。

② 责令召回　县级以上人民政府食品安全监督管理部门发现食品生产经营者生产经营的食品不符合食品安全标准或者有证据表明可能危害人体健康，但未按规定召回或停止经营的，可以责令其召回或者停止经营。食品生产经营者在接到责令召回通知后，应当立即停止生产或经营，按照规定程序召回不符合食品安全标准的食品，进行相应的处理，并将食品召回和处理情况向所在地县级人民政府食品安全监督管理部门报告。

### 3. 标签、说明书和广告（第六十七～七十三条）

**（1）食品和食品添加剂标签、说明书**

① 预包装食品标签　对预包装食品实行强制性标签是国际通行的做法，这种做法不仅可以保护消费者的知情权，也是生产者的需要，生产者通过标准标签让消费者了解本企业和产品，同时维护自己的合法权益。《食品安全法》规定，预包装食品的包装上应当有标签，标签应当标明法律法规或者食品安全标准规定应当标明的事项。

② 标签、说明书的真实性要求　食品和食品添加剂的标签、说明书，不得含有虚假内容，不得涉及疾病预防、治疗功能。生产经营者对其提供的标签、说明书的内容负责。

**（2）销售和广告要求**

① 预包装食品销售要求　食品经营者应当按照食品标签标示的警示标志、警示说明或者注意事项的要求销售食品。否则，导致消费者损失的，食品经营者应承担法律责任。

② 食品广告要求　《食品安全法》对食品广告有以下要求：a. 食品广告的内容应当真实合法，不得含有虚假内容；b. 食品广告的内容不得涉及疾病预防、治疗功能；c. 食品生产经营者对食品广告内容的真实性、合法性负责；d. 县级以上人民政府食品安全监督管理部门和其他有关部门以及食品检验机构、食品行业协会不得向消费者推荐食品。

### 4. 特殊食品（第七十四～八十三条）

**（1）特殊食品严格监管原则**　特殊食品指保健食品、特殊医学用途配方食品、婴幼儿配方食品和其他专供特定人群的主辅食品。国家对特殊食品实行严格监督管理。实行严格监督管理，是指比普通食品更加严格的监督管理，主要表现在：①产品或配方的注册或备案制度；②根据良好生产规范的要求建立与所生产食品相适应的生产质量管理体系；③其他制度，如婴幼儿配方食品生产企业对出厂的婴幼儿配方食品实施逐批检验。

**（2）保健食品相关规定**　保健食品，指声称具有保健功能或者以补充维生素、矿物质等营养物质为目的的食品，即适宜于特定人群食用，具有调节机体功能，不以治疗为目的的食品。

① 保健食品原料目录和功能目录 《食品安全法》规定，保健食品声称保健功能，应当具有科学依据，不得对人体产生急性、亚急性或者慢性危害。保健食品原料目录和允许保健食品声称的保健功能目录，由国务院食品安全监督管理部门会同国务院卫生行政部门、国家中医药管理部门制定、调整并公布。保健食品原料目录应当包括原料名称、用量及其对应的功效；列入保健食品原料目录的原料只能用于保健食品生产，不得用于其他食品生产。

② 保健食品注册和备案制度 保健食品产品实行注册和备案相结合的管理制度。使用保健食品原料目录以外原料的保健食品和首次进口的保健食品应当经国务院食品安全监督管理部门注册。首次进口的保健食品中属于补充维生素、矿物质等营养物质的，应当报国务院食品安全监督管理部门备案，其他保健食品应当报省、自治区、直辖市人民政府食品安全监督管理部门备案。进口的保健食品应当是出口国（地区）主管部门准许上市销售的产品。

③ 保健食品标签和说明书 保健食品的标签、说明书不得涉及疾病预防、治疗功能，内容应当真实，与注册或者备案的内容相一致，载明适宜人群、不适宜人群、功效成分或者标志性成分及其含量等，并声明"本品不能代替药物"。

④ 保健食品广告要求 保健食品广告的内容应当真实合法，不得含有虚假内容，不得涉及疾病预防和治疗功能；涉及注册或者备案内容的，应当与注册或者备案的内容一致，不能进行虚假、夸大宣传；必须声明"本品不能代替药物"；广告内容应当经生产企业所在地相关部门审查批准。

**(3) 特殊医学用途配方食品** 特殊医学用途配方食品是指为了满足进食受限、消化吸收障碍、代谢紊乱或特定疾病状态人群对营养素或膳食的特殊需要，专门加工配制而成的配方食品，必须在医生或临床营养师指导下，单独食用或与其他食品配合食用。特殊医学用途配方食品应当经国务院食品安全监督管理部门注册。

**(4) 婴幼儿配方食品**

① 生产过程控制 婴幼儿配方食品生产企业应当按照法律、法规和食品安全国家标准的要求，实施从原料进厂到成品出厂的全过程质量控制，对出厂的婴幼儿配方食品实施逐批检验，保证食品安全。

② 备案或者注册管理 婴幼儿配方食品生产企业应当将食品原料、食品添加剂、产品配方及标签等事项向省、自治区、直辖市人民政府食品安全监督管理部门备案。另外，婴幼儿配方乳粉的产品配方还应当经国务院食品安全监督管理部门注册。

③ 对婴幼儿配方乳粉生产方式的规定 企业不得以分装方式生产婴幼儿配方乳粉，同一企业不得用同一配方生产不同品牌的婴幼儿配方乳粉。

## 五、食品检验

食品检验，是对食品原料、辅助材料、成品的质量和安全性进行的检验。食品检验是保证食品安全，加强食品安全监督的重要技术支撑，是食品安全法律制度中的重要制度之一。食品检验是食品安全监督管理的基础，是保证食品安全的关键环节，也为防止食品污染、减少食物中毒等食源性疾病发挥了积极作用。

### 1. 食品检验机构（第八十四条）

食品检验机构是指依法设立或者经批准，从事食品检验活动并向社会出具具有证明作用的检验数据和结果的检验机构，是承担食品检验的重要力量。

（1）**对食品检验机构的资质认定**　除了法律另有规定，食品检验机构按照国家有关认证认可的规定取得资质认定后，方可从事食品检验活动。

（2）**资质认定条件和检验规范**　食品检验机构的资质认定条件和检验规范，由国务院食品安全监督管理部门规定。资质认定要求食品检验机构应在包括组织机构、检验能力、质量管理、人员、设施和环境、食品设备和标准物质等方面达到相应要求。

（3）**食品检验报告的效力**　食品检验报告具有证明效力。符合《食品安全法》规定的食品检验机构出具的检验报告具有同等效力。

### 2. 食品检验人（第八十五条）

为了保证检验结果的客观公正，《食品安全法》对食品检验人及其检验工作作出了规定。

食品检验由食品检验机构指定的检验人独立进行。检验人应当依照有关法律、法规的规定，并按照食品安全标准和检验规范对食品进行检验，尊重科学，恪守职业道德，保证出具的检验数据和结论客观、公正，不得出具虚假检验报告。

### 3. 检验机构与检验人负责制（第八十六条）

食品检验实行食品检验机构和检验人负责制。食品检验报告应当加盖食品检验机构公章，并有检验人的签名或者盖章。食品检验机构和检验人对出具的食品检验报告负责。

### 4. 监督抽检（第八十七条）

（1）**不得实施免检**　在"三聚氰胺"事件中，多个属于"国家免检产品"的乳制品中被检出含有三聚氰胺，这表明实施多年的免检制度存在较大风险。因此，《食品安全法》规定，对食品不得实施免检。

（2）**食品安全抽样检验制度**　抽样检验是对食品安全进行监督的一种主要方式。

① 抽样检验的主体　县级以上人民政府食品安全监督管理部门。

② 抽样检验的方式　食品安全抽样检验包括定期和不定期抽样检验两种。

③ 抽取样品和检验的费用　进行抽样检验，应当购买抽取的样品，不得向被抽检的食品生产经营者收取检验费和其他费用。

④ 对抽取的样品进行检验　抽样检验主体在执法工作中需要对食品进行检验的，应当委托符合《食品安全法》规定的食品检验机构进行检验。

### 5. 复检（第八十八条）

监督抽检不合格的检验结论，是执法机关责令食品生产经营者召回问题食品，或者对食品生产经营者采取行政强制措施或进行行政处罚的依据，因此关系到被监督抽检的食品生产经营者的切身利益。为了维护食品生产经营者的合法权益，《食品安全法》规定了复检制度。

对依照《食品安全法》规定实施的检验结论有异议的，食品生产经营者可以自收到检验结论之日起7个工作日内向实施抽样检验的食品安全监督管理部门或者其上一级食品安全监督管理部门提出复检申请，由受理复检申请的部门在公布的复检机构中随机确定复检机构进行复检，但复检机构和初检机构不得为同一机构。

采用国家规定的快速检测方法对食用农产品进行抽查检测，被抽查人对检测结果有异议的，可以自收到检测结果时起四小时内申请复检。复检不得采用快速检测方法。复检机构出具的复检结论为最终检验结论，监管部门只能以复检结论作为依据对被抽查人进行处理。

### 6. 自行检验和委托检验（第八十九条）

食品生产企业可以自行对所生产的食品进行检验，也可以委托符合《食品安全法》规定的食品检验机构进行检验。食品行业协会和消费者协会等组织、消费者需要委托食品检验机构对食品进行检验的，应当委托符合《食品安全法》规定的食品检验机构进行。

**同步训练 4-6** 下列关于食品安全监管部门对食品进行抽检的说法正确的是（　　　）（多选题）。
A. 食品不得实施免检
B. 可以向经营者无偿抽样检验样品和收取检验费用
C. 对食品的委托检验应当委托符合《食品安全法》规定的食品检验机构进行
D. 当生产经营者对检验结论有异议的，可以申请复检
E. 复检不得采用快速检测方法

## 六、食品进出口

### 1. 进出口食品安全的监督管理部门（第九十一条）

国家出入境检验检疫部门对进出口食品安全实施监督管理。2018 年国务院机构改革后，国家出入境检验检疫的职责划由海关总署承担。

### 2. 进口食品、食品添加剂、食品相关产品的要求（第九十二条）

进口的食品、食品添加剂、食品相关产品应当符合我国食品安全国家标准。进口的食品、食品添加剂应当经出入境检验检疫机构依照进出口商品检验相关法律、行政法规的规定检验合格。进口的食品、食品添加剂应当按照国家出入境检验检疫部门的要求随附合格证明材料。

### 3. 进口尚无食品安全国家标准食品等的程序（第九十三条）

进口尚无食品安全国家标准的食品，由境外出口商、境外生产企业或者其委托的进口商向国务院卫生行政部门提交所执行的相关国家（地区）标准或者国际标准。国务院卫生行政部门对相关标准进行审查，认为符合食品安全要求的，决定暂予适用，并及时制定相应的食品安全国家标准。进口"三新"产品，应当向国务院卫生行政部门提交相关产品的安全性评估材料。

出入境检验检疫机构按照国务院卫生行政部门的要求，对进口的尚无食品安全国家标准的食品和"三新"产品进行检验，检验结果应当公开。

**4. 境外出口商、境外生产企业和进口商的义务（第九十四条）**

**（1）境外出口商、境外生产企业的保证义务** 境外出口商、境外生产企业应当保证向我国出口的食品、食品添加剂、食品相关产品符合《食品安全法》以及我国其他有关法律、行政法规的规定和食品安全国家标准的要求，并对标签、说明书的内容负责。

**（2）进口商的义务** 进口商应当建立境外出口商、境外生产企业审核制度，重点审核其产品是否符合《食品安全法》及其他法律、法规的规定和食品安全国家标准的要求，审核不合格的，不得进口。发现进口食品不符合我国食品安全国家标准或者有证据证明可能危害人体健康的，进口商应当立即停止进口，并实施主动召回，不主动召回的，可以责令其召回。

**5. 境外出口商、代理商、进口商和境外食品生产企业的备案与注册（第九十六条）**

备案与注册是两种性质不同的制度，备案为告知行为，不属于行政许可，而注册则是一种事前的审查行为，属于行政许可。

**（1）对境外出口商或者代理商、进口食品的进口商实行备案管理** 向我国境内出口食品的境外出口商或者代理商、进口食品的进口商应当向国家出入境检验检疫部门备案。

**（2）对境外食品生产企业实行注册管理** 向我国境内出口食品的境外食品生产企业应当经国家出入境检验检疫部门注册。已经注册的境外食品生产企业提供虚假材料，或者因其自身的原因致使进口食品发生重大食品安全事故的，国家出入境检验检疫部门应当撤销注册并公告。

**（3）备案和注册的公布** 国家出入境检验检疫部门应当定期公布已经备案的境外出口商、代理商、进口商和已经注册的境外食品生产企业名单。

**6. 进口预包装食品、食品添加剂的标签、说明书（第九十七条）**

进口的预包装食品、食品添加剂应当有中文标签；依法应当有说明书的，还应当有中文说明书。标签、说明书应当符合《食品安全法》以及我国其他有关法律、行政法规的规定和食品安全国家标准的要求，并载明食品的原产地以及境内代理商的名称、地址和联系方式。

预包装食品没有中文标签、中文说明书或者标签、说明书不符合规定的，不得进口。

# 七、食品安全事故处置

## 1. 食品安全事故应急预案（第一百零二条）

预案是为完成某项工作任务所作的全面、具体的实施方案，其针对性、操作性、科学性强，内容也较为系统、详尽。制定和完善食品安全事故应急预案，对于最大限度地减少食品安全事故危害公众健康与生命安全，维护正常的社会经济秩序，具有重大的意义。

**（1）食品安全事故应急预案体系** 国务院组织制定国家食品安全事故应急预案。县级以上地方人民政府制定本行政区域的食品安全事故应急预案，并报上一级人民政府备案。

**（2）食品安全事故应急预案的内容** 食品安全事故应急预案应当对食品安全事故分级、

事故处置组织指挥体系与职责、预防预警机制、处置程序、应急保障措施等作出规定。

**（3）食品生产经营企业在食品安全事故应急中的义务** 食品生产经营企业应当制定食品安全事故处置方案，定期检查本企业各项食品安全防范措施的落实情况，及时消除事故隐患。

### 2. 应急处置、报告、通报（第一百零三条）

**（1）事故单位的应急处置** 事故发生单位是食品安全事故的源头，其反应是否快速，采取的措施是否得当，直接影响事故的涉及面和危害程度。《食品安全法》规定，发生食品安全事故的单位应当立即采取措施，防止事故扩大。事故单位和接收病人进行治疗的单位应当及时向事故发生地县级人民政府食品安全监督管理、卫生行政部门报告。

**（2）报告制度** 事故报告是食品安全应急处置的重要环节。《食品安全法》规定，县级以上人民政府农业行政等部门在日常监督管理中发现食品安全事故或者接到事故举报，应当立即向同级食品安全监督管理部门通报。发生食品安全事故，接到报告的县级人民政府食品安全监督管理部门应当按照应急预案的规定向本级人民政府和上级人民政府食品安全监督管理部门报告。县级人民政府和上级人民政府食品安全监督管理部门应当按照应急预案的规定上报。任何单位和个人不得对食品安全事故隐瞒、谎报、缓报，不得隐匿、伪造、毁灭有关证据。

### 3. 医疗机构报告（第一百零四～一百零五条）

医疗机构发现其接收的病人属于食源性疾病病人或者疑似病人的，应当按照规定及时将相关信息向所在地县级人民政府卫生行政部门报告。县级人民政府卫生行政部门认为与食品安全有关的，应当及时通报同级食品安全监督管理部门。

### 4. 食品安全事故责任调查（第一百零六～一百零八条）

**（1）开展责任调查的主体** 开展食品安全事故责任调查的主体为设区的市级以上人民政府食品安全监督管理部门，为保证事故责任调查工作的公正性和权威性，调查主体还要会同其他有关部门（如行政监察部门、公安机关等）共同进行事故责任调查。

**（2）开展责任调查的时间要求** 发生食品安全事故，调查主体应当立即会同有关部门进行事故责任调查，事故责任调查和事故应急处置应当同步进行，边报告、边调查、边处置，尽快查明事故原因。

**（3）调查原则** 调查食品安全事故应当坚持实事求是、尊重科学的原则。

**（4）调查任务** 调查食品安全事故的主要任务有：①及时、准确查清事故性质和原因；②认定事故责任；③提出整改措施，这也是事故调查处理的最终目的。

**（5）事故责任承担者的范围** 调查食品安全事故，除了查明事故单位的责任，还应当查明有关监督管理部门、食品检验机构、认证机构及其工作人员的责任。

### 5. 食品安全事故调查的权利和义务

食品安全事故调查部门有权向有关单位和个人了解与事故有关的情况，并要求提供相关资料和样品。有关单位和个人应当予以配合，按照要求提供相关资料和样品，不得拒绝。

任何单位和个人不得阻挠、干涉食品安全事故的调查处理。

# 八、监督管理

### 1. 食品安全风险分级管理（第一百零九条）

县级以上人民政府食品安全监督管理部门根据食品安全风险监测、风险评估结果和食品安全状况等，确定监督管理的重点、方式和频次，实施风险分级管理。

县级以上地方人民政府组织本级食品安全监督管理、农业行政等部门制定本行政区域的食品安全年度监督管理计划，向社会公布并组织实施。食品安全年度监督管理计划的重点内容包括：①专供婴幼儿和其他特定人群的主辅食品；②保健食品管理；③发生食品安全事故风险较高的食品生产经营者；④食品安全风险监测结果表明可能存在食品安全隐患的事项。

### 2. 食品安全监督检查措施（第一百一十条）

县级以上人民政府食品安全监督管理部门履行食品安全监督管理职责，在对生产经营者进行监督检查时，有权采取下列措施：①现场检查；②抽样检验；③查阅、复制有关资料；④查封、扣押有关物品；⑤查封违法从事生产经营活动的场所。

### 3. 食品安全信用档案（第一百一十三条）

县级以上人民政府食品安全监督管理部门应当建立食品生产经营者食品安全信用档案，对有不良信用记录的食品生产经营者增加监督检查频次。

### 4. 对食品生产经营者进行责任约谈（第一百一十四条）

食品生产经营过程中存在食品安全隐患，未及时采取措施消除的，县级以上人民政府食品安全监督管理部门可以对食品生产经营者的法定代表人或者主要负责人进行责任约谈。

食品生产经营者应当立即采取措施，进行整改，消除隐患。责任约谈情况和整改情况应当纳入食品生产经营者食品安全信用档案。

### 5. 有奖举报（第一百一十五条）

县级以上人民政府食品安全监督管理等部门应当公布本部门的电子邮件地址或者电话，接受咨询、投诉、举报。接到咨询、投诉、举报，对属于本部门职责的，应当受理并在法定期限内及时答复、核实、处理；对不属于本部门职责的，应当移交有权处理的部门并书面通知咨询、投诉、举报人。对查证属实的举报，给予举报人奖励。有关部门应当对举报人的信息予以保密，保护举报人的合法权益。举报人举报所在企业的，该企业不得以任何方式对举报人进行打击报复。

### 6. 涉嫌食品安全犯罪案件处理（第一百二十一条）

县级以上人民政府食品安全监督管理等部门发现涉嫌食品安全犯罪的，应当按照有关规定及时将案件移送公安机关。对移送的案件，公安机关应当及时审查；认为有犯罪事实需要追究刑事责任的，应当立案侦查。

## 九、附则

### 1. 有关用语的含义（第一百五十条）

《食品安全法》规定了食品、食品安全、预包装食品等用语的含义。

### 2. 转基因食品和食盐的有关管理规定（第一百五十一条）

《食品安全法》明确了转基因食品和食盐的食品安全管理，原则上适用《食品安全法》，《食品安全法》未作规定的，适用其他法律、行政法规，如《食盐专营办法》《农业转基因生物安全管理条例》等。

### 3. 铁路、民航的食品安全管理（第一百五十二条）

铁路、民航运营中食品安全管理办法，保健食品具体管理办法，食品相关产品生产活动具体管理办法，国境口岸食品的监督管理，以及军队专用食品和自供食品的食品安全管理办法分别由各自主管部门依照《食品安全法》制定。

# 第三节 《食品安全法》的法律责任制度

食品安全法律责任是确保食品生产经营者履行食品安全义务，杜绝、减少食品安全事故，切实保护消费者合法权益的重要法律制度。《食品安全法》十分重视食品安全法律责任制度建设，设专章第九章对食品安全"法律责任"进行了规定。

食品安全法律责任是指公民、法人或其他组织因实施违反国家有关食品安全法律法规的行为而应当承担的不利后果。根据法律后果的具体内容不同，食品安全法律责任分为民事责任、行政责任和刑事责任。以下通过具体案例介绍违反《食品安全法》需要承担的法律责任。

## 一、未经许可从事食品生产经营活动等的责任

违反《食品安全法》规定，未取得食品生产经营许可从事食品生产经营活动，或者未取得食品添加剂生产许可从事食品添加剂生产活动的，由县级以上人民政府食品安全监督管理部门没收违法所得和违法生产经营的食品、食品添加剂以及用于违法生产经营的工具、设备、原料等物品；违法生产经营的食品、食品添加剂货值金额不足一万元的，并处五万元以上十万元以下罚款；货值金额一万元以上的，并处货值金额十倍以上二十倍以下罚款。

明知从事前款规定的违法行为，仍为其提供生产经营场所或者其他条件的，由县级以上人民政府食品安全监督管理部门责令停止违法行为，没收违法所得，并处五万元以上十万元

以下罚款；使消费者的合法权益受到损害的，应当与食品、食品添加剂生产经营者承担连带责任。

---

**思政小课堂　未经许可生产食品**

1. 基本案情

2018 年 10 月 12 日，某地市场监督管理局执法人员在市场巡查中发现在某民房内有从事腌菜加工的小作坊。执法人员立即对该处民房进行检查，发现当事人廖某未经许可从事食品生产经营活动。

经查：当事人于 2018 年 7 月在未办理营业执照和食品经营许可证的情况下从事酸豆角、萝卜干食品的生产经营活动。其所在民房占地面积 120m²，员工 2 名。现场原材料酸豆角 1200kg，1 元/500g，萝卜干 800kg，1 元/500g，货值金额 4000 元。执法人员对上述物品予以扣押，并向当事人送达了市场监督管理局实施行政强制措施决定书。截至查获时，当事人共盈利 4000 元。

2. 处理结果

根据以上事实和证据，市场监督管理局认为当事人的行为违反了《食品安全法》第三十五条第一款的规定，当事人的行为已经构成无证从事食品生产经营活动的违法行为。但鉴于本案在调查过程中，当事人积极配合行政机关的告诫、及时停止违法行为，积极配合执法人员调查取证，使本案能够顺利结案，有书面认识，有悔改表现，有减轻的情节。

根据《食品安全法》第一百二十二条第一款的规定及根据《行政处罚法》第二十七条第一款第四项的规定，责令当事人立即改正违法行为，予以减轻处罚如下：①没收原材料萝卜干 20 桶、酸豆角 30 桶；②没收违法所得人民币肆仟元整；③罚款人民币陆仟元整；罚没共计人民币壹万元整，上缴国库。

---

## 二、六类严重违法生产经营行为的法律责任

违反《食品安全法》规定，有下列情形之一（参见《食品安全法》第一百二十三条），尚不构成犯罪的，由县级以上人民政府食品安全监督管理部门没收违法所得和违法生产经营的食品，并可以没收用于违法生产经营的工具、设备、原料等物品；违法生产经营的食品货值金额不足一万元的，并处十万元以上十五万元以下罚款；货值金额一万元以上的，并处货值金额十五倍以上三十倍以下罚款；情节严重的，吊销许可证，并可以由公安机关对其直接负责的主管人员和其他直接责任人员处五日以上十五日以下拘留。

明知从事前款规定的违法行为，仍为其提供生产经营场所或者其他条件的，由县级以上人民政府食品安全监督管理部门责令停止违法行为，没收违法所得，并处十万元以上二十万元以下罚款；使消费者的合法权益受到损害的，应当与食品生产经营者承担连带责任。

违法使用剧毒、高毒农药的，除依照有关法律、法规规定给予处罚外，可以由公安机关依照第一款规定给予拘留。

**思政小课堂　经营添加药品的食品**

1. 基本案情

2018年6月27日，某地食品药品监管局执法人员到某干杂店进行日常监督检查，发现该店阁楼仓库中一纸箱存放有商品"×××长寿茶"。现场检查时该单位未能出示以上"×××长寿茶"商品的进购单据及生产、供货单位的资质证件，执法人员对检查发现的以上商品依法进行扣押。

2018年7月3日，执法人员对上述扣押的"×××长寿茶"进行抽样检验。检验报告显示"×××长寿茶"含有布洛芬1.5mg/kg、双氯芬酸钠4.6mg/kg，检验结论为不合格。据调查，当事人涉嫌销售有毒、有害食品。食品药品监管局于2018年8月9日将案件移送公安机关查处，但未立案。经计算，涉案货值金额为人民币壹仟伍佰元整，违法所得为人民币叁拾伍元整。

2. 处理结果

该店经营添加药品的食品的行为，违反了《食品安全法》第三十八条的规定。根据《食品安全法》第一百二十三条第一款第（六）项的规定给予行政处罚。该店购进食品未查验供货者的许可证和食品出厂检验合格证或者其他合格证明的行为，违反了《食品安全法》第五十三条第一款的规定，依据《食品安全法》第一百二十六条第一款第（三）项的规定给予行政处罚。但该店积极配合相关部门查处违法行为，如实供述自己的违法行为，且协助公安部门对供货方进行立案侦查，有立功表现。综合上述，食品药品监管局决定对该店给予如下行政处罚：①警告；②罚款人民币伍万元整；③没收违法所得人民币叁拾伍元整；④没收违法经营的"×××长寿茶"。

# 三、九类违法生产经营行为的法律责任

违反《食品安全法》规定，有下列情形之一（参见《食品安全法》第一百二十四条），尚不构成犯罪的，由县级以上人民政府食品安全监督管理部门没收违法所得和违法生产经营的食品、食品添加剂，并可以没收用于违法生产经营的工具、设备、原料等物品；违法生产经营的食品、食品添加剂货值金额不足一万元的，并处五万元以上十万元以下罚款；货值金额一万元以上的，并处货值金额十倍以上二十倍以下罚款；情节严重的，吊销许可证。

**思政小课堂　用超过保质期的食品原料生产食品**

1. 基本案情

2015年11月10日上午10点45分，某食药局执法人员在现场检查中发现某饭店操作间靠西墙的货架上摆放着某品牌海鲜酱（250g/瓶）5瓶，生产日期2013-06-13，保质期两年。经查，该饭店使用的上述5瓶海鲜酱是该美食坊开业时的厨师使用的，但销售情况没有记录，没有违法所得。现场查封扣押的上述调料共5瓶，购进单价均为8元/瓶，货值40.00元。

2. 处理结果

上述行为属于《食品安全法》第三十四条第一款第（十）项所述情形，依据《食品安全法》第一百二十四条第一款第（五）项的规定，决定给予该饭店以下行政处罚：①没收违法经营的超过保质期的食品；②并处人民币 50000 元罚款。

3. 案情后续

饭店对处理结果不服，向一审法院诉求撤销食药局作出的处罚决定。2016 年 12 月 14 日，一审法院审理后判决驳回饭店的诉讼请求。饭店不服一审判决，向二审法院提起上诉，要求撤销一审判决，发回重审或改判撤销处罚决定。二审法院审理后判决如下：驳回上诉，维持一审判决。本判决为终审判决。

**思政小课堂 虚假标注生产日期**

1. 基本案情

2017 年 3 月 29 日上午，某县市场监管局在日常监督检查中，发现某食品厂工人正准备粘贴"营养面包"和"黑米面包"（各 200 只）的食品标签，标签上的生产日期是 3 月 29 日，看上去并无不正常之处。但细心的监管人员仍然按食品生产企业检查规范，逐一检查了该厂原材料领用记录、生产台账和生产场所录像等事项，发现该食品厂在 28 日、29 日这两天并未生产过这两种面包。经立案调查，查明该食品厂从 2016 年 11 月开始，为了保持面包的"新鲜度"，使面包的保质期变相延长，将生产的面包的生产日期，标注为约定交货的日期。正在准备粘贴标签的面包实际上是 3 月 27 日生产、约定 3 月 29 日交货的面包。

2. 处理结果

该行为违反了《食品安全法》第三十四条第（十）项的规定，属于生产虚假标注生产日期的食品的违法行为。县市场监督管理局依照《食品安全法》第一百二十四条第一款第（五）项的规定，对该食品厂依法处以五万元的罚款，并对该厂不诚信的经营行为在企业信息信用系统中予以记录和公示。

**思政小课堂 生产经营超范围、超限量使用食品添加剂的食品**

1. 基本案情

2016 年 5 月，浙江省食品药品监督管理局对宁波鄞州某食品商行销售的台州市某面包房生产销售的生产日期为 2016 年 4 月 27 日的奶酪吐司面包进行国家食品安全监督抽检。经抽检，该批次面包糖精钠实测值为 0.062g/kg，不符合 GB 2760 的要求，检验结论为不合格。至案发，当事人生产的 100 只该批次面包已全部销售，销售价格每只 1 元，销售金额 100 元，获利 20 元。以上共计货值金额 100 元。

2. 处理结果

该面包房在生产的奶酪吐司面包中使用了食品添加剂糖精钠，而糖精钠不允许在面包食品中使用，其行为违反了《食品安全法》第三十四条第（四）项规定，属于生产经营超范围使用食品添加剂的食品的行为。台州市黄岩区市场监督管理局根据《食品安全法》第一百二十四条第一款第（三）项规定，决定处罚没收违法所得 20 元并处以罚款 50000 元。

## 四、四类违法生产经营行为的法律责任

违反《食品安全法》规定，有下列情形之一（参见《食品安全法》第一百二十五条）的，由县级以上人民政府食品安全监督管理部门没收违法所得和违法生产经营的食品、食品添加剂，并可以没收用于违法生产经营的工具、设备、原料等物品；违法生产经营的食品、食品添加剂货值金额不足一万元的，并处五千元以上五万元以下罚款；货值金额一万元以上的，并处货值金额五倍以上十倍以下罚款；情节严重的，责令停产停业，直至吊销许可证。

生产经营的食品、食品添加剂的标签、说明书存在瑕疵但不影响食品安全且不会对消费者造成误导的，由县级以上人民政府食品安全监督管理部门责令改正；拒不改正的，处二千元以下罚款。

**思政小课堂　进口商品中文标签标注的地址与核准的经营场所不符**

1. 基本案情

经上海市青浦区市场监督管理局查明，2018 年 3 月 1 日，上海某食品有限公司从印度尼西亚进口威化卷（饼干）300 箱，每箱 24 盒，每盒 1.2065 元。当事人销售的上述食品的中文标签标注的中国经销商地址为上海市静安区江场西路 180 号 7 幢 501-502 室，上述地址为上海某公司静安分公司的经营场所地址，当事人的经营场所应为上海市青浦区浦仓路 485 号 1 幢 2 层 A 区 207 室，当事人经销的上述食品中文标签上标注的经销商的地址与核准的经营场所不符。至案发，当事人销售威化卷（饼干）的货值金额为 9982 元，违法所得为 1295 元。

2. 处理结果

当事人销售标签不符合法律法规规定的预包装食品的行为违反了《食品安全法》第六十七条第一款第（九）项的规定，鉴于当事人在案发后能主动认识错误，并在案件调查过程中积极配合调查、接受执法部门的处理，且违法情节不影响食品安全，根据《食品安全法》第一百二十五条第一款第（二）项的规定，上海市青浦区市场监督管理局决定对当事人处罚如下：①处罚款人民币贰万圆整；②没收违法所得壹仟贰佰玖拾伍圆。

**思政小课堂　进口商品没有中文标签**

1. 基本案情

2017 年 11 月 7 日有消费者向和平区市场和质量监督管理局反映，在天津市和平

区某食品店（阎某）买的以下进口食品：意大利费列罗巧克力1盒、丸玉北海道蟹柳5袋、德运全脂速溶奶1袋、爱琴海粉色雪碧2瓶没有中文标签。执法人员对当事人经营场所进行了现场检查，在现场发现丸玉北海道蟹柳4袋（单价8元）、意大利费列罗榛果威化巧克力2盒（单价39元）的预包装进口食品没有中文标签。当事人的违法所得为49.6元，货值金额为316.6元。

2. 处理结果

当事人的行为违反了《食品安全法》第九十七条的规定。和平区市场和质量监督管理局依据《食品安全法》第一百二十五条第（二）项，罚款5000元、没收违法所得49.6元、没收非法经营的进口食品。

---

**思政小课堂　食品外包装标注有预防疾病的内容**

1. 基本案情

海南某制药有限公司生产的×××叶黄素酯液饮品外包装标注有预防疾病的内容为"儿童和成人眼睛养护之友：营养视网膜，增加视敏度，过滤蓝光，预防青光眼、白内障等"，生产的复合蓝莓液饮品外包装标注有预防疾病的内容为"提高免疫力之友：协助恢复和预防癌症，强力抗氧化，改善过敏等"。同时上述产品经检验不符合食品安全标准。

2. 处理结果

该公司的上述行为违反了《食品安全法》第七十一条第一款、第三十四条第（十三）项的规定，以及违反禁止生产经营不符合法律、法规或者食品安全标准的食品、食品添加剂、食品相关产品的规定。依据《食品安全法》第一百二十五条第一款第（二）项、第一百二十四条第二款的规定，海口市食品药品监督管理局依法对该公司作出没收违法产品、没收违法所得11.11万元、罚款469.63万元的行政处罚。

---

## 五、生产经营过程违法行为的法律责任

违反《食品安全法》规定，有下列情形之一（参见《食品安全法》第一百二十六条）的，由县级以上人民政府食品安全监督管理部门责令改正，给予警告；拒不改正的，处五千元以上五万元以下罚款；情节严重的，责令停产停业，直至吊销许可证。

---

**思政小课堂　未查验出厂食品检验合格证和安全状况以及未如实记录销售情况**

1. 基本案情

厦门某公司生产的东哥阿里压片糖包装盒上标示的原料东革阿里在我国不是传统食品，也未通过新资源食品的安全性评估。据该公司负责人称，客户杨先生要求其生产少量东革阿里压片糖产品。当事人告知客户没有东革阿里原料，但客户杨先生以试生产只是为了测试市场对东革阿里的认知度为由要求当事人产品包装要标示含有东革

阿里，但此次生产不需添加东革阿里。当事人根据杨先生提供的配方在生产中实际使用的原料未添加东革阿里，但在包装盒上标示的原料含有东革阿里。

当事人委托汕头市某印务实业有限公司印刷了内包装盒以及外包装盒。福建省食品药品监督管理局于 2016 年 6 月 20 日对当事人进行飞行检查，检查到的包装纸盒为当事人剩余的内包装盒包材。该包装盒已于飞行检查当天被当事人做销毁处理。

当事人在生产东哥阿里压片糖过程中未进行食品出厂检验及销售情况记录。由于当事人未对原料采购数量和金额进行记录，原料成本无法查清，因此无法认定违法所得。

2. 处理结果

当事人生产经营的东哥阿里压片糖标示有配料东革阿里但实际未添加，违反《食品安全法》第七十一条第一款的规定，构成经营标签含有虚假内容的食品的违法行为。

当事人生产东哥阿里压片糖未对产品进行出厂检验以及销售记录违反了《食品安全法》第五十一条的规定，构成未查验出厂食品检验合格证和安全状况以及未如实记录销售情况的违法行为。

鉴于当事人在案发前主动改正，停止生产涉案产品，根据《行政处罚法》第二十七条、《食品安全法》第一百二十五条第一款以及第一百二十六条第一款之规定，决定对当事人的违法行为作如下处罚：①警告；②罚款人民币 10000 元。

# 六、其他违法行为的法律责任

除了上述五类违法行为以外，对食品生产加工小作坊、食品摊贩等，事故单位，进出口商，集中交易市场的开办者、柜台出租者、展销会的举办者，网络食品交易第三方平台提供者等的违法行为，和未按要求进行食品贮存、运输和装卸，拒绝、阻挠、干涉开展食品安全工作，屡次违法，提供虚假信息、虚假检验报告、虚假认证，虚假宣传、违法推荐食品和编造散布虚假信息等违法行为，以及政府及监管部门相关责任人的失职行为，《食品安全法》也规定了相应的法律责任。

对于严重违法犯罪者的从业禁止，《食品安全法》规定，被吊销许可证的相关责任人员自处罚决定作出之日起五年内不得申请食品生产经营许可，或者从事食品生产经营管理工作、担任食品生产经营企业食品安全管理人员。因食品安全犯罪被判处有期徒刑以上刑罚的，终身不得从事食品生产经营管理工作，也不得担任食品生产经营企业食品安全管理人员。食品生产经营者聘用上述人员的，由县级以上人民政府食品安全监督管理部门吊销许可证。

**思政小课堂 小作坊违法使用非食品原料加工食品**

1. 基本案情

2017 年 6 月，食品药品监管局执法人员依法对陈某某加工处理猪头肉的场所进行检查。执法人员现场发现有一桶"淡黄色块状晶体物质"，当事人称该产品为脱毛剂，但不能提供该产品的相关资料，于是执法人员现场采取了扣押措施，并对上述产品和现场熬制好正用于猪头肉脱毛处理的"黑色胶状物质"进行了采样。经鉴定，受鉴定样品的主要成分均为松香类物质，不能用于食品加工。

2. 处理结果

陈某某涉嫌用非食品原料生产加工食品的行为，根据《刑法》第一百四十四条的规定，当事人涉嫌构成犯罪，食品药品监管局将本案移送公安机关做进一步调查处理。经公安机关审查，认为不符合立案条件不予立案，由行政机关按规定进行行政处罚。当事人违反了《四川省食品小作坊、小经营店及摊贩管理条例》第九条第一款第一项的规定，依据该条例第四十二条的规定，依法没收现场扣押的"淡黄色块状晶体物质"，没收违法所得 525 元，并处罚款 35500 元。

# 七、民事责任和刑事责任

## 1. 民事责任优先原则

违反《食品安全法》规定，造成人身、财产或者其他损害的，依法承担赔偿责任。生产经营者财产不足以同时承担民事赔偿责任和缴纳罚款、罚金时，先承担民事赔偿责任。

## 2. 首负责任制和惩罚性赔偿

消费者因不符合食品安全标准的食品受到损害的，可以向经营者或者生产者要求赔偿损失。接到消费者赔偿要求的生产经营者，应当实行首负责任制，先行赔付，不得推诿。

生产不符合食品安全标准的食品或者经营明知是不符合食品安全标准的食品，消费者除要求赔偿损失外，还可以向生产者或者经营者要求支付价款十倍或者损失三倍的赔偿金；增加赔偿的金额不足一千元的，为一千元。但是，食品的标签、说明书存在不影响食品安全且不会对消费者造成误导的瑕疵的除外。

**思政小课堂　惩罚性赔偿**

2016 年 7 月 26 日，杨某在北京某超市花 8280 元购买了 720 袋花生。在花生包装所标注的营养成分表中，注明能量为 1571kJ/100g，脂肪含量为 29.9g/100g。但经某食品安全检测技术有限公司检测，其能量值为 2484kJ/100g，脂肪含量为 46.3g/100g。为此，杨某起诉要求超市退还 8280 元货款，并赔偿 82800 元，同时支付检测费和诉讼费。

一审判决杨某向超市退还 717 袋花生，同时超市退还杨某 8280 元货款和 82800元赔偿款并支付检测费。判决后，超市提出上诉，要求撤销一审判决，驳回杨某的诉讼请求。2018 年 1 月 21 日北京市二中院二审维持了原判。

### 3. 刑事责任

违反《食品安全法》规定，构成犯罪的，依法追究刑事责任。

目前涉及食品安全的犯罪主要有：生产、销售不符合食品安全标准的食品罪，生产、销售有毒、有害食品罪，生产、销售伪劣产品罪，虚假广告罪，食品监管渎职罪，非法经营罪，以及提供虚假证明文件罪，出具证明文件重大失实罪等，因上述犯罪可能承担的刑事责任有管制、拘役、有期徒刑、无期徒刑、死刑等，同时可以附加罚金、剥夺政治权利和没收财产等刑罚。

---

**拓展阅读 4-5 《刑法》中关于食品罪的规定**

第一百四十三条 ［生产、销售不符合安全标准的食品罪］生产、销售不符合食品安全标准的食品，足以造成严重食物中毒事故或者其他严重食源性疾病的，处三年以下有期徒刑或者拘役，并处罚金；对人体健康造成严重危害或者有其他严重情节的，处三年以上七年以下有期徒刑，并处罚金；后果特别严重的，处七年以上有期徒刑或者无期徒刑，并处罚金或者没收财产。

第一百四十四条 ［生产、销售有毒、有害食品罪］在生产、销售的食品中掺入有毒、有害的非食品原料的，或者销售明知掺有有毒、有害的非食品原料的食品的，处五年以下有期徒刑，并处罚金；对人体健康造成严重危害或者有其他严重情节的，处五年以上十年以下有期徒刑，并处罚金；致人死亡或者有其他特别严重情节的，依照本法第一百四十一条的规定处罚。

第一百四十一条 ［生产、销售假药罪］生产、销售假药的，处三年以下有期徒刑或者拘役，并处罚金；对人体健康造成严重危害或者有其他严重情节的，处三年以上十年以下有期徒刑，并处罚金；致人死亡或者有其他特别严重情节的，处十年以上有期徒刑、无期徒刑或者死刑，并处罚金或者没收财产。

---

**思政小课堂 生产、销售不符合食品安全标准的食品**

1. 基本案情

2017 年 3 月 12 日，任某将其购买的一头死因不明的牛以 1700 元出售给齐某和其妻子汤某。齐某和汤某在明知任某出售的牛系死因不明的情况下，予以收购并进行处理后将部分牛肉低价销售给他人，得售卖款 400 元。2017 年 3 月 17 日，任某再次将其购买的另两头死因不明的牛以 1200 元的价格出售给齐某。齐某明知牛的死因不明仍然购买，并将两头死牛放置在车库内准备出售。3 月 20 日，公安机关在该市某某市场将汤某尚未销售完的牛肉予以扣押，并于 3 月 26 日将齐某二次购买的尚未销售的两头死牛予以扣押。

2. 处理结果

该市人民法院审理认为，被告人任某、齐某、汤某明知销售的牛死因不明，不符合食品安全标准，仍违反食品安全管理法规予以销售，足以造成严重食物中毒事故或其他严重食源性疾病，三名被告人行为均已构成生产、销售不符合安全标准食品罪。该市人民法院遂作出如下判决：判处任某、齐某和汤某三名被告人拘役五个月、四个月、四个月，分别并处罚金6000元、5000元、5000元。

**思政小课堂　在食品中添加食品添加剂以外的化学物质**

1. 基本案情

罗某、程某夫妻二人在县城共同经营一家砂锅麻辣店。2017年4月，罗某从某地购买1kg罂粟粉，告诉程某后将罂粟粉放入炒制火锅底料的材料中，由程某炒出火锅底料，并将该火锅底料放入其经营的麻辣烫店中予以出售。8月，县食品药品监督管理局对该砂锅麻辣店的火锅底料进行抽样检查，发现火锅底料中罂粟碱等物质超标，遂扣押剩余底料并将该案移送至县公安局。期间该店营业额近三万元。经鉴定，在该店扣押的火锅底料中检出罂粟碱、可待因、吗啡、那可汀成分。

2. 处理结果

法院经审理认为：被告人罗某、程某共同在生产、销售的食品中掺入有毒、有害的非食品原料，其行为已构成生产、销售有毒、有害食品罪。被告人罗某、程某共同在生产、销售的食品中掺入有毒、有害的非食品原料系共同犯罪，在犯罪过程中作用相当，不区别主从犯。两被告人到案后均如实供述自己的罪行，依法可从轻处罚。遂依法判处被告人罗某、程某有期徒刑一年，缓刑二年，并处罚金人民币二万五千元；被告人罗某在缓刑考验期限内禁止从事食品生产、销售及相关活动；被告人罗某、程某掺有有毒、有害非食品原料的火锅底料予以没收，上缴。

**同步训练4-7**　通过互联网搜索食品安全违法案例若干，根据《食品安全法》对违法行为进行法律责任分析，并作出处罚决定。

# 第四节　《食品安全法》配套法规和规章

新版《食品安全法》强化了企业、政府、社会各方面责任，加大了违法犯罪的惩处力度，被称为"史上最严"。然而徒法不足以自行，《食品安全法》的部分条款操作性不强，相关规定比较笼统，为使《食品安全法》在具体实施中发挥实效，实现食品安全治理的预期效果，相关部门还出台了有关配套法规、规章和规范性文件，完善了配套机制和制度，补充和细化了《食品安全法》中的有关规定。

《食品安全法》的配套法规主要包括国务院层面制定的《食品安全法实施条例》以及各省、自治区、直辖市层面制定的地方性法规，配套规章主要指原国家食品药品监督管理总局和国家市场监督管理总局制定的多个食品部门规章，如《食品生产许可管理办法》

《食品召回管理办法》《食品经营许可管理办法》《婴幼儿配方乳粉产品配方注册管理办法》等。

# 一、食品安全法实施条例

随着 2015 年新修订《食品安全法》的实施，我国食品安全整体水平稳步提升，食品安全总体形势不断向好，但仍存在部门间协调配合不够顺畅，部分食品安全标准之间衔接不够紧密，食品贮存、运输环节不够规范，食品虚假宣传时有发生等问题，需要进一步解决；同时，监管实践中形成的一些有效做法也需要总结、上升为法律规范。为进一步细化和落实新版《食品安全法》，解决实践中存在的问题，国务院按照"四个最严"的要求，对 2009 年 7 月制定的《食品安全法实施条例》（以下称《条例》）进行了修订。2019 年 3 月 26 日，国务院常务会议通过了《条例（修订草案）》，同年 10 月 11 日，公布了修订后的《条例》。新《条例》共 10 章 86 条，自 2019 年 12 月 1 日起施行。

## 1. 进一步明确职责、强化食品安全监管

《条例》在进一步明确职责、强化食品安全监管方面作出如下规定：①要求县级以上人民政府建立统一权威的食品安全监管体制，加强监管能力建设；②强调部门依法履职、加强协调配合，规定有关部门在食品安全风险监测和评估、事故处置、监督管理等方面的会商、协作、配合义务；③丰富监管手段，规定食品安全监管部门在日常属地管理的基础上，可以采取上级部门随机监督检查、组织异地检查等监督检查方式；④完善举报奖励制度，明确奖励资金纳入各级人民政府预算，并加大对违法单位内部举报人的奖励。

## 2. 进一步落实生产经营者的食品安全主体责任

《条例》在进一步落实生产经营者的食品安全主体责任方面作出的主要规定如下：①细化企业主要负责人的责任，规定主要负责人对本企业的食品安全工作全面负责，加强供货者管理、进货查验和出厂检验、生产经营过程控制等工作；②规范食品的贮存、运输，规定贮存、运输有温度、湿度等特殊要求的食品，应当具备相应的设备设施并保持有效运行；③完善特殊食品管理制度，对特殊食品的出厂检验、销售渠道、广告管理、产品命名等事项作出规范。

## 3. 完善法律责任

《条例》对《食品安全法》规定的法律责任进行了完善：①落实党中央和国务院关于食品安全违法行为追究到人的重要精神，对存在故意违法等严重违法情形单位的法定代表人、主要负责人、直接负责的主管人员和其他直接责任人员处以罚款；②细化属于情节严重的具体情形，为执法中的法律适用提供明确指引，对情节严重的违法行为从重从严处罚；③针对《条例》新增的义务性规定，设定严格的法律责任；④规定食品生产经营者依法实施召回或者采取其他有效措施减轻、消除食品安全风险，未造成危害后果的，可以从轻或者减轻处罚，以此引导食品生产经营者主动、及时采取措施控制风险、减少危害；⑤细化食品安全监管部门和公安机关的协作机制，明确行政拘留与其他行政处罚的衔接程序。

### 4. 在加强保健食品监管方面的规定

保健食品属于特殊食品，安全风险较高，国家对其实行严于一般食品的监管制度。为进一步加强对保健食品的监管，在新版《食品安全法》基础上，《条例》主要补充了以下内容：①不允许对保健食品等特殊食品制定食品安全地方标准，防止一些食品生产者对本应实行特殊严格管理措施的保健食品等特殊食品以地方特色食品的名义生产，逃避法定义务；②加强生产环节的把关，规定保健食品生产工艺有原料提取、纯化等前处理工序的，生产企业应当具备相应的原料前处理能力；③加强对销售环节的监管，规定销售者应当核对保健食品标签、说明书内容是否与注册或者备案的内容一致，不一致的不得销售；保健食品不得与普通食品或者药品混放销售。

### 5. 对食品虚假宣传行为的规定

近年来，我国食品虚假宣传问题仍时有发生，侵害了消费者权益，并带来食品安全隐患。为进一步治理食品虚假宣传，《条例》在新版《食品安全法》基础上补充了以下规定：①禁止利用包括会议、讲座、健康咨询在内的任何方式对食品进行虚假宣传；②明确非保健食品不得声称具有保健作用；③任何单位和个人不得发布未依法取得资质认定的食品检验机构出具的食品检验信息，不得利用上述检验信息对食品、食品生产经营者进行等级评定，欺骗、误导消费者，对违法者最高可以处100万元罚款。

## 二、食品生产许可管理办法和食品经营许可管理办法

食品生产经营许可是通过事先审查方式提高食品安全保障水平的重要预防性措施。为规范食品生产经营许可活动，进一步优化许可流程，提高许可效率，加强食品生产经营监督管理，提高食品安全管理能力和水平，防控食品安全风险，保障公众饮食安全，2015年8月26日，原国家食品药品监督管理总局局务会议审议通过《食品生产许可管理办法》和《食品经营许可管理办法》（以下简称《办法》），并于2015年10月1日起施行。

2017年11月21日，原国家食品药品监督管理总局对上述两《办法》进行了修正。2019年12月23日国家市场监督管理总局局务会议审议通过修订后的《食品生产许可管理办法》，自2020年3月1日起施行。新《食品生产许可管理办法》共8章61条，《食品经营许可管理办法》共8章57条，分别在：总则，申请与受理，审查与决定，许可证管理，变更、延续与注销（变更、延续、补办与注销），监督检查，法律责任以及附则等方面进行了规定。

### 1. 坚持简政放权

将食品流通许可与餐饮服务许可两个许可整合为食品经营许可，减少许可数量。

将食品添加剂生产许可纳入《食品生产许可管理办法》，规定食品添加剂生产许可申请符合条件的，颁发食品生产许可证，并标注食品添加剂。

### 2. 明确许可原则

食品生产经营许可应当遵循依法、公开、公平、公正、便民、高效的原则。

食品生产许可实行一企一证原则，即同一个食品生产者从事食品生产活动，应当取得一个食品生产许可证；食品经营许可实行一地一证原则，即食品经营者在一个经营场所从事食

品经营活动，应当取得一个食品经营许可证。

### 3. 实施分类许可

食品生产分为粮食加工品等 31 个类别。食品经营主体业态分为食品销售经营者、餐饮服务经营者、单位食堂。食品经营项目分为预包装食品销售、散装食品销售、特殊食品销售、其他类食品销售；热食类食品制售、冷食类食品制售、生食类食品制售、糕点类食品制售、自制饮品制售、其他类食品制售等 10 个类别。

### 4. 特殊食品生产从严许可

省级市场监督管理部门负责特殊食品的生产许可审查工作。

特殊食品生产企业除需要具备普通食品的许可条件外，还应当提交与所生产食品相适应的生产质量管理体系文件以及产品注册和备案文件。

### 5. 明确许可证编号规则

食品生产许可证编号由 SC（"生产"的汉语拼音字母缩写）和 14 位阿拉伯数字组成。数字从左至右依次为：3 位食品类别编码、2 位省（自治区、直辖市）代码、2 位市（地）代码、2 位县（区）代码、4 位顺序码、1 位校验码。

食品经营许可证编号由 JY（"经营"的汉语拼音字母缩写）和 14 位阿拉伯数字组成。数字从左至右依次为：1 位主体业态代码、2 位省（自治区、直辖市）代码、2 位市（地）代码、2 位县（区）代码、6 位顺序码、1 位校验码。

### 6. 明确许可证载明事项

为强化责任落实，食品生产许可证应当载明：生产者名称、社会信用代码、法定代表人（负责人）、住所、生产地址、食品类别、许可证编号、有效期、发证机关、发证日期和二维码，副本还应当载明食品明细；食品经营许可证应当载明：经营者名称、社会信用代码、法定代表人、住所、经营场所、主体业态、经营项目、许可证编号、有效期、日常监督管理机构、日常监督管理人员、投诉举报电话、发证机关、签发人、发证日期和二维码。

### 7. 增强操作性

明确食品添加剂生产许可的管理原则、程序、监督检查和法律责任，适用有关食品生产许可的规定。生产同一食品类别内的事项发生变化的，食品生产者不需要增加或者变更许可，只需要在变化后 10 个工作日内向原发证的市场监督管理部门报告即可。在变更或者延续食品生产经营许可申请中，申请人声明生产经营条件未发生变化的，市场监督管理部门可以不再进行现场核查。

### 8. 行政许可电子化

两个《办法》规定，市场监督管理部门制作的食品生产、经营许可电子证书与印制的食品生产、经营许可证书具有同等法律效力。

拓展阅读 4-6　新《食品生产许可管理办法》的主要变化

　　新《食品生产许可管理办法》（简称新《办法》）与时俱进，融合了国务院"放管服"改革工作和《国务院关于在全国推开"证照分离"改革的通知》的要求，同时与相关法律法规之间保持了一致。

　　与原《办法》相比，新《办法》主要有以下几个变化：

　　① 调整监管部门。生产许可监管部门由原各级食药局改为各级市场监督管理部门。

　　② 食品生产许可全面推进网络信息化。新《办法》规定，加快信息化建设，推进许可申请、受理、审查、发证、查询等全流程网上办理。

　　③ 简化生产许可证申请、变更、延续与注销材料。新《办法》对申请许可的材料进行了调整，删除营业执照复印件等，增加专职或者兼职的食品安全专业技术人员、食品安全管理人员信息。

　　④ 缩短现场核查、作出许可决定、发证和办理注销等时限。

　　⑤ 明确相关法律责任并加大违反规定的处罚力度。

　　⑥ 调整食品生产许可证书格式，并简化食品生产许可证书载明内容。

同步训练 4-8　查看食品标签上的生产许可证号，并说明各字母和数字的含义。

## 三、食品召回管理办法

　　为保障人民群众饮食安全，督促食品生产经营者落实食品安全责任，做好不安全食品的停止生产经营、召回和处置工作，原国家食品药品监督管理总局于 2015 年 3 月 11 日发布《食品召回管理办法》，并于 2015 年 9 月 1 日起施行。《食品召回管理办法》共七章 46 条，明确了在生产经营过程中发现不安全食品的召回时限，对不立即停止生产经营、不主动召回、不按规定时限启动召回、不按照召回计划召回不安全食品或者不按照规定处置不安全食品等行为均设定了法律责任。

### 1. 召回食品的范围

　　地方各级食品安全监管部门在监督抽检、执法检查、日常监管等工作中发现的不符合食品安全国家标准或者有证据证明可能危害人体健康的不安全食品（含特殊食品、食品添加剂，以下统称为食品），食品生产经营者应当依法实施召回。食品的标签、标识或者说明书不符合食品安全国家标准的，也应当依法实施召回，对标签、标识或者说明书存在瑕疵，但不存在虚假内容、不会误导消费者或者不会造成健康损害的食品，食品生产者应当改正，可以自愿召回。

### 2. 停止生产经营

　　食品生产经营者发现不安全食品的，应当立即停止生产经营该食品，按规定的时限要求发布召回公告，启动召回工作，及时通知相关食品生产经营者停止生产经营、消费者停止食用，并采取必要的措施防控食品安全风险。食品经营者应当积极配合召回的实施方做好不安全食品召回工作。食品集中交易市场的开办者、食品经营柜台的出租者、食品展销会的举办者、网络食品交易第三方平台提供者发现不安全食品的，应当及时采取有效措施确保相关经营者停止经营不安全食品。对未销售给消费者、尚处于其他食品生产经营者控制中的不安全食品，食品生产经营者应当立即追回不安全食品，并采取必要措施消除风险。实施召回的食品生产经营者应当如实记录召回和通知的情况。

### 3. 召回计划的评估

食品生产经营者应当按照召回计划实施召回。地方食品安全监管部门认为必要时，可以组织专家对食品生产经营者提交的召回计划进行评估，评估工作应当在三个工作日内完成。评估后认为召回计划需修改的，应当要求食品生产经营者立即修改，并按照修改后的召回计划继续实施召回。评估过程中，生产经营者的召回工作不停止执行。

### 4. 食品召回的时限

不安全食品召回工作具有较强的时效性，根据食品安全风险的严重和紧急程度，实施分级和限时召回。

一级召回是食用后已经或者可能导致严重健康损害甚至死亡的，应当在知悉食品安全风险后 24 小时内启动，并在 10 个工作日内完成。

二级召回是食用后已经或者可能导致一般健康损害的应当在知悉食品安全风险后 48 小时内启动，在 20 个工作日内完成。

三级召回是对标签、标识存在虚假标注的食品，应当在知悉相关食品安全风险后 72 小时内启动，在 30 个工作日内完成。

情况复杂的，经县级以上地方食品安全监督管理部门同意，食品生产者可以适当延长召回时间并公布。标签、标识存在瑕疵，食用后不会造成健康损害的食品，食品生产者应当改正，可以自愿召回。

### 5. 召回食品的处置

召回食品处置的主体是食品生产经营者。对召回的违法添加非食用物质、腐败变质、病死畜禽等严重危害人体健康和生命安全的不安全食品，生产经营者应当立即就地销毁。不具备就地销毁条件的，可以集中销毁处理。销毁或者无害化处理的费用由食品生产经营者自行承担。省级食品安全监管部门要加强与环境保护等相关部门的协作，研究制定召回食品的销毁及无害化处置管理办法，明确召回食品分类处置的方式，指导生产经营者开展销毁和无害化处理工作；明确处置报告制度和监督销毁的相关工作；对未依法处置召回食品的，要依法进行处理。

对因标签、标识或者说明书不符合食品安全标准而被召回的食品，食品生产者在采取补救措施且能保证食品安全的情况下可以继续销售，销售时应当向消费者明示补救措施。补救措施不得涂改生产日期、保质期等重要的标识信息，不得欺瞒消费者。

### 6. 主动召回和责令召回

县级以上地方食品安全监管部门要依法实施不安全食品召回的监管工作，对在监督抽检、执法检查等工作中发现的不安全食品线索或者接到的食品安全事故报告，应当按照规定及时通知食品生产经营者，并督促其主动实施召回。

食品生产经营者应当主动召回不安全食品而没有主动召回的，食品安全监管部门应当责令其召回。不安全食品召回工作不到位的，食品安全监管部门应当责令其发布召回公告，继续实施召回。食品安全监管部门责令食品生产经营者实施召回后仍拒不召回的，由食品安全监督管理部门给予警告或责令改正，并视情况处以罚款，最高可罚 3 万元。

## 四、婴幼儿配方乳粉产品配方注册管理办法

为严格婴幼儿配方乳粉产品配方注册管理，保证婴幼儿配方乳粉质量安全，同时解决我国婴幼儿配方乳粉配方过多、过滥，配方制定随意、更换频繁等突出问题，2016 年 3 月 15 日，原国家食药监总局局务会议审议通过《婴幼儿配方乳粉产品配方注册管理办法》（简称《办法》）。《办法》共 6 章 49 条，于 2016 年 10 月 1 日起施行。该《办法》实施后，我国境内生产销售和进口的婴幼儿配方乳粉产品配方均实行注册管理，也就是说，婴幼儿奶粉的配方要从原来的"备案制"改为"注册制"，至此，我国将婴幼儿配方乳粉的安全监管上升至药品级别。

《办法》主要有以下四个方面的内容。

### 1. 设立注册门槛，提高生产要求

参照药品管理，明确我国境内生产销售和进口的婴幼儿配方乳粉产品配方均实行注册管理，并严格限定申请人资质条件。只有具备相应的研发能力、生产能力、检验能力，符合粉状婴幼儿配方食品良好生产规范要求，实施危害分析与关键控制点体系，对出厂产品按照有关法律法规和婴幼儿配方乳粉食品安全国家标准规定的项目实施逐批检验的婴幼儿配方乳粉生产企业才能申请产品配方注册。

### 2. 限制配方数量，让群众明白消费

国内有些企业采取"类似配方、不同品牌、加大宣传、扩大市场"的销售策略，即简单把一个配方的组成成分及含量略作改变形成多个"新配方"，生产不同产品不同品牌，然后在不同渠道销售，通过夸大宣传误导消费者购买，造成消费者选择困难。《办法》要求每个企业原则上不得超过 3 个配方系列 9 种产品配方，旨在通过限制企业配方数，减少企业恶意竞争，树立优质国产品牌，让群众看得清楚、买得明白，真正得到实惠。为优化企业产能、满足市场需要，《办法》允许同一集团公司全资子公司可使用集团公司内另一全资子公司已经注册的产品配方。

### 3. 规范标签标识，解决宣传乱象

《办法》要求申请人申请注册时一并提交标签和说明书样稿及标签、说明书中声称的说明、证明材料，并对标签和说明书表述要求作出细致规定。如，对产品中声称生乳、原料乳粉等原料来源的，要求如实标明具体来源地或者来源国，不允许使用"进口奶源""源自国外牧场""生态牧场""进口原料"等模糊信息；不允许在标签和说明书中明示或者暗示具有"益智、增加抵抗力或者免疫力、保护肠道"等功能性表述；不允许以"不添加""不含有""零添加"等字样，强调未使用或不含有按照食品安全标准不应当在产品配方中含有或使用的物质；不允许标注虚假、夸大、违反科学原则或者绝对化的内容；不允许标注与产品配方

注册的内容不一致的声称等。

### 4. 明确监管要求与申请人的法律责任

按照"四个最严"的要求，细化不予延期注册、撤销注册、注销注册等多种情形和相关罚则，以政策制度倒逼企业提升质量安全保障能力，加强管理，严格落实主体责任，将婴幼儿配方乳粉质量安全的风险隐患降至最低。

《办法》的出台和实施提升了婴幼儿配方乳粉行业准入门槛，配方、品牌乱象有了较大改善，品牌集中度进一步提升，市场竞争环境更加趋于良性，有利于形成中国婴幼儿配方乳粉行业健康发展的新格局。

同时，根据《跨境电子商务零售进口商品清单》中有关商品备注的说明，2018年1月1日起，在中国销售的婴幼儿配方乳粉，包括通过跨境电子商务零售进口的婴幼儿配方乳粉，也必须获得产品配方注册证书。

## 巩固训练

### 一、概念题

食品安全　　食品相关产品　　食用农产品　　农业投入品　　特殊食品
保健食品　　食品安全法律责任

### 二、不定项选择题

1. 下列选项中不是食品安全风险监测的主要内容的是（　　）。

A. 食源性疾病　　　B. 食品污染　　　C. 食品中有害因素　　D. 食品标准执行情况

2. 食品生产者采购（　　），应当查验供货者的许可证和产品合格证明文件。

A. 食品原料　　　B. 食品添加剂　　　C. 食品相关产品　　　D. 以上都对

3. 食品生产企业生产的食品必须经（　　）后方可出厂销售。

A. 监督检验合格　　B. 委托检验合格　　C. 出厂检验合格　　　D. 强制检验合格

4. 下列食品中的（　　）不属于国家实行严格监督管理的特殊食品。

A. 保健食品　　　　　　　　　　　B. 特殊医学用途配方食品

C. 饼干　　　　　　　　　　　　　D. 婴幼儿配方食品

5. 食品安全监管部门对有不良信用记录的食品生产经营者应当（　　）。

A. 增加监督检查频次　　　　　　　B. 减少检查频次

C. 吊销许可证　　　　　　　　　　D. 吊销营业执照

6. 食品安全评估主要是对食品及添加剂中的（　　）进行风险评估。

A. 生物性危害　　　B. 化学性危害　　　C. 物理性危害

D. 植物性危害　　　E. 辐射性危害

7. 食品生产者应当对召回的食品采取（　　）措施。

A. 补救　　　　　　B. 无害化处理　　　C. 特殊销售

D. 销毁　　　　　　E. 掩盖风险

8. 国家对食品生产经营行为实行许可制度，从事（　　）应当依法取得许可。

A. 食品生产　　　　B. 食品销售　　　　C. 餐饮服务

D. 食用农产品销售　　E. 食品运输

9. 食品经营者应当按照保证食品安全的要求贮存食品，定期检查库存食品，及时清理

（　　）。

A. 变质食品　　　　B. 超期食品　　　　C. 污染食品

D. 有毒食品　　　　E. 促销食品

10. 声称具有特定保健功能的食品不得对人体产生危害，其标签、说明书不得涉及（　　）。

A. 保质期　　　　　B. 疾病预防　　　　C. 保存方式

D. 材料用量　　　　E. 治疗功能

### 三、填空题

1. 2009 年《食品安全法》出台之前，保障我国食品安全和卫生的法律名称是_____。

2. 食品召回分为_____级，对于安全风险最严重、最紧急的食品，应实施_____级召回。

3. 《中华人民共和国食品安全法》（修订版）于 2015 年____月____日施行。

4. 国务院_____部门依照《食品安全法》和国务院规定的职责，对食品生产经营活动实施监督管理。

5. _____是制定、修订食品安全标准和实施食品安全监督管理的科学依据。

6. _____制度是食品生产企业建立追溯体系的具体手段。

7. 国家对食品生产经营实行许可制度。从事餐饮服务，应当依法取得_____。

8. 食品生产许可证发证日期为许可决定作出的日期，有效期为_____年。

9. 食品检验实行_____负责制。

### 四、填写《食品生产许可申请书》

模拟组建食品生产企业，通过互联网了解《食品生产许可申请书》的填写要求并完成填写。

### 五、问答题

1. 《食品安全法》规定食品安全标准应包括哪些内容？

2. 列举《食品安全法》规定的主要内容。

3. 试解释食品生产许可证编号 SC 114 330328 0001 3 中字母和数字的含义。

4. 谈谈你对"四个最严"的认识。

# 第五章
# 我国其他食品相关法律

### 知识目标
熟悉我国其他食品法律法规的基本内容；理解和掌握食品法律法规重要条款。

### 能力目标
能运用相关法律法规的规定要求处理食品违规违法事件。

### 思政与素质目标
主动践行全面依法治国新理念新思想新战略，提高运用食品法律法规维护食品安全的职业能力；牢固树立食品生产经营者为食品安全第一责任人的职业意识，具备以食品法律法规为行为准则的职业素质；培养主动关注食品法律法规和食品政策变化的职业意识。

## 引例：《食品安全法》，还是其他？

近几年来，抽检中发现白酒的酒精度不符合标准要求应当适用《食品安全法》还是《产品质量法》的问题引起了各方的激烈讨论，有人说白酒属于食品，应当依照《食品安全法》进行判定处罚；也有人认为，酒精度是白酒的质量指标而不属于安全指标，所以应当适用《产品质量法》。类似的案例还有很多，比如在抽检中发现农民销售的去皮芋芳中亚硝酸盐含量不合格，应当适用《食品安全法》还是《农产品质量安全法》，也有着类似的争论。

这些争论反映了相关法律在适用中还需要协同专业人士客观的判断，才能做出相应合理的结论，但是从另一个角度来看，却也真实地反映出我国相关于食品安全法治治理中所应用的法律并不仅限于《食品安全法》。改革开放以来，通过一系列法制建设，我国已经建立了一套自己的食品安全法律法规体系并日趋健全，它们为保障食品安全、提升产品质量、规范进出口食品贸易秩序提供了坚实的基础和良好的环境。

那么，除了《食品安全法》及其配套法规和规章外，食品安全法律法规体系还包括其他哪些法律法规？它们的主要内容都有哪些，在食品安全监督管理中又起着什么样的作用呢？学完本章内容，你将能够回答上述问题。

# 第一节  产品质量法

1993 年 2 月 22 日，第七届全国人民代表大会常务委员会通过《中华人民共和国产品质量法》（以下简称《产品质量法》）。之后，《产品质量法》分别于 2000 年、2009 年、2018 年进行过三次修正。自《产品质量法》施行以来，我国的产品质量水平得到明显改观，企业的质量意识得到明显提高，用户、消费者利用《产品质量法》来维护自身权利的意识明显增强，制假造假现象越来越少。

**拓展阅读 5-1  施行 26 年后，《产品质量法》将迎来"大修"**

自 1993 年颁布实施后，《产品质量法》迎来首次大修，2019 年 4 月 24 日，市场监管总局组织召开《产品质量法》修订工作领导小组暨专家咨询委员会、评估起草组第一次联席会议，《产品质量法》修订全面启动。

《产品质量法》修订工作领导小组指出，修订以筑牢产品安全底线、促进产品质量提升为目标，以使市场在资源配置中起决定性作用、更好地发挥政府作用为方向，以落实企业质量安全主体责任为根本，以创新监管机制、优化市场环境、完善责任体系为重点，使《产品质量法》成为维护质量安全的重要保障、推动质量提升的有力支撑、创新质量管理的有效规制，推动实现我国质量治理体系和治理能力的现代化。

## 一、基本信息

### 1. 产品

依据《产品质量法》第二条第二款的规定，产品是指经过加工、制作，用于销售的产品。

《产品质量法》所调整的产品的范围小于一般意义上的产品，并不是所有的产品都是由《产品质量法》来调整的，农产品、渔业产品等直接来自自然界、未经过加工制作过程的物品，以及虽经过加工制作但不用于销售，仅用于个人消费的产品，都不属于《产品质量法》的调整范围。另外，建设工程不适用《产品质量法》，但是建设工程使用的建筑材料、建筑构配件和设备，适用《产品质量法》。依据原国家质量监督检验检疫总局《关于实施〈中华人民共和国产品质量法〉若干问题的意见》（国质检法〔2011〕83 号）的解释，兽药不适用《产品质量法》。

### 2. 产品质量责任概念

产品质量一般是指产品满足人们需要的各种特征的总和，如可用性、耐久性、安全性、可维修性等。从法律角度来看，产品质量表现为国家通过法律、法规、质量标准等规定的或合同约定的产品所应当具有的特性。依据《产品质量法》第二十六条的规定，产品质量应当符合下列要求：不存在危及人身、财产安全的不合理的危险，有保障人体健康和人身、财产安全的国家标准、行业标准的，应当符合该标准；具备产品应当具备的使用性能，但是，对产品存在使用性能的瑕疵作出说明的除外。

产品质量责任是指产品质量因不符合国家法律、法规、质量标准的规定或合同约定时，产品的生产者或销售者所应承担的责任。产品质量责任分为民事责任、行政责任和刑事责任。

### 3.《产品质量法》的基本原则

**（1）有限范围**　《产品质量法》主要调整实物产品在生产、销售活动以及对其实施监督管理过程中所发生的权利、义务、责任关系。《产品质量法》重点解决产品质量责任问题，完善我国产品责任的民事赔偿制度。

**（2）统一立法、区别管理**　国家要对涉及人体健康，人身、财产安全的产品，实行必要的强制管理，其他产品主要是依靠市场竞争机制和企业自我约束的机制，促使企业保证产品质量。

**（3）事先保证与事后监督检查相结合**　法律要规范企业的行为，保证生产的产品不得存在危及人体健康以及人身、财产安全的不合理的危险，符合相应标准的要求；同时，要加强对市场流通领域产品的质量进行监督检查，建立起运用市场规则抵制伪劣产品的运行机制。

**（4）实行按照行政区域统一管理，组织协调**　对产品质量的监督管理和执法监督，采用地域管辖的基本原则。

**（5）贯彻奖优罚劣**　国家一方面采取鼓励措施，对质量管理的先进企业和达到国际先进水平的产品给予奖励；另一方面，采取严厉措施，惩处生产、销售假冒伪劣产品的违法行为。

## 二、主要内容

### 1. 产品质量责任的一般规定

**（1）保证产品质量合格，提高质量管理水平**　《产品质量法》第三条规定，生产者、销售者应当建立健全内部产品质量管理制度，严格实施岗位质量规范、质量责任以及相应的考核办法。产品管理制度包括生产者的产品质量检验把关制度、明确专职或兼职的质量检验人员、企业的负责人对产品质量应当负的责任等。企业生产的产品必须符合国家强制性标准。

第六条规定，国家鼓励推行科学的质量管理方法，采用先进的科学技术，鼓励企业产品质量达到并且超过行业标准、国家标准和国际标准。

第七条规定了各级人民政府对提高产品质量的责任。一个国家质量水平的提高，是一项宏伟的系统工程，既要靠市场机制，也要靠政府进行一定的宏观调控。从《产品质量法》实施以来的实际情况看，产品质量的提高不仅要靠政府管理，同时也要靠政府促进。提高产品质量水平，既是企业的责任，也是政府的责任。

第八条规定了国务院市场监督管理部门主管全国产品质量监督工作，县级以上地方市场监督管理部门主管本行政区域内的产品质量监督工作，县级以上地方人民政府有关部门在各自的职责范围内负责产品质量监督工作。法律对产品质量的监督部门另有规定的，从其规定。

**（2）禁止行为**　《产品质量法》第五条规定了三种禁止行为。

① 伪造或者冒用认证标志等质量标志　依据国质检法〔2011〕83号文的解释，伪造或者冒用认证标志等质量标志行为是指在产品、标签、包装上，用文字、符号、图案等方式非法制作、编造、捏造或非法标注质量标志以及擅自使用未获批准的质量标志的行为。

② 伪造产品的产地，伪造或者冒用他人的厂名、厂址　伪造产地指在甲地生产产品，而在产品标识上标注乙地的地名的质量欺诈行为。伪造或者冒用他人厂名厂址，是指非法标注他人的厂名、厂址标识，或者在产品上编造、捏造不真实的生产厂厂名和厂址以及在产品上擅自使用他人的生产厂厂名和厂址的行为。

③ 在生产、销售的产品中掺杂、掺假，以假充真、以次充好　掺杂、掺假是指生产者、销售者在产品中掺入杂质或者造假，进行质量欺诈的违法行为。以假充真是指以此产品冒充与其特征、特性等不同的他产品，或者冒充同一类产品中具有特定质量特征、特性的产品的欺诈行为。以次充好是指以低档次、低等级的产品冒充高档次、高等级的产品或者以旧产品冒充新产品的违法行为。

**2. 产品质量监督管理**

**(1) 出厂检验**　《产品质量法》第十二条规定，产品质量应当检验合格，不得以不合格产品冒充合格产品。产品本身的质量应当符合《产品质量法》第二十六条的规定，买卖合同对产品质量有特定要求的，产品还应符合合同的要求。

**(2) 推行企业质量体系认证，推行产品质量认证**　国家推行企业质量体系认证和产品认证。认证采用自愿原则。企业申请认证应向国务院市场监督管理部门或其授权部门认可的认证机构提出申请。经认证合格，由认证机构颁发认证证书，获得产品质量认证证书的企业可以在其产品或者其包装上使用产品质量认证标志。

**(3) 监督检查**　《产品质量法》第十五条规定了产品的监督检查制度。

主要监督检查方式：抽查。

抽查对象：可能危及人体健康和人身、财产安全的产品，影响国计民生的重要工业产品以及消费者、有关组织反映有质量问题的产品。

规划和组织部门：主要是国务院市场监督管理部门和县级以上地方市场监督管理部门。

抽查限制：国家监督抽查的产品，地方不得另行重复抽查；上级监督抽查的产品，下级不得另行重复抽查。

抽查检验：根据需要，可以抽样，数量不得超过合理需要，监督抽查不向被检查人收费。

复检：对检验结果有异议的，可以自收到检验结果之日起十五日内向实施监督抽查的市场监督管理部门或者其上级市场监督管理部门申请复检，由受理复检的市场监督管理部门作出复检结论。

**(4) 强制措施**　依据《产品质量法》第十八条的规定，县级以上市场监督管理部门根据已经取得的违法嫌疑证据或者举报，对涉嫌违反本法规定的行为进行查处时，可以行使下列职权：①对当事人涉嫌违反本法的生产、销售活动场所实行现场检查；②向当事人的法定代表人、主要负责人和其他有关人员调查、了解与涉嫌从事违法生产销售活动有关的情况；③查阅、复制当事人有关的合同、发票、账簿以及其他有关资料；④对有根据认为不符合保障人体健康和人身、财产安全的国家标准、行业标准的产品或者有其他严重质量问题的产品，以及直接用于生产、销售该项产品的原辅材料、包装物、生产工具，予以查封或者扣押。

**（5）产品质量检验机构** 《产品质量法》第十九条规定，产品质量检验机构必须具备相应的检测条件和能力，具体包括：①机构和人员应当具备相应的条件和能力；②机构应当具备完善的内部管理制度；③机构的仪器设备具备相应的要求；④机构的工作环境应当符合要求；⑤检测报告应当符合要求；⑥检验机构、认证机构必须依法设立，不得与行政机关或其他国家机关存在隶属关系或其他利益关系。出具检验结果或认证证明必须客观公正。

**（6）社会监督** 《产品质量法》的监督主体包括消费者和保护消费者权益的社会组织。

**（7）国家机关的监督** 国务院和省、自治区、直辖市人民政府市场监督管理部门应当定期公布其监督抽查的产品的质量报告。报告发布权限于省级以上。

国家机关不得向社会推荐产品，不得以监制、监销等方式参与产品的经营活动。

### 3. 生产者、销售者的产品质量责任和义务

**（1）生产者的产品质量责任和义务** 生产者应当对其生产的产品质量负责，并承担相应的义务：①产品质量必须合格，如有可能危及人身、财产安全的瑕疵，应当作出明确说明；②标识必须真实；③危险产品必须有警示标志或中文警示说明；④不得生产国家明令淘汰的产品；⑤不得伪造产地，不得伪造或者冒用他人的厂名、厂址；⑥不得伪造或者冒用认证标志等质量标志；⑦不得掺杂、掺假，不得以假充真、以次充好，不得以不合格产品冒充合格产品。

**（2）销售者的产品质量责任和义务** 销售者应当对其销售的产品质量负责，并承担相应的义务：①建立并执行进货检查验收制度，验明合格证明和其他标识；②采取措施，保持其销售产品的质量；③不得销售国家明令淘汰并停止销售的产品和失效变质的产品；④销售的产品的标识应当符合《产品质量法》第二十七条的规定；⑤不得伪造产地，不得伪造或冒用他人的厂名、厂址；⑥不得伪造或者冒用认证标志等质量标志；⑦不得掺杂、掺假，不得以假充真、以次充好，不得以不合格产品冒充合格产品。

### 4. 具体产品质量责任

**（1）民事责任** 民事责任的形式主要有：

① 修理、更换、退货，责任人为销售者。承担责任的条件：a. 不具备产品应当具备的使用性能而事先未作说明的；b. 不符合在产品或者其包装上注明采用的产品标准的；c. 不符合以产品说明、实物样品等方式表明的质量状况的。承担了责任的销售者，如果因产生责任的缺陷系由生产者或其他供货者引起，可以行使追偿权。

② 赔偿损失。因产品存在缺陷造成人身、缺陷产品以外的其他财产损害的，生产者应当承担赔偿责任。以下情况生产者可以免责：a. 未将产品投入流通的；b. 产品投入流通时，引起损害的缺陷尚不存在的；c. 将产品投入流通时的科学技术水平尚不能发现缺陷的存在的。但是需由生产者举证。

**（2）行政责任和刑事责任** 行政责任的形式主要是责令停止生产销售、警告、罚款、没收财物、没收违法所得、吊销营业执照、取消检验认证资格等。

市场监督管理部门在查处违法行为过程中，如发现行为人的行为涉嫌构成犯罪，应当移交司法机关追究刑事责任。

**思政小课堂　违规销售猪婆肉，某农贸市场 7 名经营户被处罚**

　　2018 年 10 月 11 日上午，某地区市场和质量监督管理局××分局在市区一农贸市场开展猪肉专项整治过程中，查获了违规未挂牌销售的猪婆肉（注：猪婆肉就是大家常说的老母猪肉）150kg。据了解，该批猪婆肉系经营户从当地定点屠宰场批发而来，有检验检疫合格等证明，但未按规定进行挂牌销售。据该地区市场和质量监督管理局××分局工作人员介绍，当日上午，执法人员在开展整治过程中，先后在该农贸市场内外查获了 7 名猪肉经营户违规未挂牌销售猪婆肉。这些摊主都将猪婆肉和非猪婆肉混在一起搭售。由于猪婆肉的口感等方面欠佳，猪婆肉的市场销售价格为每斤（1 斤＝500g）8 元左右，单价比其他猪肉要低 4 元左右。未挂牌销售猪婆肉的行为违反《产品质量法》的相关规定，在销售产品时存在掺杂、掺假、以假充真、以次充好的行为，执法人员依法对 7 名经营户各处以 3000 元罚款，并责令改正，要求对猪婆肉进行挂牌销售。

# 第二节　农产品质量安全法

## 一、基本信息

　　2006 年 4 月 29 日第十届全国人民代表大会常务委员会第二十一次会议通过《中华人民共和国农产品质量安全法》（以下简称《农产品质量安全法》），自 2006 年 11 月 1 日起施行，又根据 2018 年 10 月 26 日第十三届全国人民代表大会常务委员会第六次会议《关于修改〈中华人民共和国野生动物保护法〉等十五部法律的决定》进行了修正。

### 1. 立法目的及意义

　　农产品质量安全直接关系人民群众的日常生活、身体健康和生命安全；关系社会的和谐稳定和民族发展；关系农业对外开放和农产品在国内外市场的竞争力。《农产品质量安全法》的正式出台，是关系"三农"乃至整个经济社会长远发展的一件大事，对于推进农业标准化，提高农产品质量安全水平，全面提升我国农产品竞争力，具有重大而深远的影响和意义。

### 2.《农产品质量安全法》的调整范围

　　《农产品质量安全法》调整的范围包括三个方面的内涵：一是关于调整的产品范围问题，本法所称农产品，是指来源于农业的初级产品，即在农业活动中获得的植物、动物、微生物及其产品；二是关于调整的行为主体问题，既包括农产品的生产者和销售者，也包括农产品质量安全管理者和相应的检测技术机构及人员等；三是关于调整的管理环节问题，既包括产地环境、农业投入品的科学合理使用、农产品生产和产后处理的标准化管理，也包括农产品的包装、标识、标志和市场"销售"管理。

## 二、主要内容

《农产品质量安全法》的内容包括总则、农产品质量安全标准、农产品产地、农产品生产、农产品包装和标识、监督检查、法律责任和附则等 8 章，共 56 条。

### 1. 确立的基本制度及配套规章制度

《农产品质量安全法》主要包括以下十项基本制度：①政府统一领导、农业主管部门为主体、相关部门分工协作配合的农产品质量安全管理体制，明确了农业主管部门在农产品质量安全监管中的主体地位；②农产品质量安全标准的强制实施制度；③防止因农产品产地污染而危及农产品质量安全的农产品产地管理制度；④农产品生产记录制度和农业投入品生产、销售、使用制度；⑤农产品质量安全管理控制制度；⑥农产品的包装和标识管理制度；⑦农产品质量安全监测制度；⑧农产品质量安全监督检查制度；⑨农产品质量安全的风险分析、评估制度和信息发布制度；⑩对农产品质量安全违法行为的责任追究制度。

### 2. 农产品产地管理

《农产品质量安全法》第十六条规定，县级以上人民政府应当采取措施，加强农产品基地建设，改善农产品的生产条件。县级以上人民政府农业行政主管部门应当采取措施，推进保障农产品质量安全的标准化生产综合示范区、示范农场、养殖小区和无规定动植物疫病区的建设。《农产品质量安全法》第十七条明确禁止在有毒有害物质超过规定标准的区域生产、捕捞、采集食用农产品和建立农产品生产基地。《农产品质量安全法》规定，县级以上地方人民政府农业行政主管部门按照保障农产品质量安全的要求，根据农产品品种特性和生产区域大气、土壤、水体中有毒有害物质状况等因素，认为不适宜特定农产品生产的，提出禁止生产的区域，报本级人民政府批准后公布。

为贯彻实施《农产品质量安全法》中关于农产品产地管理的规定，原农业部进一步制定了《农产品产地安全管理办法》。

### 3. 农产品生产者在生产过程中应当遵守的规定

生产过程是影响农产品质量安全的关键环节。《农产品质量安全法》对农产品生产者在生产过程中保证农产品质量安全的基本义务作了规定，主要包括：①依照规定合理使用农业投入品。农产品生产者应当按照相关规定，合理使用化肥、农药、兽药、饲料和饲料添加剂等农业投入品，禁止使用国家明令禁止使用的农业投入品，防止因违反规定使用农业投入品危及农产品质量安全。②依照规定建立农产品生产记录。农产品生产企业和农民专业合作经济组织应当建立农产品生产记录，如实记载使用农业投入品的有关情况、动物疫病和植物病虫草害的发生和防治情况，以及农产品收获、屠宰、捕捞的日期等情况。③对其生产的农产品的质量安全状况进行检测。农产品生产企业和农民专业合作经济组织应当自行或者委托检测机构对其生产的农产品的质量安全状况进行检测，经检测不符合农产品质量安全标准的，不得销售。

### 4. 农产品包装和标识

建立农产品的包装和标识制度，对于方便消费者识别农产品质量安全状况，以及逐步建立农产品质量安全追溯制度，都具有重要作用。《农产品质量安全法》对于农产品包装和标识的规定主要包括：①对国务院农业主管部门规定在销售时应当包装和附加标识的农产品，应当按照规定经包装或者附加标识后方可销售；属于农业转基因生物的农产品，应当按照农业转基因生物安全管理的有关规定进行标识。依法需要实施检疫的动植物及其产品，应当附具检疫合格的标志、证明。②农产品在包装、保鲜、贮存、运输中所使用的保鲜剂、防腐剂和添加剂等材料，应当符合国家有关强制性的技术规范。③销售的农产品符合相关标准的，生产者可以申请使用相应的农产品质量标志。

### 5. 农产品质量安全的监督检查

依法实施对农产品质量安全状况的监督检查，是防止不符合农产品质量安全标准的产品流入市场、进入消费，危害人民群众健康的必要措施，是农产品质量安全监管部门必须履行的法定职责。

《农产品质量安全法》规定的农产品质量安全监督检查制度的主要内容包括：①县级以上人民政府农业行政主管部门应当制定并组织实施农产品质量安全监测计划，对生产中或者市场上销售的农产品进行监督抽查。监督抽查结果由国务院农业行政主管部门或者省、自治区、直辖市人民政府农业行政主管部门按照权限予以公布，以保证公众对农产品质量安全状况的知情权。②监督抽查检测应当委托具有相应的检测条件和能力的检测机构承担，并不得向被抽查人收取费用。被抽查人对监督抽查结果有异议的，可以申请复检。③县级以上人民政府农业行政主管部门可以对生产、销售的农产品进行现场检查，查阅、复制与农产品质量安全有关的记录和其他资料，调查了解有关情况。对经检测不符合农产品质量安全标准的农产品，有权查封、扣押。④对检查发现的不符合农产品质量安全标准的产品，责令停止销售、进行无害化处理或者予以监督销毁；对责任者依法给予没收违法所得、罚款等行政处罚；对构成犯罪的，由司法机关依法追究刑事责任。

### 6. 农产品质量安全监测制度

建立农产品质量安全监测制度是为了全面、及时、准确地掌握和了解农产品质量安全状况，根据农产品质量安全风险评估结果，对风险较大的危害进行例行监测，既为政府管理提供决策依据，又方便有关团体和公众及时了解相关信息，最大限度地减少影响农产品质量安全的因素对人民身体的危害。

农产品质量安全监测制度的具体规定主要包括：监测计划的制定依据、监测的区域、监测的品种和数量、监测的时间、产品抽样的地点和方法、监测的项目和执行标准、判定的依据和原则、承担的单位和组织方式、呈送监测结果和分析报告的格式、结果公告的时间和方式等。

### 7. 农产品检测机构

《农产品质量安全法》规定，监督抽查检测应当委托相关的农产品质量安全检测机构进行，检测机构必须具备相应的检测条件和能力，由省级以上人民政府农业行政主管部门或者其授权的部门考核合格，同时应当依法经计量认证合格。建立农产品质量安全检验检测机构，开展农产品生产环节和市场流通等环节质量安全监测工作，是实施农产品质量安全监管的重要手段，也是世界各国尤其是发达国家的普遍做法。在我国，目前通过原农业部授权认可和国家计量认证的农产品质量安全检验检测中心已近 240 家，全国省、市、县原农业部门已经建立检测机构 1100 多家，检测内容基本涵盖了主要农产品、农业投入品和农业环境等相关领域，拥有各类检测技术人员近 2 万名。

## 8. 农产品批发市场

《农产品质量安全法》明确规定了禁止销售的农产品范围，同时规定农产品批发市场应当设立或者委托农产品质量安全检测机构，对进场销售的农产品质量安全状况进行抽查检测；发现不符合农产品质量安全标准的，应当要求销售者立即停止销售，并向农业行政主管部门报告；应当建立健全进货检查验收制度。《农产品质量安全法》中还规定了批发市场相应的民事赔偿责任等法律责任。

## 9. 县级以上地方人民政府

从世界范围来看，政府作为公共安全的管理者，有义务履行农产品质量安全监管责任。从我国来看，全面提高农产品质量安全水平，建立健全农产品质量安全监管制度和长效机制，离不开政府的组织领导和统筹规划。为此，《农产品质量安全法》强化了地方人民政府对农产品质量安全监管的责任，对县级以上地方人民政府的职责和义务进行了专门规定：①县级以上人民政府应当将农产品质量安全管理工作纳入本级国民经济和社会发展规划，并安排农产品质量安全经费，用于开展农产品质量安全工作。②县级以上地方人民政府统一领导、协调本行政区域内的农产品质量安全工作，并采取措施，建立健全农产品质量安全服务体系，提高农产品质量安全水平。③各级人民政府及有关部门应当加强农产品质量安全知识的宣传，提高公众的农产品质量安全意识，引导农产品生产者、销售者加强质量安全管理，保障农产品消费安全。④县级以上人民政府应当加强农产品基地建设，建设农产品标准化生产综合示范区和无规定动植物疫病区，改善农产品生产条件，加强对农产品生产的指导。

**同步训练 5-1** 贯彻实施《农产品质量安全法》的主要措施有哪些？

**拓展阅读 5-2 农业农村部公布 2018 年农产品质量安全执法监管典型案例**

1. 天津市宝坻区农业部门查处怡某等人在香菜种植中使用限用农药案

2016 年 4 月 13 日，天津市宝坻区种植业发展服务中心接群众举报有人使用限用农药甲拌磷种植香菜。宝坻区农业部门立即派执法人员进行调查，发现怡某等 5 人为了清除虫害，在承包的 200 亩香菜地内使用了甲拌磷农药，经检测，甲拌磷含量不符合标准。农业部门随后对涉案地块种植的香菜进行了翻耕销毁，将涉案产品 500 余千克进行了查封销毁，并将案件移送公安机关查处。怡某等 5 人犯生产、销售有毒、有害食品罪，一审分别被判处有期徒刑八个月到一年六个月，并处罚金；禁止怡某等在三年内从事蔬菜类食用农产品的种植、销售活动。

2. 安徽省霍邱县畜牧兽医局查处王某等人向生猪注药、注水案

2016 年，安徽省霍邱县畜牧兽医局联合县公安局、市场监管局根据群众举报，经 2 个月的暗访蹲守，成功端掉一个给待宰生猪注药、注水窝点。执法人员现场查获生猪 29 头，盐酸异丙嗪 7 支，无名药水 1 瓶及作案工具若干。经查，该窝点负责人

王某伙同张某等人，于 2016 年 7~9 月，贩购生猪后注射药物并注水，检测其所注入的无色液体以及生猪尿液中含非食品原料肾上腺素，案件随后移交公安机关查处。2018 年 5 月，王某、张某二人犯生产、销售有毒、有害食品罪，一审被判处有期徒刑一年二个月，并处罚金人民币 1 万元，查扣在案的猪肉 4780kg 予以没收、销毁。

3. 四川省成都市统筹城乡和农业委员会查处高某未经定点从事生猪屠宰案

2017 年 12 月 6 日，四川省成都市统筹城乡和农业委员会接群众电话举报，反映郫都区某村 4 组有人私自屠宰生猪。7 日凌晨 1 时，成都市农业综合执法总队执法人员会同郫都区农业和林业局执法人员对群众举报地点进行突击检查，发现当事人高某正在从事生猪屠宰活动，现场不能提供《生猪定点屠宰证》，涉嫌未经定点从事生猪屠宰活动。执法人员现场对涉案生猪、生猪产品及屠宰工具等物品实施了扣押措施。经物价部门认定，该批生猪货值为人民币 20 余万元。另查明，当事人当日已销售屠宰的 5 片生猪胴体和生猪产品共计 190kg，违法所得 3490 元，当事人非法屠宰生猪的货值金额共计 21 万余元。2017 年 12 月，案件移送公安机关查处，涉案当事人被刑事拘留，公安机关侦查终结后，移送检察院。

# 第三节　标准化法

## 一、基本信息

为了加强标准化工作，提升产品和服务质量，促进科学技术进步，保障人身健康和生命财产安全，维护国家安全、生态环境安全，提高经济社会发展水平，我国制定《中华人民共和国标准化法》（简称《标准化法》）。《标准化法》于 1988 年 12 月 29 日第七届全国人大常委会第五次会议通过，2017 年 11 月 4 日第十二届全国人大常委会第三十次会议对其进行了修订。《标准化法》的修订标志着我国标准化工作向科学化、法制化方向又迈进了一大步，充分体现了国家对标准化工作的高度重视。

**思政小课堂　用新《标准化法》引领质量标准改革创新**

16 年前开始动议，历经 3 年，已经执行了近 30 年的《中华人民共和国标准化法》终于完成了第一次"大修"。新修订后的《标准化法》，于 2018 年 1 月 1 日开始施行。这对于提升产品和服务质量，促进科学技术进步，提高经济社会发展水平等方面都具有重大意义。

国家高度重视标准化工作，在各部门、各地方共同努力下，我国标准化事业得到快速发展。但是，现行标准体系和标准化管理体制已不能适应社会主义市场经济发展的需要，甚至在一定程度上影响了经济社会发展。正是由于这个原因，国务院才启动了标准化改革工作。

　　为了解决标准化工作与我国经济社会发展不适应的问题，标准化工作改革中提出了一系列的举措，比如培育团体标准、企业标准自我声明等。随着新《标准化法》的尘埃落定，这些改革创新举措很多都上升到了法律的高度，这既是对我国标准化改革工作的肯定，也是对我国标准化改革工作的一次再动员和再部署。因此，我们一定要发挥好新《标准化法》的引领作用，用新《标准化法》引领质量标准改革创新。

　　用新《标准化法》引领质量标准改革创新，首要的就是引领标准化工作的改革创新。此次新《标准化法》改动比较大、"亮点"也比较多，很多修改都与标准化改革密切相关，这些新《标准化法》的重大突破和重要修改，都将为我国的标准化改革工作提供最有力的法律保障。

　　标准的"生命力"在于实施，新《标准化法》同样如此，期待全社会共同努力，学好、用好、实施好新《标准化法》，用标准引领质量提升，建设质量强国。

## 二、主要内容

### 1. 总则

　　**(1) 标准的范围和分类**　《标准化法》所称标准（含标准样品），是指农业、工业、服务业以及社会事业等领域需要统一的技术要求。标准包括国家标准、行业标准、地方标准和团体标准、企业标准。国家标准分为强制性标准、推荐性标准，行业标准、地方标准是推荐性标准。强制性标准必须执行。国家鼓励采用推荐性标准。

　　**(2) 标准化工作的任务和保障**　标准化工作的任务是制定标准、组织实施标准以及对标准的制定、实施进行监督。县级以上人民政府应当将标准化工作纳入本级国民经济和社会发展规划，将标准化工作经费纳入本级预算。

　　**(3) 制定标准的基本要求**　制定标准应当在科学技术研究成果和社会实践经验的基础上，深入调查论证，广泛征求意见，保证标准的科学性、规范性、时效性，提高标准质量。

　　**(4) 标准化工作管理体制**　国务院标准化行政主管部门统一管理全国标准化工作。国务院有关行政主管部门分工管理本部门、本行业的标准化工作。县级以上地方人民政府标准化行政主管部门统一管理本行政区域内的标准化工作。县级以上地方人民政府有关行政主管部门分工管理本行政区域内本部门、本行业的标准化工作。

　　**(5) 标准化协调机制**　国务院建立标准化协调机制，统筹推进标准化重大改革，研究标准化重大政策，对跨部门跨领域、存在重大争议标准的制定和实施进行协调。设区的市级以上地方人民政府可以根据工作需要建立标准化协调机制，统筹协调本行政区域内标准化工作重大事项。

　　**(6) 鼓励参与国内和国际标准化工作**　国家鼓励企业、社会团体和教育、科研机构等开展或者参与标准化工作。国家积极推动参与国际标准化活动，开展标准化对外合作与交流，参与制定国际标准，结合国情采用国际标准，推进中国标准与国外标准之间的转化运用。国家鼓励企业、社会团体和教育、科研机构等参与国际标准化活动。

## 2. 标准的制定

### （1）政府主导制定的标准

① 强制性国家标准　对保障人身健康和生命财产安全、国家安全、生态环境安全以及满足经济社会管理基本需要的技术要求，应当制定强制性国家标准。

② 推荐性国家标准　对满足基础通用、与强制性国家标准配套、对各有关行业起引领作用等需要的技术要求，可以制定推荐性国家标准。推荐性国家标准由国务院标准化行政主管部门制定。

③ 行业标准　对没有推荐性国家标准、需要在全国某个行业范围内统一的技术要求，可以制定行业标准。行业标准由国务院有关行政主管部门制定，报国务院标准化行政主管部门备案。

④ 地方标准　为满足地方自然条件、风俗习惯等特殊技术要求，可以制定地方标准。地方标准由省、自治区、直辖市人民政府标准化行政主管部门制定；设区的市级人民政府标准化行政主管部门根据本行政区域的特殊需要，经所在地省、自治区、直辖市人民政府标准化行政主管部门批准，可以制定本行政区域的地方标准。地方标准由省、自治区、直辖市人民政府标准化行政主管部门报国务院标准化行政主管部门备案，由国务院标准化行政主管部门通报国务院有关行政主管部门。

### （2）市场自主制定的标准

① 团体标准　国家鼓励学会、协会、商会、联合会、产业技术联盟等社会团体协调相关市场主体共同制定满足市场和创新需要的团体标准，由本团体成员约定采用或者按照本团体的规定供社会自愿采用。制定团体标准，应当遵循开放、透明、公平的原则，保证各参与主体获取相关信息，反映各参与主体的共同需求，并应当组织对标准相关事项进行调查分析、实验、论证。国务院标准化行政主管部门会同国务院有关行政主管部门对团体标准的制定进行规范、引导和监督。

② 企业标准　企业可以根据需要自行制定企业标准，或者与其他企业联合制定企业标准。国家鼓励社会团体、企业制定高于推荐性标准相关技术要求的团体标准、企业标准。国家支持在重要行业、战略性新兴产业、关键共性技术等领域利用自主创新技术制定团体标准、企业标准。

### （3）制定标准的要求

对保障人身健康和生命财产安全、国家安全、生态环境安全以及经济社会发展所急需的标准项目，制定标准的行政主管部门应当优先立项并及时完成。

制定强制性标准、推荐性标准，应当在立项时对有关行政主管部门、企业、社会团体、消费者和教育、科研机构等方面的实际需求进行调查，对制定标准的必要性、可行性进行论证评估；在制定过程中，应当按照便捷有效的原则采取多种方式征求意见，组织对标准相关事项进行调查分析、实验、论证，并做到有关标准之间的协调配套。

制定推荐性标准，应当组织由相关方组成的标准化技术委员会，承担标准的起草、技术审查工作。制定强制性标准，可以委托相关标准化技术委员会承担标准的起草、技术审查工作。未组成标准化技术委员会的，应当成立专家组承担相关标准的起草、技术审查工作。标准化技术委员会和专家组的组成应当具有广泛代表性。

强制性标准文本应当免费向社会公开。国家推动免费向社会公开推荐性标准文本。

推荐性国家标准、行业标准、地方标准、团体标准、企业标准的技术要求不得低于强制性国家标准的相关技术要求。

标准应当按照编号规则进行编号。标准的编号规则由国务院标准化行政主管部门制定并公布。

> **同步训练 5-2** 制定标准的要求有哪些？

### 3. 标准的实施

《标准化法》关于标准实施的规定共七条，具体内容如下：①不符合强制性标准的产品、服务，不得生产、销售、进口或者提供。②出口产品、服务的技术要求，按照合同的约定执行。③国家实行团体标准、企业标准自我声明公开和监督制度。④企业研制新食品、改进食品，进行技术改造，应当符合本法规定的标准化要求。⑤国家建立强制性标准实施情况统计分析报告制度。标准的复审周期一般不超过五年。⑥国务院标准化行政主管部门根据标准实施信息反馈、评估、复审情况，对有关标准之间重复交叉或者不衔接配套的，应当会同国务院有关行政主管部门作出处理或者通过国务院标准化协调机制处理。⑦县级以上人民政府应当支持开展标准化试点示范和宣传工作，传播标准化理念，推广标准化经验，推动全社会运用标准化方式组织生产、经营、管理和服务，发挥标准对促进转型升级、引领创新驱动的支撑作用。

### 4. 监督管理

《标准化法》对标准化工作的监督管理的规定共有四条，具体内容如下：

**(1) 监督职责** 县级以上人民政府标准化行政主管部门、有关行政主管部门依据法定职责，对标准的制定进行指导和监督，对标准的实施进行监督检查。

**(2) 标准争议协调解决机制** 国务院有关行政主管部门在标准制定、实施过程中出现争议的，由国务院标准化行政主管部门组织协商；协商不成的，由国务院标准化协调机制解决。

**(3) 标准编号、复审、备案的监督措施** 国务院有关行政主管部门、设区的市级以上地方人民政府标准化行政主管部门未依照本法规定对标准进行编号、复审或者备案的，国务院标准化行政主管部门应当要求其说明情况，并限期改正。

**(4) 举报投诉措施** 任何单位或者个人有权向标准化行政主管部门、有关行政主管部门举报、投诉违反本法规定的行为。

### 5. 法律责任

**(1) 未按标准提供产品或服务的民事责任** 生产、销售、进口产品或者提供服务不符合强制性标准，或者企业生产的产品、提供的服务不符合其公开标准的技术要求的，依法承担民事责任。

**(2) 违反强制性标准的行政责任和刑事责任** 生产、销售、进口产品或者提供服务不符合强制性标准的，依照《产品质量法》《进出口商品检验法》《消费者权益保护法》等法律、行政法规的规定查处，记入信用记录，并依照有关法律、行政法规的规定予以公示；构成犯罪的，依法追究刑事责任。

**（3）其他行为的法律责任** 《标准化法》还规定了未按要求公开企业标准，违反标准制定基本原则，未按要求编号、备案、复审，社会团体、企业未按要求编号等行为，以及监管人员的法律责任。

# 第四节 进出口商品检验法

## 一、基本信息

为了使我国的进出口商品检验工作有法可依，规范进出口商品检验行为，维护社会公共利益和进出口贸易有关各方的合法权益，促进对外经济贸易关系的顺利发展，1989 年 2 月 21 日，第七届全国人民代表大会常务委员会第六次会议审议通过《中华人民共和国进出口商品检验法》（以下简称《商检法》）。

《商检法》自 1989 年 8 月 1 日实施以来，经过了四次修正，在保证我国进出口商品质量、保护对外贸易有关各方及消费者的合法权益以及维护国家利益等方面，发挥了重要作用。

中国进出口商品检验的体制是由法律确定的，在这个体制中机构的设置或取得认可以及各自的地位和职责都由法律规定。这一体制分为三个层次：一是国务院设立进出口商品检验部门，主管全国进出口商品检验工作；二是国家商检部门在各地设立商检机构，管理各辖区的进出口商品检验工作；三是经国家商检部门许可的检验机构，可以接受对外贸易关系人或者外国检验机构的委托，办理进出口商品检验鉴定业务。

对进出口商品实施检验，所要达到的目标或者遵循的通行原则共有五项：保护人类健康和安全，保护动物或者植物的生命和健康，保护环境，防止欺诈行为，维护国家安全。

进出口商品检验分为法定检验和抽查检验。法定检验商品是依照法律规定必须经商检机构检验的进出口商品，这部分商品的范围，由国家商检部门依据前述的五项法定目标，通过制定、调整必须实施检验的进出口商品目录来划定；目录以外的进出口商品，则根据国家规定实施抽查检验。

法定检验和抽查检验均由商检机构实施。

## 二、主要内容

《商检法》共有六章四十一条，包括总则、进口商品的检验、出口商品的检验、监督管理、法律责任和附则。

### 1. 总则

《商检法》的总则部分，明确了立法目的和宗旨，规定了主管全国进出口商品检验工作的部门及其设在各地的商检机构和基本职能，强调国家商检部门制定、调整必须实施检验的进出口商品目录（以下简称目录），并公布实施。凡列入目录的进出口商品，由商检机构实施检验。此外，还规定商检部门和商检机构工作人员在履行其职责中负有保密义务。

## 2. 进口商品的检验

《商检法》规定，必须经由商检机构检验的进口商品的收货人或其代理人，应向报关地的商检机构报检，在商检机构规定的地点和期限内，接受商检机构对进口商品的检验。商检机构应当在国家商检部门统一规定的期限内检验完毕，并出具检验证单。若收货人发现进口商品质量不合格或残损短缺，需要由商检机构出证索赔的，应及时向商检机构申请检验出证。若属重要的进口商品或大型成套设备，收货人应依约在出口国装运前进行预检验、监造或监装，商检机构根据需要可以派出检验人员参加。

> **同步训练 5-3　案例分析**
>
> 某公司与香港一企业签订了一个进口香烟生产线合同。设备是二手货，共 18 条生产线，由 A 国某公司出售，价值 100 多万美元。合同规定，出售商保证设备在拆卸之前均在正常运转，否则更换或退货。设备运抵目的地后发现，这些设备在拆运前早已停止使用，在目的地转配后也因设备损坏、缺件根本无法马上投产使用。但是，由于合同规定如要索赔需商检部门在"货到现场后 14 天内"出证，而实际上货物运抵工厂并进行装配就已经超过 14 天，无法在这个期限内提出索赔。这样，工厂只能依靠自己的力量进行加工维修。经过半年多时间，花了大量人力、物力，也只开出了 4 套生产线。那么导致该案例的要害是什么？

## 3. 出口商品的检验

《商检法》规定，必须经商检机构检验的出口商品的发货人和代理人，应在商检机构规定的地点和期限内向商检机构报检。商检机构应在国家商检部门统一规定的期限内检验完毕，并出具检验证单。凡经商检机构检验合格发给检验证单的出口商品，应在商检机构规定的期限内报关出口，超过期限的，应重新报检。此外，《商检法》还规定，生产出口危险货物的企业，必须申请商检机构进行包装容器的使用鉴定。使用未经鉴定合格的包装容器的危险货物，不准出口。

对于装运出口易腐烂变质食品的船舱和集装箱，《商检法》规定，承运人或装箱单位必须在装货前申请检验，未经检验合格的，不准装运。

## 4. 监督管理

为了加强对进出口商品检验工作的监督管理，对依法必须经商检机构检验的进出口商品以外的进出口商品，商检机构根据国家规定实施抽查检验。国务院认证认可监督管理部门根据国家统一的认证制度，对有关的进出口商品实施认证管理。此外，《商检法》还规定了国家商检部门和商检机构对商检工作进行监督管理的其他具体事项。同时，《商检法》规定，国家商检部门和商检机构应当建立健全内部监督制度，不断提高商检工作人员素质，不得滥用职权和谋取私利。

## 5. 法律责任

《商检法》规定，凡必须经商检机构检验的进出口商品未报经检验而擅自销售、使用和出口的，或进口或出口属于掺杂掺假、以假充真、以次充好的商品或者以不合格进出口商品冒充合格进出口商品的，由商检机构没收违法所得并处以罚款，构成犯罪的，依法追究刑事责任。未经国家商检部门许可，擅自从事进出口商品检验鉴定业务的，由商检机构责令停止非法经营，没收违法所得，并处违法所得一倍以上三倍以下的罚款。伪造、变造、买卖或者盗窃商检单证、印章、标志、封识、质量认证标志的，依法追究刑事责任，尚不够刑事处罚的，没收违法所得，并处以罚款。

为了确保国家商检部门和商检机构依法履行职责和防止执法腐败，《商检法》规定，国家商检部门和商检机构的工作人员必须遵守法律，不得徇私舞弊，伪造检验结果，或者玩忽职守，延误检验出证。否则，依法给予行政处分，有违法所得的，没收违法所得，构成犯罪的，依法追究刑事责任。

> **同步训练 5-4** 进口以次充好的食品应如何处罚？

> **思政小课堂 出口商品未经报检不得出口**
> 2014年5月23日，宁夏检验检疫局接到国家质检总局下发的核查信息，银川某出口食品企业输韩枸杞粉遭到韩国官方通报。经调查，该企业向韩方出口10kg枸杞粉样品，在韩国通关时，因检出未申报的亚硫酸盐而被韩国食药厅通报。该样品在出口时以植物提取物名义进行申报，被视为工业品而未办理报检手续。这一行为属于逃避法定检验检疫，违反了《进出口商品检验法》的相关规定，宁夏检验检疫局依法对其处以货值20%的罚款。

# 第五节　商　标　法

## 一、基本信息

商标是在生产经营活动中使用的，用于识别商品或者服务来源的标志。商标是一种智力成果，属于知识产权范畴，需要由国家予以保护，以促进其健康发展。为了加强商标管理，保护商标专用权，促使生产、经营者保证商品和服务质量，维护商标信誉，以保障消费者和生产、经营者的利益，促进社会主义市场经济的发展，1982年8月23日第五届全国人民代表大会常务委员会第二十四次会议通过《中华人民共和国商标法》（以下简称《商标法》），于1983年3月1日起施行。之后，《商标法》又分别在1993年、2001年、2013年和2019年进行四次修正，它为保护注册商标专用权、促进我国经济发展发挥了重要作用。

## 二、主要内容

《商标法》共八章七十三条，包括总则，商标注册的申请，商标注册的审查和核准，注册商标的续展、变更、转让和使用许可，注册商标的无效宣告，商标使用的管理，注册商标专用权的保护和附则。

## 1. 总则

《商标法》第一章为总则，共 21 条，主要对《商标法》的立法目的、主管部门、注册商标的含义及范围、商标注册的取得及权利人的权利和责任、可以和不得作为商标使用并申请注册的情形、驰名商标的认定和保护、商标不予注册并禁止使用的情形、涉外商标注册、商标代理机构及该行业的义务和责任等作了规定。

经商标局核准注册的商标为注册商标。《商标法》规定，商标局主管全国商标注册和管理工作，商标使用的管理、保护注册商标专用权等职责由各级工商行政管理部门负责。商标评审委员会是负责处理商标争议事宜的法定机构，它与商标局是平行的。自然人、法人或者其他组织都可以申请注册商标。商标自愿注册原则是商标法的基本原则，目前，必须使用注册商标的商品只有烟草制品类。注册标记可以是"注册商标"字样，也可以是"注"或者"®"。

---

**拓展阅读 5-3　不得作为商标使用或注册的标志**

下列标志不得作为商标使用：①同中华人民共和国的国家名称、国旗、国徽、国歌、军旗、军徽、军歌、勋章等相同或者近似的，以及同中央国家机关的名称、标志、所在地特定地点的名称或者标志性建筑物的名称、图形相同的；②同外国的国家名称、国旗、国徽、军旗等相同或者近似的，但经该国政府同意的除外；③同政府间国际组织的名称、旗帜、徽记等相同或者近似的，但经该组织同意或者不易误导公众的除外；④与表明实施控制、予以保证的官方标志、检验印记相同或者近似的，但经授权的除外；⑤同"红十字""红新月"的名称、标志相同或者近似的；⑥带有民族歧视性的；⑦带有欺骗性，容易使公众对商品的质量等特点或者产地产生误认的；⑧有害于社会主义道德风尚或者有其他不良影响的。县级以上行政区划的地名或者公众知晓的外国地名，不得作为商标。但是，地名具有其他含义或者作为集体商标、证明商标组成部分的除外；已经注册的使用地名的商标继续有效。

下列标志不得作为商标注册：①仅有本商品的通用名称、图形、型号的；②仅直接表示商品的质量、主要原料、功能、用途、重量、数量及其他特点的；③其他缺乏显著特征的。前款所列标志经过使用取得显著特征，并便于识别的，可以作为商标注册。

---

## 2. 商标注册的申请

申请注册商标应当按规定的商品分类表填报使用商标的商品类别和商品名称，提出注册申请。商标注册申请人可以通过一份申请就多个类别的商品申请注册同一商标。商标注册申请等有关文件，可以以书面方式或者数据电文方式提出。为申请商标注册所申报的事项和所提供的材料应当真实、准确、完整。

### 3. 商标注册的审查和核准

申请注册的商标，凡符合本法规定的，由商标局自收到商标注册申请文件之日起九个月内初步审定，予以公告。审查过程中，商标局可以要求申请人做出说明或者修正，申请人未做出不影响商标局做出审查决定。凡不符合本法有关规定或者同他人在同一种商品或者类似商品上已经注册的或者初步审定的商标相同或者近似的，由商标局驳回申请，不予公告。

### 4. 注册商标的续展、变更、转让和使用许可

注册商标的有效期为十年，自核准注册之日起计算。注册商标有效期满，需要继续使用的，商标注册人应当在期满前十二个月内按照规定办理续展手续；在此期间未能办理的，可以给予六个月的宽展期。每次续展注册的有效期为十年，自该商标上一届有效期满次日起计算。转让注册商标的，商标注册人对其在同一种商品上注册的近似的商标，或者在类似商品上注册的相同或者近似的商标，应当一并转让。对容易导致混淆或者有其他不良影响的转让，商标局不予核准，书面通知申请人并说明理由。商标注册人可以通过签订商标使用许可合同，许可他人使用其注册商标。许可人应当监督被许可人使用其注册商标的商品质量。

### 5. 商标使用的管理

注册商标成为其核定使用的商品的通用名称或者没有正当理由连续三年不使用的，任何单位或者个人可以向商标局申请撤销该注册商标。注册商标被撤销、被宣告无效或者期满不再续展的，自撤销、宣告无效或者注销之日起一年内，商标局对与该商标相同或者近似的商标注册申请，不予核准。将未注册商标冒充注册商标使用的，或者使用未注册商标违反本法第十条规定的，由地方工商行政管理部门予以制止，限期改正，并可以予以通报，同时处一定罚款。对商标局撤销或者不予撤销注册商标的决定，当事人不服的，可以自收到通知之日起十五日内向商标评审委员会申请复审。当事人对商标评审委员会的决定不服的，可以自收到通知之日起三十日内向人民法院起诉。

### 6. 注册商标专用权的保护

注册商标的专用权，以核准注册的商标和核定使用的商品为限。侵犯商标专用权的赔偿数额，按照权利人因被侵权所受到的实际损失确定；实际损失难以确定的，可以按照侵权人因侵权所获得的利益确定；权利人的损失或者侵权人获得的利益难以确定的，参照该商标许可使用费的倍数合理确定。对恶意侵犯商标专用权，情节严重的，可以在按照上述方法确定数额的一倍以上五倍以下确定赔偿数额。赔偿数额应当包括权利人为制止侵权行为所支付的合理开支。

**同步训练 5-5**　海浪的声音、玫瑰花的香味、猫头鹰的叫声、自然风景图片、动物的名称，上述哪些可以作为商标提出注册申请？

同步训练 5-6 通过互联网了解"王老吉"商标之争。

## 巩固训练

### 一、概念题

产品 产品质量责任 农产品 法定检验商品

### 二、不定项选择题

1. 违反《产品质量法》规定应承担民事赔偿责任或缴纳罚款、罚金,其财产不足以同时支付的,先承担( )。

A. 民事赔偿责任 　　　　　　　 B. 罚款

C. 罚金 　　　　　　　 D. 平均支付各种费用

2. 由国家建立健全的农产品质量安全标准是( )的技术规范。

A. 强制性 　　 B. 自愿性 　　 C. 科学性 　　 D. 民主性

3. ( ) 人民政府农业行政主管部门应当加强对农产品生产的指导。

A. 县级以上 　　 B. 省级以上 　　 C. 市级以上 　　 D. 乡（镇）级以上

4. 《中华人民共和国进出口商品检验法》开始实施的时间是( )。

A. 2002 年 10 月 1 日 　　　　　 B. 1989 年 8 月 1 日

C. 1998 年 7 月 6 日 　　　　　 D. 1999 年 4 月 5 日

5. 下列可以作为商标的是( )。

A. 国旗 　　 B. 国徽 　　 C. 国歌 　　 D. 苹果

6. 我国规定必须使用注册商标的商品主要有( )。

A. 食品 　　 B. 烟草制品 　　 C. 酒精制品 　　 D. 糖果

7. 因产品存在缺陷造成人身、缺陷产品以外的其他财产损害的,生产者应当承担赔偿责任。生产者能够证明有下列情形( )之一的,不承担赔偿责任。

A. 未将产品投入流通的 　　　　 B. 产品设计存在缺陷的

C. 产品投入流通时,引起损害的缺陷尚不存在的

D. 将产品投入流通时的科学技术水平尚不能发现缺陷存在的

E. 产品生产过程中存在的质量缺陷

### 三、填空题

1. 《产品质量法》主要调整实物产品在生产、销售活动以及对其实施监督管理过程中所发生的_____、_____和_____。

2. 《产品质量法》规定,负责产品质量监督工作的部门主要有_____和_____。

3. 产品质量民事责任形式主要有_____、_____、_____、_____。

4. 《农产品质量安全法》调整的行为主体,既包括农产品的生产者和_____,也包括农产品质量安全管理者和_____等。

5. _____统一管理全国标准化工作。

6. 进出口商品检验分为_____和_____。

7. 注册标记可以是"注册商标"字样，也可以是_____或者_____。

8. 经商检机构检验合格发给检验证单的出口商品，应当在商检机构规定的期限内报关出口；超过期限的，应_____。

9. 未经国家商检部门许可，擅自从事进出口商品检验鉴定业务的，由商检机构责令停止非法经营，没收违法所得，并处违法所得_____的罚款。

10. 注册商标有效期满，需要继续使用的，商标注册人应当在期满前_____按照规定办理续展手续；在此期间未能办理的，可以给予_____的宽展期。

### 四、问答题

1.《产品质量法》的基本原则是什么？

2. 销售者的产品质量责任和义务分别有哪些？

3.《农产品质量安全法》调整的范围是什么？

4.《产品质量法》中规定的禁止行为有哪些？

5.《农产品质量安全法》对农产品包装和标识有何规定？

6. 违反《标准化法》的法律责任有哪些？

# 第六章

# 国际及部分发达国家食品标准与法规

**知识目标**

掌握 ISO、CAC 和 IFOAM 等国际食品标准组织的主要作用，熟悉世界贸易组织 TBT 协议和 SPS 协议在国际食品贸易中的意义和作用，了解欧盟、美国、日本等国家和地区主要的食品安全法律、法规和食品标准知识。

**能力目标**

能运用相关国家、地区的食品安全法律、法规和食品标准知识，进行国际食品贸易案例分析。

**思政与素质目标**

通过学习国际食品标准化机构和 WTO 相关协议，认识国际标准对于国际贸易的重要影响，培养全局观思维；通过了解我国在国际标准化工作中扮演越来越重要的角色，涵养深沉的家国情怀；通过认识国外发达国家食品标准与法规现状，培养开放的国际视野。

## 引例：国外技术性贸易壁垒愈演愈烈　粤四成企业出口受影响

近年广东省食品企业向美国出口饼干、面包等含乳制品因"疑似含三聚氰胺"屡屡受阻，我国权威检测机构出具的三聚氰胺检验合格报告不被美方认可，并被强制要求在美国重检。这不仅给企业造成额外的经济负担，也延长了货物送达客户的时间，无形中缩短了食品有效保质期。美方利用技术法规、标准和合格评定程序等技术性贸易措施限制我方出口，实质上是对我国出口企业设置了技术性贸易壁垒（简称TBT)，给广东产品出口带来了极大的压力。

广东是对外贸易大省，也是全国遭受国外技术性贸易壁垒影响最严重的省份之一。据国家质检总局调查数据显示，2014 年直接损失额约 237.30 亿美元，全国占比31.4%。广东全省高新技术产品、家电、纺织品、农产品、玩具、食品、家具等主要出口产品均不同程度地遭受技术性贸易壁垒的限制。

分析：2014 年以来，全球经济增速低于预期水平，复苏缓慢，各国对本国贸易的保护力度加大，主要经济体纷纷修改贸易保护政策，使之更有利于本国产业；部分经济体频繁动用贸易救济、技术性贸易措施、关税措施等贸易保护手段，实施进口限制，全球范围内的贸易摩擦愈演愈烈。什么是技术性贸易壁垒？世界主要贸易国家和地区关于食品安全管理的法规标准有哪些？出口食品、农产品如何应对国外技术性贸易壁垒？学完本章内容，你将能够回答上述问题。

# 第一节　国际食品标准化机构

## 一、国际标准化组织

### 1. 国际标准化组织的性质及职责

国际标准化组织（international organization for standardization，ISO），前身是国家标准化协会国际联合会和联合国标准协调委员会，总部设在日内瓦。

国际标准化活动最早开始于电子领域，于 1906 年成立了世界上最早的国际标准化机构——国际电工委员会（IEC）。其他技术领域的工作原先由成立于 1926 年的国家标准化协会的国际联合会（ISA）承担，重点在于机械工程方面。ISA 的工作因第二次世界大战在 1942 年终止。1946 年 10 月，25 个国家标准化机构的代表在伦敦召开大会，决定成立新的国际标准化机构，定名为国际标准化组织，其目的是促进国际间的合作和工业标准的统一。大会起草了 ISO 的第一个章程和议事规则，并认可通过了该章程草案。1947 年 2 月 23 日，ISO 正式成立。

ISO 是由各国标准化团体（ISO 成员团体）组成的世界性联合会，目前拥有 164 个会员国，其成员占全球经济总量的 98% 和人口的 97%，是世界上最大、最权威的综合性的非政府的国际标准化组织。

ISO 成员分为成员团体、通信成员和注册成员 3 类。成员团体是一国在 ISO 的最高代表，每个国家只能有一所机构以该身份参加。ISO 的大部分成员团体是国家政府系统的一部分或由政府授权，其他成员来自私营部门，由行业协会所设立。中国是以国家标准化管理委员会作为成员团体加入 ISO。

ISO 的主要职责是：制定国际标准；协调世界范围内的标准化活动；组织各成员和技术委员会进行交流；与其他国际机构合作，共同研究、探讨标准化相关课题。ISO 的宗旨是在世界范围内促进标准化工作的开展，以便于国际间的物资交流和互助，并扩大在文化、科学、技术和经济方面的合作。

ISO 负责目前绝大部分领域（包括军工、石油、船舶等垄断行业）的标准化活动，制定的国际标准在世界经济、环境和社会的可持续发展中发挥着重要作用。

### 2. ISO 组织结构简介

ISO 的组织结构主要包括全体大会、理事会、中央秘书处、技术管理局、技术委员会等，参见图 6-1。ISO 的主要官员有 6 名，包括 ISO 主席、ISO 副主席（政策）、ISO 副主席（技术管理）、ISO 副主席（财务）、ISO 司库和 ISO 秘书长。

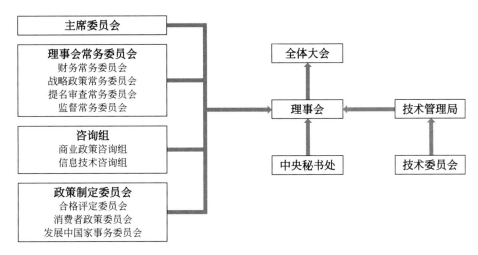

图 6-1　ISO 组织结构

全体大会（general assembly）是 ISO 的首要机构和最高权力机构。全体大会每年召开一次，会议议程包括汇报并协商标准化活动的项目进展、ISO 战略规划以及中央秘书处年度财政状况等相关事宜。全体大会的规模为 200~260 人，6 位主要官员以及各成员代表共同参与全体大会。每个成员团体有 3 个正式代表的席位，超过 3 位的代表以观察员身份参会，通信成员和注册成员代表也作为观察员出席。

ISO 理事会（council）是 ISO 的核心治理机构，行使 ISO 的大部分管理职能，并向全体大会报告。理事会每年召开 3 次会议，由 20 个成员机构、ISO 主要官员和政策制定委员会的三个委员会（合格评定委员会、消费者政策委员会和发展中国家事务委员会）的主席组成。向 ISO 理事会报告的机构包括主席委员会、理事会常务委员会、咨询组、政策制定委员会、中央秘书处和技术管理局等。

其中，技术管理局（technical management board，TMB）是 ISO 技术工作的最高管理和协调机构，从事实质的标准开发工作，包括：项目的审批，标准草案的拟定、修改、评议、投票表决，以及向上一级分委会、委员会或全体成员团体提交草案。在下设的 247 个技术委员会中，主管食品标准的是食品技术委员会（ISO/TC 34），其下设 16 个分委员会、5 个工作小组和 1 个咨询组。

### 3. ISO 标准的制定

ISO 的技术活动是制定并出版国际标准。目前，ISO 有 783 个技术委员会和分委员会的成员来负责标准制定。ISO 于 1951 年发布了第一个标准——工业长度测量用标准参考温度。ISO 官网信息显示，截至 2019 年 8 月，ISO 已发布 22754 个国际标准和相关文件，涵盖了技术和制造的几乎所有方面。

ISO 标准由国际标准技术委员会（TC）和分技术委员会（SC）经过六个阶段形成：建议阶段、准备阶段、委员会讨论、征询阶段、批准阶段和发布阶段。ISO 的标准每隔 5 年重审一次。

ISO 食品技术委员会（ISO/TC 34）颁布的标准涉及范围为人类和动物食品领域，由基础标准（术语）、分析和取样方法标准、产品质量与分级标准、包装标准、运输标准、贮存标准等组成。目前，ISO/TC 34 已出版发行了 855 项食品标准。为避免重复，凡 ISO 制定的产品分析方法标准都被 CAC 直接采用。

ISO 已颁布的与食品行业相关的管理体系标准有：ISO 9000 质量管理体系标准——帮助企业建立、实施并有效运行的系列标准；ISO 14000 环境管理体系标准——帮助企业改善环境行为、协调统一世界各国环境管理的系列标准；ISO 22000 食品安全管理体系标准——覆盖了 CAC 关于 HACCP 的全部要求，帮助并证实食品链中所有希望建立保证食品安全体系的组织已经建立和实施了食品安全管理体系，从而有能力提供安全食品。

> **同步训练 6-1** 简述 ISO 的作用及工作内容。

### 4. 我国参与 ISO 的概况

我国于 1978 年加入 ISO 时，就在 6 个政策制定委员会（后合并为 3 个）中的 4 个担任正式成员。1985 年，在日本 ISO 大会上，中国第一次被选为理事国；1991 年，中国成功申请第一个技术委员会（TC 202）秘书国；2008 年 10 月，在第 31 届国际化标准组织大会上，中国正式成为 ISO 的常任理事国。

2013 年 9 月 20 日，在俄罗斯举行的第 36 届国际标准化组织大会上，中国标准化专家委员会委员、国际钢铁协会副主席张晓刚成功当选新一届 ISO 主席，任期从 2015 年 1 月 1 日至 2017 年 12 月 31 日。这是自 1947 年 ISO 成立以来，中国首次担任这一国际组织的最高领导职务，标志着我国在国际标准化领域取得重大突破性成果。

> **拓展阅读 6-1　我国首获国际标准化组织（ISO）最高荣誉奖**
>
> 国际标准化组织（ISO）第 41 届全体成员国大会宣布，由中国船舶重工集团有限公司第七一四研究所承担主席和秘书处的船舶与海洋技术委员会（ISO/TC 8）荣获 2018 年度 ISO 最高荣誉奖项——劳伦斯·艾彻领导奖。这是由我国独立领导的技术委员会首次荣获该奖项，也是 2018 年度全球范围内这一奖项的唯一获得者。"劳伦斯·艾彻领导奖"是国际标准化组织（ISO）的最高奖项，每年评选一次，每次只有一个名额。该奖项授予为 ISO 带来较大贡献以及突出业绩的技术委员会（TC）或分技术委员会（SC），鼓励他们积极创新、追求协作、高效完成工作和提供优质服务。
>
> TC 8 此次获奖，是我国船舶与海洋领域国际标准化工作的重要突破，是我国在船舶与海洋领域的央企和国家核心研究力量全面贯彻国家标准化战略、以国际标准促进技术创新、积极贡献中国智慧、深度参与国际标准化全球治理的成功典范。

## 二、国际食品法典委员会

国际食品法典委员会（Codex Alimentarius Commission，简称 CAC）是由联合国粮食及农业组织（FAO）和世界卫生组织（WHO）于 1963 年共同设立的政府间国际食品标准机构（组织）。截至 2019 年 8 月，CAC 有 189 个成员，包括 188 个成员国和 1 个成员组织（欧盟），覆盖了全球 99% 的人口。中国于 1984 年正式加入 CAC。

CAC 章程第一条指出，该政府间组织的宗旨是"保护消费者的健康和确保食品贸易的公平进行，促进国际政府组织和非政府组织进行所有食品标准工作的协调"。CAC 是协调各成员国食品法规、技术标准的唯一政府间国际机构，负责全球食品标准制定相关协调工作以及协助国家食品安全制度的建立。其制定标准旨在保护消费者健康，确保食品贸易公平。世界贸易组织（WTO）的《实施动植物卫生检疫措施的协议》（SPS 协议）将国际食品法典标准作为成员间因食品安全标准或法规差异产生贸易争端时的仲裁标准，国际食品法典标准成为了国际认可的食品领域的唯一参考标准。

**拓展阅读 6-2　第 42 届国际食品法典委员会大会在瑞士举行**

2019 年 7 月 8～12 日，国际食品法典委员会（CAC）第 42 届大会在瑞士日内瓦召开。来自 109 个成员国、1 个成员组织（欧盟）和包括联合国机构在内的 58 个国际政府组织及非政府组织的近 500 位代表参加了会议。

会议审议通过了食品卫生、添加剂、农药残留、污染物、食品标签、进出口检验与认证等多个领域的食品法典标准和《2020～2025 年食品法典战略计划》。其中，原味液态奶中柠檬酸三钠的使用规定、巧克力中的镉限量成为本届大会争议的焦点议题。我国农业农村部 2019 年 4 月主持召开的国际农药残留食品法典委员会（CCPR，CAC 的专业分委员会之一）形成的 326 项农药残留限量标准在本届大会上均获通过。会议还选举了委员会主席、副主席和执委会成员。

**小知识 6-1　联合国粮食及农业组织简介**

联合国粮食及农业组织（Food and Agriculture Organization of the United Nations，FAO），简称粮农组织，是联合国专门机构之一，1945 年 10 月成立，是各成员国间讨论粮食和农业问题的国际组织。FAO 的宗旨是实现所有人的粮食安全，确保人们能够定期获得充足的优质食物，拥有积极健康的生活。

粮农组织的最高权力机构为大会，每两年召开 1 次。常设机构为理事会，由大会推选产生理事会独立主席和理事国。大会休会期间，由选出的 49 个成员国组成的理事会在大会赋予的权力范围内处理和决定有关问题。自 1973 年恢复中国在粮农组织的合法席位后，中国就一直是该组织的理事国。

为推进全球粮食安全，FAO 建立了粮食安全特别计划，帮助各成员分析粮食生产、供应、储藏等情况，提高粮食安全水平，并单独或与其他国际组织和各成员一起制定了许多重要的国际公约和标准。

FAO 发挥其专家和专业技术优势，每年都要出版大量的专业和通俗的读物。这些出版物能够跟踪世界各国有关学科的发展前沿，报道最新发展动态和最近研究成果，揭示世界上各领域、各行业的研究现状和发展趋势，为促进全球农业信息传播与交流做出了杰出的贡献。

**1. CAC 的组织机构及工作流程**

CAC 下设秘书处、执行委员会、6 个地区协调委员会、15 个专业委员会及 1 个政府间特别工作组，执行委员会负责 CAC 工作的全面协调，由主席、3 名副主席、6 名区域协调员和 7 名选自 CAC 不同地理区域组的区域代表组成。

专业委员会分为商品委员会和综合主题委员会两类。商品委员会共 5 个，指食品及食品类别的分委会，垂直管理各种食品，主要涉及鱼和鱼制品、新鲜水果和蔬菜、乳和乳制品等；综合主题委员会共 10 个，负责食品添加剂、农药残留、标签、检验和出证体系以及分析和采样等特殊项目，其所处的基本领域都与各种食品及各个商品委员会密切相关。地区协调委员会负责处理各地区的区域性事务。

CAC 的工作内容包括制定食品法典标准，制定农药、食品添加剂等标准，确定安全系数，制定 ADI、操作规范和指南。CAC 制定一项标准的程序包括八个步骤，即：①食品法典委员会批准新工作项目，同时制定该项目工作机构；②秘书处安排编制标准草案提案；③秘书处向所有成员体和观察员发送草案提案，征询意见；④负责该项工作的机构对草案提案及意见进行讨论，对文本进行修订并决定下一步骤（前进、后退、搁置）；⑤标准草案提案提交至所有成员体和观察员征询意见，提交至执行委员会进行评判性审议，提交至食品法典委员会通过，成为标准草案；⑥发送征询意见（同步骤③）；⑦讨论和决定下一步（同步骤④）；⑧标准草案征询意见，进行评判性审议，提交至食品法典委员会通过，成为标准。

制定标准可能需要数年，经食品法典委员会通过后，法典标准被添加到《食品法典》，并在官方网站进行公布。法典标准及其相关文本均为自愿性质，需要转为国家立法或条例才能执行。

CAC 标准都是以科学为基础，并在获得所有成员国的一致同意的基础上制定出来的。《食品法典》采用了风险分析来估计一项食品危害或状况对人类健康和安全的风险，以确定和实施适当的措施来控制风险，并向所有相关人员宣传风险及采取的措施。CAC 及其专业委员会在制定商品和一般性（基础）标准时以科学危险性评价（定性与定量）为基础，以保障消费者的利益、促进公正国际食品贸易为原则，已经建立的标准法典强调保证消费者得到的产品质量不低于可接受的最低水平，是安全无害的。

### 2. CAC 颁布的标准

CAC 颁布的标准主要分通用标准、准则、操作规范和商品标准两大类。通用标准、准则、操作规范是法典文本的核心内容，适用于所有产品和产品类别，通常涉及卫生操作、标签、添加剂、检验和认证、营养以及兽药和农药残留。商品标准是指适用于某种或某类特定产品的标准。

CAC 标准较 ISO 标准与国际贸易结合更紧密，重点是世界分布范围广和经济效益较高的产品。食品法典准则提供基于证据的信息、建议以及建议程序，确保食品安全、优质，可进行交易。食品法典操作规范包括卫生操作规范，确定对确保食品安全、适于消费至关重要的个别食品或食物群的生产、加工、制造、运输和储存做法。截至 2019 年 8 月，CAC 已制定 359 项标准、准则和操作规范，涉及食品添加剂、污染物、食品标签、食品卫生、营养与特殊膳食、检验方法、农药残留、兽药残留等各个领域。

20 世纪 60 年代最早一批食品法典文本为印刷卷册。为跟上电子归档技术的进步，90 年代采用了光盘。目前，每项食品法典标准均以数字格式创建和存储，一经食品法典委员会通过，即在食品法典委员会网站上以多种语言公布。所有文件均在网上向用户提供免费下载。

**同步训练 6-2** 简述 CAC 标准的制定步骤及涉及的主要内容。

### 3. CAC 的作用

CAC 关注所有与保护消费者健康和维护公平食品贸易有关的工作。食品法典通用原则规定："发行食品法典的目的是指导并促进为各种食品制定定义和要求，有助于其统一协调，并借以推进国际贸易"。食品法典给所有国家提供一个独特的机会来参与国际组织制定和协调食品标准，并确保其在国际上得以执行。CAC 标准对发展中国家和发达国家的食品生产商和加工商的利益是同等对待的，符合 CAC 食品标准的产品可为各国所接受，并可进入国际市场。

在世界贸易组织（WTO）成立之前，CAC 的标准只是"建议性质"的食品卫生安全规定，起一种规范作用，对于国际食品贸易的影响性甚低。1985 年联合国第 39/248 号决议中强调了 CAC 对保护消费者健康的重要作用。1995 年 WTO 的 SPS 协议、TBT 协议正式承认 CAC 标准作为国际法律中促进国际贸易和解决贸易争端的参考依据，CAC 的重要性及其所制定的标准在国际舞台上都有了不同的意义和价值。CAC 标准是 WTO 认可的唯一向世界各国政府推荐的国际食品标准，也是 WTO 在国际食品贸易领域的仲裁标准。CAC 标准一旦被有关政府承诺接受或被贸易双方接受，就成为强制性技术法规。

食品法典已成为全球消费者、食品生产和加工者、各国食品管理机构和国际食品贸易唯一的、最重要的基本参照标准。法典对世界各地的食品生产加工者的观念及终端消费者的意识已产生了巨大影响，对保护公众健康和维护公平食品贸易做出了不可估量的贡献。国家食品标准只有与国际标准接轨，才能减少进出口贸易中的争端。同时，食品法典在涉及卫生法规的制定和管理中，对使该法规能符合法典标准，也具有一定的作用。

---

**拓展阅读 6-3 CAC、WTO 及 WHO 三个国际组织的关系**

世界贸易组织（World Trade Organization，WTO），于 1995 年 1 月 1 日正式开始运作，其前身是 1948 年开始实施的关税及贸易总协定的秘书处。WTO 现拥有 164 个成员，成员贸易总额达到全球的 98%，是当代全球性的最重要的国际经济组织之一，有"经济联合国"之称。WTO 作为谈判贸易协定的论坛，解决其成员之间的贸易争端，并支持发展中国家的需求。WTO 的核心是 WTO 协议，由世界上大多数贸易国家谈判签署并在其议会中批准。世贸组织管理和执行共同构成世贸组织的多边及诸边贸易协定；负责对各成员国的贸易政策和法规进行监督和管理，定期评审，以保证其合法性；负责监督成员经济体之间各种贸易协议得到执行，并与其他制定全球经济政策有关的国际机构进行合作。

世界卫生组织（World Health Organization，WHO）是联合国下属的一个专门机构，只有主权国家才能参加，是国际上最大的政府间卫生组织。WHO 是联合国系统内国际卫生问题的指导和协调机构，总部位于瑞士日内瓦，共有 6 个区域办事处、150 个国家办事处，目前有 194 个成员国。WHO 负责指导和协调国际公共卫生工作、提供全球性公共卫生指南、促进技术合作、采取措施控制和消灭疾病，以保护个人、家庭、社区和各国人民的健康。WTO 和 CAC 的成员国除少数外都是 WHO 的成员国。

WHO 向 CAC 及其各委员会的工作提供行政、管理和财政支持，尤其是履行法典《程序手册》中分派给 WHO 的任务，协助 CAC 在合理的科学和适当风险分析框架内做出决定。WTO 是贸易自由化协议谈判和解决贸易争端的主要国际机构，WTO 成员国有义务通报可能会影响贸易的新措施，当食品安全影响了健康及国际贸易时，WTO 的 SPS 协议就得确认 CAC 标准作为其参考。CAC 是 FAO 及 WHO 的分支机构，负责全球食品标准制定，负责对紧急情况下贸易伙伴间食品控制的指导，且要同时通知 FAO 和 WHO，以促进保护消费者健康和保障食品贸易的公平性。

**同步训练 6-3** 简述 CAC 标准在国际贸易中的主要作用。

## 三、国际有机农业联盟

### 1. 国际有机农业联盟简介

国际有机农业联盟（International Federal of Organic Agriculture Movement，简称 IFOAM），1972 年成立于法国，行政总部设在德国，是有机农业和有机食品领域唯一的全球性组织，是国际有机农业的权威机构。该组织密切监测与粮食和农业相关的所有国际政策制定流程，汇编证据并采取一致行动，以说服高层决策者培养和扩大有机产业。IFOAM 是发达国家发起组织的，随着有机农业的开发推广，发展中国家对有机食品的认识和接受也促使 IFOAM 向发展中国家发展更多的联络会员，共同发展国际和地区农业。目前 IFOAM 在 127 个国家中拥有 750 多个会员，这些会员主要是从事有机事业的社团、公共机构、企业和非营利机构，中国质量认证中心（CQC）于 2003 年成为其正式会员。

IFOAM 有严谨的组织结构，包括国际大会、世界董事会和执行董事会。国际大会每三年召开一次，会上从新的董事会成员中选出主席、副主席和财政主管，并提交国际大会批准。无论是发达国家还是发展中国家，只要条件符合，它们都有机会参加董事会成员的公开投票选举。世界董事会制定世界和执行董事会及国际大会的规则方案，并提交国际大会批准。总裁、副总裁和财政总监组成执行董事会。执行董事会代表 IFOAM 执行国际大会和世界董事会的决定，对未经国际大会或世界董事会决定的事宜作临时决定，对各机构的行为进行审核，对存在的不足之处采取补救措施。

IFOAM 旨在通过发展有机农业保护自然和环境，联合各成员致力于发展集生态、社会和经济为一体的合理的、可持续发展的农业体系，在全世界促进优质食品的生产，同时保护土壤、增加土壤肥力，并尽量减小环境污染及不可更新的自然资源的消耗。

### 2. IFOAM 的主要工作

IFOAM 主张广泛发展有机农业，在世界范围内建立发展有机农业运动协作网，通过领导全球的有机运动来实现其所代表的包括农民组织及各国有机认证机构在内的广大支持者的愿望，确保有机农业这样一种保障生态、社会和经济持续发展的措施的可靠性和长效性。IFOAM 支持全球和跨国、跨地区合作，为全球的有机界各相关方提供广泛的交流和合作平台。IFOAM 还通过国际会议、委员会会议及论坛等其他途径，积极推进关于有机农业的现状与发展前景方面的建设性对话。

IFOAM 通过实施具体的项目来帮助其会员，特别是发展中国家的会员接受有机农业。在联合国和其他政府间国际机构中，IFOAM 还是有机农业运动的代言者，向各国议会、行政机构及政策制定者表达国际有机农业之发展与改革。

IFOAM 为世界有机农业提供有机农业标准，涵盖了有机植物生产、有机动物生产以及加工的各个环节，制定 IFOAM 认证机构使用的公共标识，并建立有机农业运动仲裁院，促进了有机农业的发展，使有机农产品之国际性的质量保证成为可能。

1980 年，IFOAM 首次发布了《有机食品生产和加工基本标准》（IBS：1980），此后，IFOAM 标准委员会定期收集 IFOAM 会员对 IBS 的修订建议并形成提案，在每三年一次的 IFOAM 全体会员大会上民主表决修订提案。迄今，《有机食品生产和加工基本标准》已修订了 12 次，并形成了第 13 个版本，即 IBS：2005。

IBS 包括了植物生产、动物生产以及加工的各类环节，反映了当前有机农业生产和加工方法的水平，是 IFOAM 指导和规范全球有机农业运动的基础和指南，对全球有机界有着重要的影响。IBS 本身不能直接用于有机产品的认证标准，但为世界范围内的认证计划提供了一个制定自己国家或地区标准的框架，各国政府和民间机构在制定有机产品规则或标准时要结合当地条件，可以比基本标准更为严格。当标有有机农业标签的产品在市场上出售时，农民和加工者必须按照国家或地区体系所制定的标准操作而且应得到国家或地区的认证。

IBS 同时也构成了 IFOAM 授权体系运作的基础。IFOAM 授权体系根据 IFOAM 的授权标准和基本标准对各认证体系进行评估和授权。IFOAM 的基本标准是认证体系确保必须达到的最低要求。这种认证体系将有助于确保有机产品的可信度以及建立消费者的信心。

# 第二节　世界贸易组织TBT协议和SPS协议

20 世纪 60 年代后，随着经济全球化浪潮的兴起和贸易自由化的快速发展，关税税率越来越低，传统的非关税壁垒也在逐步减少，与此同时，经济贸易与生态环境和可持续发展的矛盾日益突出起来，各国纷纷采取技术性贸易措施。1969 年，欧共体制定了《消除商品贸易中技术性壁垒的一般性纲领》。为防止欧共体内部统一的技术标准会给欧共体成员国以外的国家造成新的贸易障碍，在美国、日本、加拿大等国的倡议下，1970 年，关税及贸易总协定（GATT，简称关贸总协定）组织成立了制定标准和质量认证方面政策的专门工作小组。工作小组经反复讨论、协商，敲定了技术法规、标准和合格评定程序的规则，于 1979 年 4 月达成一致并签署了《关贸总协定-贸易技术壁垒协议》（《GATT/TBT 协议》），自 1980 年 1 月 1 日起正式实施。此后在"乌拉圭回合"谈判中，WTO/TBT 协议文本于 1994 年形成，同时为解决农畜产品贸易中的检疫矛盾，在此谈判中还达成了《实施动植物卫生检疫措施的协议》（《WTO/SPS 协议》），它们均于 1995 年 1 月 1 日 WTO 正式成立起开始执行。WTO 关于技术性贸易壁垒的这两个文件成为世贸组织（WTO）协议不可分割的组成部分。

小知识 6-2 技术性贸易壁垒 (technical barriers to trade, TBT)

技术性贸易壁垒是以国家或地区的技术法规、协议、标准和认证体系（合格评定程序）等形式出现，是国际贸易中商品进口国在实施贸易进口管制时通过颁布法律、法令、条例、规定，建立技术标准、认证制度、检验制度等方式，对外国进口产品制定过分严格的技术标准、卫生检疫标准、商品包装和标签标准，从而提高进口产品的技术要求，增加进口难度，最终达到限制进口的目的的一种非关税壁垒措施。TBT涵盖科学技术、卫生、检疫、安全、环保、产品质量和认证等诸多技术性指标体系，涉及贸易的各个领域，它是目前各国，尤其是发达国家人为设置贸易壁垒、推行贸易保护主义的最有效手段之一。

# 一、世界贸易组织/技术性贸易壁垒协议

## 1. TBT 协议概述

世界贸易组织/技术性贸易壁垒协议（WTO/TBT 协议，以下简称 TBT 协议）是世界贸易组织（WTO）管辖的一项多边贸易协议，于 1995 年 1 月 1 日开始执行。该协议是WTO 下设的货物贸易理事会管辖的若干个协议之一，是世贸组织成员专门为处理可能对贸易造成不必要障碍的技术性贸易壁垒问题而达成的一个重要的多边框架协议，专门协调国际贸易中有关技术法规、标准和合格评定程序方面的问题。

TBT 协议涉及贸易的各个领域和环节：农产品、食品、机电产品、纺织服装、信息产业、家电、化工医药，包括它们的初级产品、中间产品和制成品，涉及加工、包装、运输和储存等环节，其宗旨是为使国际贸易自由化和便利化，在技术法规、标准、合格评定程序以及标签标志制度等技术要求方面开展国际协调，遏制以带有歧视性的技术要求为主要表现形式的贸易保护主义，最大限度地减少和消除国际贸易中的技术壁垒，为世界经济全球化服务。TBT 协议的产生对于发展国际贸易，防止利用技术法规、标准和合格评定程序（如认证制度）作为贸易保护主义的工具，起到了一定的积极作用，但也有明显的负面影响。

小知识 6-3 关税及贸易总协定简介

关税及贸易总协定（General Agreement on Tariffs and Trade，GATT）是一个政府间缔结的有关关税和贸易规则的多边国际协议。GATT 是世界贸易组织（WTO）的前身，其宗旨是通过达成互惠互利协议，削减关税和其他贸易壁垒，消除国际贸易中的歧视待遇，促进国际贸易自由化，以充分利用世界资源，扩大商品的生产与流通。关贸总协定于 1947 年 10 月 30 日在日内瓦签订，并于 1948 年 1 月 1 日开始临时适用。中国是关贸总协定 23 个创始缔约国之一。由于未能达到关贸总协定（GATT）规定的生效条件，作为多边国际协定的 GATT 从未正式生效，而是一直通过《临时适用议定书》的形式产生临时适用的效力。

## 2. TBT 协议的内容框架及基本原则

**(1) 内容框架** TBT 协议共分 6 大部分 15 条 129 款和 3 个附件，主要内容包括：制

定、采用和实施技术性措施应遵守的规则；技术法规、标准和合格评定程序；通报、评议、咨询和审议制度等。该协议适用于所有产品，包括工业品和农产品。但政府采购所制定的规则不受该协议约束，涉及动植物卫生检疫措施的由 SPS 协议规范。

TBT 协议主要规范三个方面的内容，即技术法规与标准的制定、采用和实施；标准化机构制定、采用和实施标准的行为；确认并认可符合技术法规与标准的行为。TBT 协议对成员中央政府机构、地方政府机构、非政府机构在制定、采用和实施技术法规、标准或合格评定程序方面分别作出了规定和不同的要求。该协议涵盖了与产品相关的技术法规和标准，并不涉及与服务相关的技术法规和标准，政府机构为生产或消费要求而制定的采购规则也不受此协议的约束，动植物卫生检疫措施也不在其监管范围之内。

**（2）基本原则** TBT 协议为预防各成员在贸易中产生分歧、阻碍国际贸易的正常展开，规定了以下一系列原则。

① 非歧视性原则 协议要求各成员在制定和实施技术性措施时给予其他成员产品的待遇不得低于本国类似产品的待遇，也不能在具有类似情况的不同国家之间有歧视性的待遇，并且在接受其他成员咨询时也要非歧视性地对待，不得给国际贸易造成不必要的障碍。

② 透明度原则 协议规定各成员要增强其制定与实施相关技术措施的信息透明度，对技术性贸易措施的变动情况迅速公布，使相关利害关系方知晓；每一成员均应采取其所能采取的合理措施，保证设立一个或一个以上的咨询点，能够回答其他成员和其他成员中的利害关系方提出的所有合理询问，并提供有关信息文件，从而减少相互间的贸易摩擦与争端。

③ 协调原则 该原则要求各成员在制定与实施相关技术性措施时应当以 ISO 制定的国际标准和原则为依据，还应当积极地参与到国际标准、建议、原则和相关程序的制定与讨论活动中，以消除国家间的差异对贸易造成的障碍。

④ 贸易制度的统一实施原则 协议通过国民待遇和最惠国待遇原则，消除了国与国之间技术贸易措施的差异，同时还要求一国内部制定、实施技术性贸易措施的统一，全面消除因地方差异而带来的实质性贸易壁垒，尤其体现在合格评定程序方面。

⑤ 差别待遇原则 这是发展中成员特有的一项原则，指发展中成员在实施 TBT 协议的过程中应当受到发达成员与 WTO 技术壁垒委员会的技术支持与帮助。

### 3. TBT 协议的基本特征

**（1）广泛性** 技术壁垒扩展到国际贸易的各个领域，无论是发达国家还是发展中国家，技术性贸易措施从产品的研究开发、生产、包装、分销等全产业链各个环节无处不在。根据世界贸易组织官方数据，截至 2015 年 6 月 30 日，WTO 通报的成员国提交的技术性贸易措施已经多达 28837 件，而正在生效运行的则有 4662 件。

**（2）合法性** 技术性贸易壁垒是以维护国家安全、保障人类及动植物的生命及健康与安全、保护环境、防止欺诈行为、保证产品质量为诉求，以一系列国际、国内公开立法作为依据和基础，具有合理性与合法性。

**（3）隐蔽性** 与传统的非关税壁垒措施，如进口数量与配额等相比，技术性贸易壁垒具有更多的隐蔽性。首先，它不像配额和许可证管理措施那样明显地带有分配上的不合理性和歧视性，不容易引起贸易摩擦；其次，建立在现代科学技术基础之上的各种检验标准不仅极为严格，而且烦琐复杂，使出口国难以应付和适应。

**（4）形式的复杂灵活性** 由于科技的进步和管理的改进，各国所制定的标准愈加精细，同时发达国家为限制外国商品进口，在技术规定和标准设计上不断变化，一些技术标准涉及面很广，令人无法把握，很难全面顾及。其在具体实施和操作时很容易被发达国家用来对进口产品加以抵制，从而具备了实施灵活性的特点。

**（5）争议性** 各国的工业化程度和技术发展水平存在较大差异，因而各国制定的技术法规和标准也不尽相同，不同国家从不同角度有不同的评定标准，在对外贸易中各国都坚持自己的技术标准和法规，国与国之间相互较难协调，容易引起争议。

> **同步训练 6-4** 简述《WTO/TBT 协议》的主要原则及其对国际贸易的影响。

> **小知识 6-4 WTO/TBT 通报简介**
>
> 按照 WTO 的《TBT 协议》第 2.9.2 条的要求，只要各成员拟议的技术法规不存在有关国际标准可参照，或拟议的技术法规中的技术内容与有关国际标准中的技术内容不一致，且该技术法规有可能对其他成员的贸易有重大影响，则各成员即应"通过秘书处通知其他成员拟议的法规所涵盖的产品，并对拟议的法规的目的和理由作出简要说明"。WTO 秘书处通常会在各成员草案形成之后、正式批准之前将各成员发出的这种简要说明通知以一个固定格式表格的形式派发到其他成员，这个表格就是WTO/TBT 通报。WTO/TBT 通报评议期限通常为 60 天，以便于其他 WTO 成员国对这一标准对其利益的影响进行评估，如果发现这一标准难以达到或对其具有明显的歧视性，就可能会及时提出并要求修改。从这个角度说，通报制度对于抵御非关税壁垒的构建有一定积极意义。

### 4. TBT 协议对我国的影响

TBT 协议以技术为前提，是通过技术手段，如技术标准、技术规程、技术限制等形式体现，且采用了较高级（或有别其他）的技术要求，可以促进我国科技进步和实施可持续发展战略，但同时也是对我国国际贸易发展设置的一种非关税壁垒。TBT 协议严重制约着中国外贸的发展。

中国是世界第一货物贸易大国，一些国家违反 TBT 协议的非歧视性原则和国民待遇原则，制定了一些专门针对我国出口的歧视性技术标准，种类繁多，因其具有很大的隐蔽性、复杂性、强制性，且一般都具有合法性，难以应对。如美国和欧盟为限制我国纺织品出口，调整了原产地规则，很容易就达到了限制进口的目的。技术性贸易措施对出口贸易的负面影响主要体现在致使我国出口贸易经济损失严重、出口企业成本增加以及产品竞争力降低等方面。同时，发展中国家近年也积极运用 TBT 协议实施贸易保护，TBT 协议新规频出。

技术性贸易措施对出口贸易的负面影响还体现在导致贸易障碍、引发贸易争端；导致国内供应平衡及经济不稳定，降低国家和消费者的福利水平，损害发展中国家的利益等。各级政府和出口企业要重视加强我国在世贸组织中的 TBT 相关工作、积极参与 ISO 等标准制定机构相关活动，实现从规则遵守者向规则制定者的转变，同时遵循世贸规则要求进行相关国内各项制度的建设，依法积极做好技术壁垒交涉工作。

## 二、实施动植物卫生检疫措施的协议

### 1. SPS 协议产生背景

《实施动植物卫生检疫措施的协议》（WTO/SPS 协议，简称 SPS 协议）是世界贸易组织涉及人类、动植物健康和安全的国际贸易的一项国际多边协议，是"乌拉圭回合"的重要成果。

随着国际贸易的发展和贸易自由化程度的提高，各国实行的动植物卫生检疫措施制度对贸易的影响越来越大，特别是某些国家为保护本国动植物产品市场，利用各种非关税措施来阻止国外动植物产品入内，其中动植物卫生检疫措施就是一种隐蔽性很强的 TBT 协议。许多进口的农产品，特别是植物、鲜果、蔬菜、肉类、肉制品和其他食品，必须要满足关贸总协定各缔约方的动植物卫生规定及产品标准。如果这些产品不符合有关产品检验检疫的规定和要求，各国就禁止或限制其进口。1980 年开始生效的关贸总协定的《技术性贸易壁垒协议》对动植物产品的标准及制定标准的合格评定程序制定了规则，但对具体的动植物的检验检疫措施的要求不具体，约束力不够，难以适应动植物卫生检疫措施技术的复杂性、区域的差异性和国别的特殊性，满足不了国际动植物产品和食品贸易不断增加的需要。为了解决农畜产品贸易中的检疫矛盾，在"乌拉圭回合"谈判中达成了 SPS 协议。SPS 协议成为食品和农产品贸易中唯一合法的非关税贸易措施，在各成员制定和实施动植物卫生检疫措施方面，提出了比 TBT 协议更为具体和严格的要求，在 WTO 争端解决中具有仲裁作用。

### 2. SPS 协议的宗旨

SPS 协议的宗旨是为保护人类、动植物的生命或健康和促进国际贸易自由化和便利化。SPS 协议在前言中指出协议是为了保护人类、动植物的生命、健康和安全，制定动植物产品及食品的检疫要求，实施动植物卫生检疫制度是每个成员的权利，但是这种权利是以动植物卫生检疫措施不对贸易造成不必要的障碍为前提，各成员在制定动植物卫生检疫措施时要把对贸易的影响降低到最低程度，且不得对国际贸易造成变相的限制。

作为世界贸易组织一揽子协议的组成部分，SPS 协议也体现了世界贸易组织的非歧视原则、透明度原则、协调原则和等效原则等基本原则。

### 3. SPS 协议的主要内容

SPS 协议由前言、正文共 14 个条款及 3 个附件组成，涵盖动物卫生、植物卫生和食品安全三个领域，具体内容包括各成员方在实施动植物卫生检疫措施方面的权利和义务、各成员方之间采取有关措施的协调、风险评估制度的建立和适当的动植物卫生检疫保护水平的确定、适应地区条件，包括适应病虫害非疫区和低度流行区的条件、透明度、对发展中国家成员方的特殊和差别待遇、管理机构及争端解决等。SPS 协议的三个附件是：附件 A，定义；附件 B，动植物卫生检疫法规的透明度；附件 C，控制、检查和批准程序。

根据 SPS 协议第 1 条的规定，该协议适用于所有可能直接或间接影响国际贸易的 SPS 措施。SPS 措施包括所有相关法律、法令、法规、要求和程序。

**(1) 基本权利与义务** SPS 协议第 2 条规定，各成员方有权采取必要的动植物卫生检疫措施，目的是保护本国的人类、动植物的卫生和健康。同时，各成员方在采取这些措施的时候，应履行下述义务：①确保任何动植物卫生检疫措施的实施都以科学原理为依据，并且仅在保护人类、动物或植物生命或健康所必需的限度内实施。②WTO 成员实施 SPS 措施时要遵守非歧视原则，不应在具有相同或相似情形的两个成员间采取任意的或毫无根据的歧视性措施。③根据 SPS 协议第 4 条的规定，各成员方应平等地接受其他成员方的动植物卫生检疫措施。

**(2) SPS 措施的协调**　SPS 协议强调各成员的 SPS 措施应以国际标准、准则和建议为依据，鼓励所有成员在制定 SPS 措施时采用国际标准、准则和建议，并认定了 CAC、国际兽疫局（OIE）和国际植物保护公约（IPPC）三个国际组织的标准为各成员制定 SPS 措施时所应采用的国际标准。SPS 协议第 3 条规定，各成员方应努力协调各国的 SPS 措施与有关的国际标准之间的关系，各成员方应尽可能将自己的 SPS 措施建立在现行的国际标准、指南或建议的基础上。

**(3) 等效原则**　如出口成员客观地向进口成员证明其 SPS 措施达到进口成员适当的动植物卫生检疫保护水平，则各成员应将其他成员的措施作为等效措施予以接受，即使这些措施不同于进口成员自己的措施，或不同于从事相同产品贸易的其他成员使用的措施。

**(4) 风险评估和保护水平的确定**　各成员方必须根据对有关实际风险的评估制定 SPS 措施。风险评估（PRA 分析）是就某项产品是否会对人类、动植物生命或健康造成危险进行适当评估，以确定是否有必要采取相应的卫生措施。风险评估强调适当的动植物卫生检疫保护水平，并应考虑对贸易不利影响减少到最低程度这一目标。在进行风险评估的基础上，就可以进一步确定为防止对人类、动植物生命或健康造成危险而需采取的措施。该措施的确定和实施应限于适当的保护水平上：保护水平过高，会对产品的进口形成阻碍；保护水平过低，又达不到保护人类与动植物生命和健康的目的。SPS 协议第 5 条对各成员方在确定适当保护水平时考虑的因素有相关规定。

**(5) 病虫害非疫区和低度流行区**　SPS 协议规定，病虫害非疫区是由主管机关确认的未发生特定虫害或病害的地区，病虫害低度流行区指由主管机关确认的特定虫害或病害发生水平低且已采取有效监测、控制或根除措施的地区，两者都可以是一国的全部或部分地区，也可以是几个国家的全部或部分地区。SPS 协议第 6 条规定了适应地区条件，包括适应病虫害非疫区和低度流行区的条件。该协议要求缔约方承认有害生物非疫区和低度流行区，在评估某地区的疫情时，应重点考虑有害生物的流行程度，是否采取了控制或扑灭措施，以及有无有关国际组织标准或准则。

**(6) 透明度**　SPS 协议第 7 条规定，各成员方制定、实施的 SPS 措施应具有透明度，应按协议的规定通报其 SPS 措施的变动情况及有关信息。SPS 协议附件 B 具体规定了各国为保证其措施的透明度应遵守的规则和程序。

**(7) 控制、检验与批准程序**　SPS 协议第 8 条及附件 C 中规定了各成员方在实施动植物卫生检疫措施的过程中，应遵循的控制、检验与批准的规则。

**(8) 对发展中国家成员方的特殊待遇**　SPS 协议第 9 条、第 10 条规定了各成员方在制定和实施动植物卫生检疫措施时，应当考虑发展中国家成员方的特殊需要，特别是最不发达国家的需要，应当给予它们必要的技术援助和特殊待遇。最不发达国家可以推迟 5 年实施影响其进出口的 SPS 协议的各项规定；发展中国家在缺乏有关专门技术、资料的情况下，可以推迟 2 年实施协议的各项规定。

（9）管理机构与争端解决

① 管理机构 SPS 协议第 12 条规定，特设立 SPS 措施委员会，为磋商提供经常性场所。委员会应履行为实施本协议规定并促进其目标实现所必需的职能，特别是关于协调的目标。委员会应经协商一致作出决定。

② 争端解决 SPS 协议第 11 条规定，各成员方之间有关 SPS 协议措施的争端解决适用"关于争端解决规则与程序的谅解"。

### 4. SPS 协议对国际贸易的影响

SPS 协议与国际贸易之间的关系是一种既相互制约，又相互促进的复杂关系。SPS 协议对国际贸易的影响主要体现在以下几方面。

（1）**农产品贸易方面** SPS 协议减少了对农产品的不合理贸易壁垒，减少了销售到某一特定市场条件的不确定性。许多进口食品、动植物产品的加工商和商业使用者也将会从 SPS 协议的确定性中受益。

（2）**社会效益方面** 消费者将受益。SPS 协议有助于保证并加强食品安全，减少武断的、不合理决定的机会。消费者将从中获得更多商品信息，获得更多安全食品的选择机会，从商品良性的健康竞争中受益。

（3）**可能引起国际贸易纠纷** 由于贸易双方采用的检疫方法不一致，SPS 措施可能会引起国际贸易纠纷。这时 SPS 措施就成了一种非关税壁垒。因为这种壁垒的隐蔽性、易变性、多样性，使其更难以协调。尽管 WTO 一直在号召使用国际标准，但鉴于 SPS 措施涉及产品之广、技术措施之复杂，国际上很难制定出统一的标准。

由于 SPS 措施能使各国以保护本国国民的理由合理合法地对国际贸易施加影响，使得 SPS 措施由最初的生命与健康安全保护措施而逐渐异化为各国所普遍采用的贸易保护手段，并成为当今国际贸易中最盛行的一种技术性壁垒。

---

**同步训练 6-5** 简述 SPS 协议的主要内容及对国际贸易的影响。

---

**拓展阅读 6-4 欧盟 SPS 措施对中国水产品出口的影响**

欧盟是中国水产品出口的重要市场之一，也是水产品出口遭遇 SPS 壁垒的重灾区。欧盟的市场准入制度非常严格，执行 SPS 措施建议标准，对进入欧盟市场的农产品进行严格检疫；新增加了生态环境和动植物福利的相关内容，提高了农产品的准入标准；不定期更新农兽药、微生物的限量标准，保证农产品的质量安全；对转基因食品的要求非常严格，随时更新相关标准。2009～2013 年，中国水产品因为各种原因被召回了 1598 次。中国水产品被欧盟召回的原因有很多，主要是农兽药残留（606 批次）、微生物污染（458 批次）、品质不合格（153 批次）、滥用食品添加剂（116 批次）、不符合储运规定（112 批次），其他原因还有证书不合格、包装不合格、标签不合格、非法进口等。在这五年中，农兽药残留一直是中国水产品出口欧盟的最大贸易障碍。

# 第三节　欧盟食品安全法律与标准

欧盟（EU）是欧洲联盟的简称，由欧洲共同体发展而来，于 1993 年 11 月 1 日正式成立，是欧洲地区区域性经济合作的国际组织。欧盟本拥有 28 个会员国，但英国于 2020 年 1 月 31 日正式"脱欧"后，现有 27 个会员国。欧盟是世界上经济最发达的地区之一，目前是世界货物贸易和服务贸易最大进出口方。欧盟食品安全管理体系涉及食品安全法律法规与食品安全标准两个方面。

## 一、欧盟食品安全法律法规

### 1. 概述

欧洲各国的食品安全法律体系是在欧盟食品安全的法律框架下由各成员国针对实际情况而制定的。20 世纪 90 年代后期，欧洲发生了如"疯牛病"等一连串的食品安全事件，欧盟先后出台了一系列相关的政策法规来弥补法律管理体系的不足。

1997 年，欧盟委员会发布了《食品安全绿皮书》，初步形成了欧盟食品安全管理思想。2000 年 1 月，欧盟正式发表《食品安全白皮书》，明确了欧盟食品安全的重要改革计划。2002 年欧盟制定了（EC）No 178/2002 法规《食品法规的一般原则和要求》，即《通用食品法》，随后又陆续公布了（EC）No 852/2004、（EC）No 853/2004、（EC）No 854/2004、（EC）No 882/2004 等四个补充法规。2005 年 3 月欧委会提出新的《欧盟食品及饲料安全管理法规》。此后，欧盟逐步简化各项冗杂的食品法规，强调全程监控、风险评估和长效追溯机制等食品安全制度。到目前为止，欧盟已经制定了 13 类 173 个有关食品安全的法律法规，其中包括 31 个法规、128 个指令和 14 个决定，并且还在不断增加和完善中。

欧盟的法律文件主要由法规、指令、决议、建议和意见组成，其中法规、指令和决议均具有法律强制效力。在具体实施要求上，法规要求所有成员国强制执行；指令则只对必须达到的结果进行限定，至于采取何种形式和方法将其转化为自己国内的法律，则由各成员国自行决定；决议则只对其接受者具有直接约束力而不具有普遍约束力，其发出的对象可以是成员国，也可以是自然人或法人。建议和意见仅仅是欧盟委员会或理事会就某个问题提出的看法，作为欧盟立法趋势和政策导向，供成员国参考，不具有强制效力。

欧盟食品安全法律体系主要分为两个层次，第一个层次是以食品安全基本法及后续补充发展为代表的食品安全领域的原则性规定，第二个层次则是在以上法规确立的原则指导下形成的一些具体的措施和要求。对于具体要求的立法，欧盟又通过两种途径进行，一是针对所有食品的一般方面的普遍性立法，如添加剂、标签、卫生等；二是专门针对某些产品的专项性立法，如可可粉和巧克力产品、食糖、蜂蜜、果汁或新奇食品等的立法。

### 2. 食品安全白皮书

《食品安全白皮书》包括执行摘要、正文 9 章 117 条及附件，确立了欧盟食品安全法律体系的基本原则，重点强调要建立一个最高水平的食品安全标准，提出了完善欧盟"从农田到餐桌"的一系列食品安全保证措施的改革计划，包括普通动物饲养、动物健康与保健、污染物和农药残留、新型食品、添加剂、香精、包装、辐射、饲料生产、农场主和食品生产者的责任，以及各种农田控制措施等，内容涵盖食品安全原则、食品安全政策体系、食品安全管理机构、食品法规框架、食品管理体制、消费者信息沟通、食品安全的国际合作等，并提出了 84 项立法建议的行动方案及其相应的时间安排。

《食品安全白皮书》提出要建设与发展一个国际性的食品安全控制系统，便于各成员国操作上的协调一致，要建立一个独立权威的欧洲食品权威机构，要求食品安全立法需要纵贯整个食物链、横跨所有食品部门、包括各个决策层面、涵盖政策制定的所有阶段。"白皮书"为欧盟食品、饲料生产和食品安全控制提供了全新的法律基础，提高了欧盟食品安全科学咨询体系的能力。

### 3. 欧盟法规（EC）No 178/2002

2002 年 1 月，根据《食品安全白皮书》的安排，欧盟制定了欧洲议会和理事会（EC）No 178/2002 法规《食品法规的一般原则和要求》。该法规主要内容有：制定食品法律的总体原则和要求，包括建立欧盟共同的原则和责任，建立提供强大科学支撑的手段、建立有效的组织安排和程序来控制食品和饲料安全；建立欧洲食品安全局（EFSA）；制定处理直接或间接影响食品和饲料安全事件的程序。

（EC）No 178/2002 法规有五章 65 条，第一章主要阐述法令的目标和范围，界定食品、食品法、食品行业、饲料、风险、风险分析、危害等 20 多个概念；第二章规定食品法的基本原则、透明原则、食品贸易的一般责任及食品法一般要求，主要包括风险分析、预警原则、保护消费者利益、公开协商、公开信息、输入欧盟的食品与饲料、欧盟输出的食品与饲料、国际标准、食品安全需求、饲料安全需求、可追溯性、食品与食品经营者的义务、饲料生产经营者的责任以及其他条款等方面；第三章对欧洲食品安全局的有关问题做出了详细规定，包括食品安全局的任务和使命、组织机构、操作规程，食品安全局的独立性、透明性、保密性和信息交流，食品安全局的财政规定、法人资格、责任以及其他条款等方面；第四章规定了快速预警系统的建立和实施、危机管理程序和紧急事件处理方式；第五章对于一些程序和最终条款做出了规定，包括委员会的职责、协调程序及一些补充。

（EC）No 178/2002 法规对欧盟食品安全法律制度进行了大力改革，奠定了欧盟食品安全法律制度的基础，具有食品安全基本法的地位。

### 4. 食品卫生系列措施法规

2002 年 12 月 12 日，欧盟发布 2002/99/EC 号指令，规定了供人类食用的动物源性产品的生产、加工、销售及引入的动物健康规范；2004 年 4 月 29 日，欧盟公布了（EC）No 178/2002 法规的 4 个补充法规，包括 No 852/2004 法规"食品卫生"、No 853/2004 法规"动物源性食品特殊卫生规则"、No 854/2004 法规"供人类食用的动物源性食品的官方监控安排的具体规定"以及 No 882/2004 法规"确保符合饲料及食品法、动物健康和动物福利规定的官方监控"。2005 年 3 月，新的《欧盟食品及饲料安全管理法规》被提出。除此之外，欧盟通过法规、指令或决议的形式，分别在饲料卫生、饲料添加剂、食品污染物、动物用药残留、农药残留、食品添加剂、食品标签、食品接触物质、渔产品检疫、肉类加工产品、酒类产品、转基因食品、动物副产品等方面制定了具体的规定和要求。

**（1）欧洲议会、欧洲委员会指令 2002/99/EC**　欧洲议会、欧洲委员会 2002/99/EC 号指令是关于适合人类食用的动物源性产品生产、加工、分销及输入方面的动物卫生法规，提出了动物源性食品在生产、加工、销售等环节中的动物健康条件的官方要求。指令中还包括了相关的兽医证书要求、兽药使用的官方控制要求、自第三国进口动物源性食品的卫生要求等。该指令要求各成员国 2005 年前转换成本国法律。

**（2）（EC）No 852/2004 法规**　（EC）No 852/2004 法规是食品卫生条例，规定了食品企业经营者确保食品卫生的通用规则，主要包括：企业经营者承担食品安全的主要责任；从食品的初级生产开始确保食品生产、加工和分销的整体安全；全面推行危害分析与关键控制点（HACCP）；建立微生物准则和温度控制要求；以及确保进口食品符合欧洲标准或与之等效的标准。该法规对欧盟各成员国的食品安全法进行了适当协调，对食品卫生尤其是动物源性食品和用于人类消费的动物源性产品的卫生进行了较为严格、明晰的规定，要求所有食品供应者包括食品运输方和仓储方均须遵守其附件一即"一般卫生规范"的规定，包括食品卫生证、运输条件、生产设备、厨余处理、供应水、人员卫生、包装、食品热处理及食品加工人员培训等，同时要求食品供应者均须采用 CAC 所颁布体系的相关要求。

**（3）（EC）No 853/2004 法规**　（EC）No 853/2004 法规确立了动物源性食品生产、销售的卫生及动物福利等方面的特殊规定，其主要内容包括：只能用饮用水对动物源性食品进行清洗；食品生产加工设施必须在欧盟获得批准和注册；动物源性食品必须加贴识别标识；只允许从欧盟许可清单所列国家进口动物源性食品等四方面。具体如生产、销售有关乳及乳制品、蛋及蛋制品、水产品、软体贝类、肉类、禽类及其产品等的工厂和设施必须在欧盟获得主管机关的批准和注册，若是从第三国进口的产品则必须是欧盟许可清单中的产品，还有必须加贴符合法规的食品识别标识。

**（4）（EC）No 854/2004 法规**　（EC）No 854/2004 法规规定了对动物源性食品实施官方控制的规则，其主要内容包括：欧盟成员国官方机构实施食品控制的一般原则；食品企业注册的批准；对违法行为的惩罚，如限制或禁止投放市场、限制或禁止进口等；在附录中分别规定对肉、双壳软体动物、水产品、原乳和乳制品的专用控制措施；以及进口程序，如允许进口的第三国或企业清单。

**（5）（EC）No 882/2004 法规**　（EC）No 882/2004 法规是侧重对食品与饲料、动物健康与福利等法律实施监管的条例，是（EC）No 178/2002 法规的执行细则。它提出了官方监控的两项基本任务，一是预防、消除或减少通过直接方式或环境渠道等间接方式对人类和动物造成的安全风险；二是严格食品和饲料标准管理，保证食品与饲料贸易的公正，保护消费者利益。官方监管的核心工作是检查成员国或第三国是否正确履行了欧盟食品与饲料法、动物健康与福利条例所要求的职责，确保其对食品饲料法和动物卫生与动物福利法规的有效遵循。

**（6）（EC）No 183/2005 法规**　（EC）No 183/2005 条例是饲料卫生要求，因许多食品问题始于被污染的饲料。为了确保饲料和食品的安全，该条例对动物饲料的生产、运输、存储和处理作了规定。和食品生产商一样，饲料商应确保投放市场的产品安全、可靠，而且负主要责任，如果违反欧盟法规，饲料生产商应支付损失成本，如产品退货以及饲料的损坏等。

**5. 欧盟转基因食品相关法规**

1990 年 4 月，欧盟委员会通过了第一个关于转基因方面的指令《关于转基因生物有意环境释放的指令》（指令 90/220/EEC），规定任何要对转基因产品市场化或想种植转基因作物的个人或企业必须通过成员国复杂的批准程序。该指令于 2001 年 4 月废止，替代法规为《关于转基因生物有意环境释放以及废止指令 90/220/EEC 的指令》（指令 2001/18/EC），该指令涉及管理"活的"转基因物质的环境释放和商业化的批准事宜，加强了对转基因食品标识的要求，并增加了可追踪性要求。

1997 年 5 月 15 日，（EC）No 258/97 法规《欧洲议会和欧盟理事会关于新型食品和新型食品配料的规定》生效，该法规对新型食品和新型食品配料作了相关规定，并详细规定了各种新型食品（包括含有转基因生物的、由转基因生物组成的或者从转基因生物中提取的新型食品）的审批和标签事宜。

2003 年 9 月，欧盟委员会发布（EC）No 1829/2003 法规即《转基因食品及饲料管理条例》，2003 年 11 月 7 日，（EC）No 1830/2003《转基因生物以及包含转基因生物的食品及饲料产品的可追溯性和标识管理条例》生效，这是目前欧盟转基因食品监管主要的法律法规。

（EC）No 1829/2003 法规有四章，包括转基因食品和饲料的目标和定义；转基因食品的授权、监督管理及标签说明；转基因饲料的授权、监督管理和标签说明；转基因食品和饲料的共同条款。该条例负责批准转基因食品及其投放市场的管理，还对所有含有转基因食品的食品建立了唯一许可程序。该条例规定，食品中超过 0.9％转基因成分就是转基因食品。所有将要进入欧盟的转基因食品在进口和销售之前必须接受风险评估检测并得到批准。

（EC）No 1830/2003 法规对转基因食品规定了更为严格的标签要求，所有转基因食品和饲料必须强制性地贴上"该产品中含有转基因物质"或者"该产品通过转基因而来"。以转基因生物为原料或者含有转基因物质的食品，及最终产品已经不再能检测出转基因物质但生产过程中有基因改造的食品都必须标明此标识，如来自转基因作物的食用油。有关转基因食品的来源和去向记录需保持 5 年。

### 6. 欧盟食品安全法律体系的主要管理特点

欧盟以（EC）No 178/2002 法规作为基本法确定关于食品安全的基本原则及重要制度，又依据其以法规、指令、决议的方式针对具体产品或环节制定更为详细、具体的实施措施及要求，法律将行政管理和技术要求相融合，利用风险分析对从农田到餐桌的每一个环节全程监控，涵盖了有关食品安全的所有领域，保障了食品法律体系的连贯和高效。

**（1）实施"从农田到餐桌"的全过程食品安全监控**　欧盟的食品安全法规几乎涵盖了"从农田到餐桌"食品供应链的所有方面和各个环节，并对各环节都制定了相应的标准。欧盟要求食品行业在食品链的各个环节应执行良好生产规范（GMP）、危害分析与关键控制点（HACCP）体系等管理程序，并对其实施及执行情况进行监管，以保证对食品供应链尤其是食品生产源头的安全质量控制；食品的生产、加工及销售等行业从业者应严格遵照环境质量标准、生产操作规范以及品质控制等相关标准，自觉对环境、生产、加工、包装、储藏、运输等食品供应链各环节实施严格管理，以确保食品安全。

**（2）实施危害分析与关键控制点体系**　危害分析与关键控制点（HACCP）体系是一个确定、评估和控制那些重要的食品安全危害的系统，是预防性的食品安全控制体系，主要包括危害分析、确定关键控制点、确定关键控制点的关键限值、制定关键控制点监测程序、制订修正计划、HACCP 体系有效性的确认、记录保存等七个方面的内容。欧盟的食品安全法规对食品行业实施及执行 HACCP 体系做出了一系列明确的规定。欧盟在食品生产的所有领域引入了 HACCP 体系，通过 HACCP 体系监督食品生产过程中可能发生危害的环节并采取适当的控制措施，来防止危害发生或降低危害发生的概率，从而确保食品在生产、加工、制造和食用等过程中的安全。

**(3) 实施食品和饲料快速预警系统**  2000 年的欧盟《食品安全白皮书》中明确提出了建立欧盟快速预警系统，2002 年的（EC）No 178/2002 法规正式确立了欧盟食品和饲料快速预警系统（RASFF）。RASFF 是一个连接欧盟委员会、欧洲食品安全管理局以及各成员国食品与饲料安全主管机构的网络，旨在为各成员国食品安全主管机构进行食品和食品接触材料安全方面的信息交换提供有效途径，使得欧盟委员会及各成员国能够迅速发现食品安全风险并及时采取措施，避免风险事件的进一步扩大，从而确保消费者享有高水平的食品安全保护。

**(4) 实施食品安全可追溯制度**  2002 年，（EC）No 178/2002 法规明确要求强制实行可追溯制度，凡是在欧盟国家销售的食品必须具备可追溯性，否则不允许上市。可追溯性指在生产、加工及销售的各个环节，对食品、饲料、食用性动物及有可能成为食品或饲料组成成分的所有物质的追溯或追踪能力。按照该规定，食品、饲料、供食品制造用的动物以及其他所有计划用于或预计用于制造食品或饲料的物质，在生产、加工及销售的所有阶段都应建立可追溯制度。此外，欧盟还有不少法规对可追溯制度做出了具体规定，如（EC）No 852/2004 法规等。可追溯制度利用现代化信息管理技术对每件商品进行清晰标记，可以保证从生产到销售的各个环节追溯检查问题食品，确保食品安全事件的快速处理并减少相应成本；同时会对食品行业从业者形成有效约束，为消费者提供所消费食品更加详尽的信息，极大地提高消费者的安全信心。

**(5) 实施食品或饲料从业者承担责任制度**  （EC）No 178/2002 法规及其他的法规、指令等建立了食品或饲料从业者对食品或饲料安全应承担主要责任的制度。（EC）No 178/2002 法规规定，生产、加工及销售所有阶段的食品或饲料从业者应确保并核实食品或饲料达到了相关法律的要求，各成员国应制定法律并监测、核实各个阶段的食品或饲料从业者达到相关法律的要求；食品或饲料从业者应确保其产品具有可追溯性，一旦发现或有理由相信产品不符合有关法律规定，应立即从市场上及从消费者手中召回问题产品并向有关管理机构报告，还应协助有关管理机构采取措施避免问题产品造成的风险。违法者不仅要承担对于受害者的民事赔偿责任，还要受到行政乃至刑事制裁。食品或饲料从业者承担责任制度加大了行业经营者的安全责任感，使得从业者主动建立自我核查机制，自觉采纳安全质量控制体系，积极采用新技术，以确保食品安全。

**同步训练 6-6**  简述欧盟食品法律体系的特点。

**小知识 6-5  欧洲食品安全局简介**

　　欧洲食品安全局（European Food Safety Authority，简称 EFSA）成立于 2002 年，总部位于意大利，是欧洲食品安全的风险评估机构，是欧洲食品安全系统的主要单位。EFSA 包括局长、管理小组、科学委员会和科学小组。管理小组是 EFSA 的管理中心，成员的资格是以事务议题而定，而非政府或组织、工业代表。科学委员会和科学小组负责 EFSA 食品安全评估的工作，其成员均是经公开征选的专家们，且具有风险评估的经验和学术工作成果。目前，EFSA 有超过 1500 名的专家、400 多名的员工。顾问团成员包括了 27 个会员国、执委会和 3 个观察国代表，已有超过 2000 件的科学建议被欧盟执委会、议会和会员国采纳。

EFSA 秉持卓越的科学基础和独立、透明、负责与合作的管理原则，其主要任务是评估与报告所有与食物链有关的风险，开发有害健康物质的最新评估方法，例如比较各种可能致癌的食品成分安全评估的指导手册。EFSA 也协助会员国建立食品、食品消费与消费者经由食品和饲料所接触的可能有害物质等的资料库。

EFSA 的工作为风险管理者提供独立的科学建议，让欧洲各国在食品卫生安全管理上经全面性的讨论后有了统一的意见，影响了欧盟相关食品法规的政策和立法，让各会员国能依照国情更新食品政策和法规及食品安全快速警报和紧急处理办法。

## 二、欧盟食品安全标准

欧盟食品安全标准包括欧洲标准化委员会（CEN）制定的欧洲标准和欧盟各成员国制定的国家标准。欧洲标准化委员会制定的食品标准主要涉及食品成分分析、动物饲料、食品包装和运输等方面。欧盟的食品技术法规标准已形成横向标准和纵向标准，横向标准针对食品的一般方面，涉及食品卫生、人畜共患病、动物副产品、残留和污染、食品标签、农药残留、食品添加剂、与食品接触材料、特殊食品、转基因食品等各个方面；纵向标准也叫专用标准，它们是借助于专项立法的方式确立，且主要针对某一类食品或特殊食品的生产和销售过程涉及的各类标准，如洋葱标准等，其特点是针对性强，在某类食品的安全保障方面的效果好。

产品标准包括动物性食品、植物性食品标准。（EC）No 853/2004 法规详细规定了动物性食品（包括肉类、蛋类、鲜乳及乳制品）的具体标准，（EC）No 8806/2003 法规和（EC）No 396/2005 法规规定了植物性食品的具体标准。

过程控制标准包括食品微生物标准和食品添加剂标准。（EC）No 2073/2005 法规规定了食品微生物标准，（EC）No 882/2004 法规规定了微生物采样和检验标准。欧盟理事会 89/107/EEC 指令是针对食品添加剂的框架指令，食品添加剂在欧盟被分为一般食品添加剂、酶制剂以及香料三类。欧盟对这三类食品添加剂进行分别管理，涉及（EC）No 1331/2008、（EC）No 1332/2008、（EC）No 1333/2008 和（EC）No 1334/2008 等四个法规。

环境卫生标准主要是与食品相关的卫生标准。（EC）No 852/2004 法规、（EC）No 853/2004 法规、（EC）No 854/2004 法规都规定了食品在加工、生产各环节的卫生标准。关于食品安全标签的标准主要规定在欧盟第 2000/13 指令中，该指令对食品标示名称及使用条件、名词术语、标示内容等都作了具体的要求。

除了法规、指令对有关的食品安全标准进行具体规定以外，欧盟还实施食品安全管控指令、食品安全基础性指令、食品和饲料中有毒有害物质的限量和卫生相关指令、食品安全检测方法方面的指令、涉及特殊营养用途的食品安全指令等，内容涉及了食品管控过程、食品检测、食品含有的有毒物质、食品卫生以及特殊食品等各项标准。在这些法规、指令中，欧盟对食品安全标准进行了更为细致的规定，使欧盟食品安全标准体系更为健全和完善。

欧盟各成员国依据欧盟食品安全技术法规制定本国的食品安全标准，形成本国食品安全标准体系。欧盟各成员国标准体系主要包括食品技术标准和食品管理标准两大内容。食品技术标准主要是涉及食品标签、包装、微生物指标和储藏等方面的标准；食品管理标准则主要是关于食品安全管理的依据、程序、职责及方法等方面的标准。

**同步训练 6-7** 简述欧盟食品标准体系的特点。

# 第四节　美国食品标准与法规

## 一、美国食品安全法律法规

### 1. 概述

美国在 19 世纪末已基本完成工业化，随之而来的是食品经营者为了牟利而使用的各种危害食品安全的行为。1890 年，《联邦肉类检验法》的颁布标志着美国联邦政府食品安全立法的开始。1906 年，美国国会通过了《纯净食品和药品法》，美国食品及药物管理局（FDA）成立。《纯净食品和药品法》是美国第一部关于食品安全的综合性和全国性法律。1938 年美国国会通过《联邦食品、药品和化妆品法》，取代了《纯净食品和药品法》，成为美国食品安全监管领域的基本法，使美国食品药品的安全保障上升为强制性的法律高度。

美国的法律法规主要来源于两个方面：一是通过国会制定的法案（即法令），美国将建国以来由国会制定的所有立法加以整理编纂，按 50 个类目系统地分类编排，命名为《美国法典》（简称 USC），目前 2006 年版共有 51 卷（Title），其中第 7 卷（农业）和第 21 卷（食品和药品）中涉及食品安全；二是由权力机构根据议会的授权所制定的具有法律效力的规则和命令，如政府行政当局颁布的法规。

美国实行立法、执法、司法三权分立的食品安全管理体系，美国国会按照国家宪法的规定制定相关的食品安全法规，美国国会和各州议会作为立法机构，主要负责制定并颁布与食品安全相关的法令，并委托美国政府机构的相关执法部门来强制性执行法令。执法部门主要包括美国食品及药物管理局（FDA）、农业部下属的食品安全检验局（FSIS）、环境保护署（EPA），它们遵循国会的授权为法令制定实施细则，并有权对现行法规进行修改和补充，以应对施行中新情况的出现，修改或补充的法规每年发布在美国《联邦法规汇编》上。美国司法部门则负责对强制执法部门的一些监督工作以及就食品安全法规引发的争端给予公正的审判。

联邦和各州制定的法律规定适用于食品种植、养殖、加工、包装、运输、销售和消费的各个环节，其中食品法律和由职能部门制定的规章是食品生产、销售企业必须强制执行的，而有些标准、规范为推荐内容。

当今美国的食品安全法律法规体系被公认为是较完备的法律法规体系，目前有关食品安全的法律条例有 40 多种，基本覆盖了所有食品，主要有《FDA 食品安全现代化法案》《联

邦食品、药品和化妆品法》《联邦肉类检验法》《蛋类产品检验法》《禽类及禽产品检验法》
《联邦杀虫剂、杀真菌剂和灭鼠剂法》《食品质量保护法》《公共卫生服务法》《生物反恐怖
法》等。这些法律法规大致可分为四个层次：第一类，综合性法律，主要有《联邦食品、药
品和化妆品法》和《FDA 食品安全现代化法案》。美国有关食品安全法令均是以《联邦食
品、药品和化妆品法》为核心，该法案已成为美国关于食品的基本法；第二类，针对不同食
品产品种类制定的法律，如《联邦肉类检验法》《蛋类产品检验法》等；第三类，针对食品
流通各个环节制定的法律，如《食品运输卫生法》《正确包装与标签法》等；第四类，与生
产投入相关的法律，如针对农药的《食品质量保护法》《联邦杀虫剂、杀真菌剂和灭鼠剂法》
等。除此之外，作为法律执行中的补充，一系列更为详细的机构和部门法规也明确阐明了与
食品安全相关方面的内容，并进行季度性的实时更新。这些法律法规为保障食品安全确立了
指导原则和具体操作标准与程序，使食品质量监督、疾病预防和事故应急都有法可依。

### 2. 联邦食品、药品和化妆品法

《联邦食品、药品和化妆品法》（Federal Food，Drug，and Cosmetic Act，FFDCA）是
美国食品安全基础性法律，该法致力于规范在美国销售的食品、药品和化妆品的安全性、卫
生性以及生产卫生、包装和标签的可信性，为美国食品安全的管理提供了基本原则和框架，
是世界同类法中最全面的一部法律。该法案自 1938 年通过后历经多次修改，至今仍然是美
国食品监管权限的核心基础。

FFDCA 赋予美国 FDA 监管食品安全、药品以及化妆品的权利，要求 FDA 管辖除肉、
禽和部分蛋类以外的国产和进口食品的生产、加工、包装、储存，此外还包括对新型动物药
品、加药饲料和所有可能成为食品成分的食品添加剂的销售许可和监督。该法禁止销售须经
FDA 批准而未获得批准的食品、未获得相应报告的食品和拒绝对规定设施进行检查的厂家
生产的食品。FDA 有权对生产厂家进行视察、有权对违法者提出起诉。

FFDCA 在食品方面主要有五条内容：①食品的定义与标准；②食品中有毒有害成分的
法定限量；③农产品中农药的残留剂量；④食品进出口规定；⑤法律禁止行为的处罚。

FFDCA 制定了 13 大类 200 多种食品标准，并以法规形式固定下来，包括：巧克力及可
可制品、粮谷及其制品、各种面条、焙烤食品、奶与奶油、干酪及干酪制品、冷冻甜食、食
用香精、罐头水果与罐头果汁、果酱果脯、贝类、金枪鱼罐头、人造黄油。该法禁止销售由
于不卫生的储藏条件而引起的含有污物或变质的食品。如果食品中含有污物，无论是否表现
出对健康有害，均被视为伪劣掺杂食品。该法还规定禁止出售带有病毒的产品，并要求食品
必须在卫生设施良好的房间中生产。

### 3. FDA 食品安全现代化法案（FSMA）及配套法规

（1）**FSMA 的立法目的**　近些年来，美国的食品安全工作因食品生产技术以及食品供应
全球化的不断发展遇到了许多新的挑战，美国境内外食品生产企业和食品种类的增长速度已
超过 FDA 监管和检测资源的承受力，美国国内食品安全事故频发。为迎接越来越严峻的国
内外食品安全形势的挑战，进一步完善美国食品安全体系，2011 年 1 月 4 日，《FDA 食品安
全现代化法案》（FDA Food Safety Modernization Act，FSMA）实施。FSMA 对 FFDCA 进
行了重大修订，创新了很多制度，这是继 1938 年以来美国最重大的食品安全改革之一。

FSMA 强化了联邦政府的相关权利，扩大了 FDA 对国内食品和进口食品安全监督管理

权限，显著强化了 FDA 对每年进入美国的上百万种食品进行更有效监管的能力。FSMA 强调食品安全监管的预先防范和风险防控，旨在构建更为积极的和富有战略性的现代化食品安全"多维"保护体系，妥善解决食品安全和食品防护问题，确保美国国家食品供应安全继续走在世界前列。

**（2）FSMA 框架概述**　FSMA 框架分别是提高预防食品安全问题的能力、提高发现和应对食品安全问题的能力、提高进口食品的安全和其他共四个部分，共有 41 节，可理解为从 41 个方面对 FFDCA 的相关条款作了修订。

**（3）FSMA 的主要内容**　FSMA 没有改变原来 FDA 与农业部等其他部门的食品安全监管职责分工，扩大了 FDA 的监管权力和职责，并要求食品企业承担更多责任。该法核心宗旨是强调食品安全应以预防为主，其内容主要涉及以下五个方面。

① 强制实施食品安全风险预防控制措施　FSMA 将危害分析和风险预防控制措施的理念、方法以法律形式强制应用于食品链的所有企业和所有环节，要求在食品供应链的各个环节建立全面的、基于预防的控制机制。该法规定除符合 HACCP 要求的水产品、果汁以及低酸罐头食品企业按相关法规执行外，其他食品企业的所有者、经营者或负责人，必须评估可能影响其所生产、加工、包装或存储食品的危害，形成书面的危害分析，确定并采取预防措施将危害的产生降至最低或避免发生，按照要求保证该食品未经掺杂或者无错误标识，监控上述控制措施的实施，并留存监控记录。

② 加强国内外食品企业的监管　FSMA 要求从 2011 年 7 月 4 日起，在美注册食品企业应每两年更新注册一次；在注册资格方面，新增了暂停和恢复注册的程序；在注册信息内容方面，增加了要求企业提供联系人电子邮箱的规定，国外食品企业还需提供在美代理人的电子邮箱。

FSMA 认为，对食品生产、加工、包装、储存设施进行检查是让食品生产企业对其生产的食品安全卫生承担起责任的重要途径。该法明确规定 FDA 对所有食品生产企业设施进行检查的频率应当不断提高，包括对美国出口的食品生产、加工企业。同时，FSMA 扩大了 FDA 对食品生产、加工、包装、配送、接收、存储或者进口的记录进行检查的权限。

③ 加强进口食品安全监管　向美国出口食品的国家有 150 多个，FSMA 授予 FDA 确保进口食品符合美国标准，从而保障美国消费者安全的权利。例如，新法首次要求食品进口商必须验证其海外供货商为保证食品安全而采取了充分的预防控制措施；FDA 可以授权合格的第三方检测机构确认境外食品设施符合美国食品安全标准，对于存在高风险的食品，FDA 有权要求相关进口食品在进入美国境内时具备可信赖的第三方认可证明。FDA 明确表示 HACCP、ISO 22000、GAP 等现有食品农产品认证不能直接等同 FSMA 要求的食品安全认证，一旦检查或验证发现食品企业不符合 FSMA 建立的新标准，FDA 即可采取禁止入境、行政扣留等措施。

④ 加强问题食品的及时处理　FSMA 首次规定 FDA 拥有强制召回权，有权对所有问题食品进行强制召回。FDA 如果有理由相信该食品是掺杂、错误标签或违反法规的，可以要求企业自愿召回产品；如果有确切的证据表明某种食品对人和动物的健康造成严重的危害，可以发布紧急召回令而无需要求生产厂家自愿召回，同时 FDA 可以对在不卫生或不安全条件下生产的食品进行行政扣留。

⑤ 加强美国国内食品安全监管机构的合作　FSMA 充分重视目前美国联邦、各州、地方、领地、部落地区食品安全监管机构之间及其与外国食品安全监管之间的合作，以确保公共健康目标的实现。该法明确要求 FDA 加强对联邦各州、地方、海外领地及部落地区食品

安全官员的技能培训。

**（4）FSMA 的配套法规**　FSMA 颁布后，FDA 陆续制定了一系列配套文件，包括一些新增的行政性法规、对原法规的修订或补充，以及非强制性的指南等。FSMA 配套文件中包括以下七个行政法规。

①《人类食品现行良好操作规范和危害分析及基于风险的预防性控制措施》（简称 117 法规）　该法规于 2015 年发布，目的是建立起一个食品安全体系，使现代化的、基于科学和风险的预防控制措施贯穿于食品加工体系全过程，并根据食品企业不同规模设置了相应过渡期，2018 年 9 月 17 日全面实施。117 法规基于国际上认可的 HACCP 原则建立，对需要进行 FDA 注册的食品企业的危害分析和基于风险的预防性控制措施做出了新规定，对于预防控制措施的要求范围更加全面。

②《动物食品现行良好操作规范和食品危害分析及基于风险的预防性控制措施》（简称 507 法规）　该法规的结构和要求与 117 法规大致相同，但其适用范围为动物食品。

③《人类食用农产品种植、收获、包装及储存标准》（简称 112 法规）　该法规适用于直接食用的初级农产品（主要为蔬菜和水果），要求企业从人员，水质，土壤改良剂，与农产品接触的动物，设备、工具和建筑物，以及芽菜等六个方面控制微生物危害。

④《人类与动物食品进口商的国外供应商验证计划》（简称 FSVP 法规）　该法规要求美国食品及饲料进口商根据危害分析，采取一种或多种手段对国外供应商实施验证，包括现场审核、记录复核、抽样检测等。

⑤《认可第三方审核/认证机构实施食品安全审核及颁发认证》（简称第三方法规）　该法规为第三方认证/审核机构开展食品安全认证制定了规则，按照该规则实施的认证结果可用于满足 FSMA 对高风险食品索证的要求，或帮助进口商参加自愿性快速通关项目。

⑥《卫生运输人类和动物食品》（简称卫生运输法规）　该法规制定了运输食品和饲料的基本卫生准则。

⑦《保护食品免于蓄意掺杂的重点减轻策略》（简称 121 法规）　该法规要求企业对食品生产过程实施脆弱性评估，并建立针对性的缓解措施，保护食品免受蓄意污染。

FSMA 的七个配套新法规的共同点是"基于风险、预防为主"，其中有 4 个法规用于制定安全卫生标准。117 法规和 507 法规要求食品和饲料企业进行危害分析并针对危害建立实施预防性控制措施。112 法规识别出农产品生产易受微生物污染的 6 个方面，要求企业事先控制。121 法规要求企业开展脆弱性评估，建立针对性的缓解措施，从而保护食品免受蓄意污染。这些强制性标准将美国食品、农产品及饲料企业的安全卫生要求和风险控制水平提升到新的高度，同时抬高了国外产品进入美国市场的门槛。

#### 4. 食品质量保护法

1996 年，美国国会通过了《食品质量保护法》（Food Quality Protection Act，FQPA），该法案主要规范美国国家环境保护署（简称 EPA）管理杀虫剂的程序，对应用于所有食品的全部杀虫剂制定了一个单一的、以健康为基础的安全限量标准，为婴儿和儿童提供了特殊的保护，对安全性提高的杀虫剂进行快速批准，要求定期对杀虫剂的注册和容许量进行重新评估，以确保杀虫剂注册的数据不过时。

美国《食品质量保护法》加强了对农药安全的要求，鉴于对婴幼儿的潜在风险，EPA 于 1996～2006 年期间，对 270 种农药做出了禁止或限制使用的措施。2007 年后，又系统性地对所有老产品进行重新评估。

### 5. 肉类检验法、禽类产品检验法和蛋产品检验法

美国在畜产品安全卫生方面，主要有《联邦肉类检验法》《禽类及禽产品检验法》《蛋类产品检验法》等多部法律，这些法律要求并指导农业部下属的食品安全检验局（FSIS）实行肉类、禽类和蛋类产品的检查计划，对国内及进出口的肉类、禽类和蛋产品实施检验。

《联邦肉类检验法》主要针对红肉产品（牛、猪、绵羊、山羊、马、骡或其他马属动物的肉及肉类产品）的安全检验，规定了检验要求、掺假和贴假标签管理，肉品加工者和相关企业要求，以及联邦和州政府合作等内容。

《禽类及禽产品检验法》主要针对白肉产品（鸡、火鸡、鸭、鹅或其他禽类的胴体及产品）的安全检验，规定了联邦和州政府合作，对官方认可的生产单位的监督，经营场所、设施和装备的操作要求，标签和容器标准，禁止的行为，需遵循的规定，违法者的处罚，违规的通告，以及进出口检验服务等内容。

《蛋类产品检验法》主要针对禽蛋及蛋制品产品的安全检验，内容包括蛋制品检验，卫生操作规范，蛋制品的巴氏消毒和标签，禁止的行为，政府机构的合作，处罚，以及进出口管理等。

> **同步训练 6-8** 简述你对美国《FDA 食品安全现代化法案》的理解。

## 二、美国食品安全技术法规和标准

### 1. 美国食品安全技术法规

美国的食品安全技术协调体系由技术法规和标准两部分组成。从内容上看，技术法规是强制遵守的文件，包括适用的行政性规定，类似于我国的强制性标准。而食品安全标准是由公认机构批准的、非强制性遵守的文件。通常，政府相关机构在制定技术法规时引用已经制定的标准，作为对技术法规要求的具体规定，这些被参照的标准就被联邦政府、州或地方法律赋予强制性执行的属性。这些标准是在技术法规的框架要求的指导下制定，必须符合相应的技术法规的规定和要求。

按照制定部门分，美国农业部负责禽肉和肉制品食品安全技术法规的制定和发布，FDA 负责其他食品安全技术法规的制定等。同时一些部门也会联合制定技术法规，如 1998 年，美国农业部、FDA 和疾病控制与防治中心联合颁布的 GAP（良好农业规范）指南文件"减少新鲜水果和蔬菜食品微生物危害指南"。这些由部门制定的技术法规要由国会的相关专业委员会和管理与预算办公室（OMB）统一协调，然后由相应的政府机构或部门制定并颁布实施。所有现行的联邦技术法规（全国范围适用）全部收录在《美国联邦法规》中。除联邦技术法规外，美国每个州都有自己的技术法规，联邦政府、各州以及地方政府在用法律管理食品和食品加工时，承担着互为补充、内部独立的职责。

美国的食品安全专项技术法规最多，主要涉及的是单个产品，通用技术法规涉及的主要是管理技术法规。食品安全技术法规主要是微生物限量、农药残留限量等与人体健康有关的食品安全要求和规定。这些技术法规的内容非常详细，涉及食品安全的各个环节、各种危害因素等。从产品类别上看，法规基本涉及了其国内的所有产品类别；每一类别中的产品又分

得很细，很多细分到了加工原料的品种、生产地域以及加工过程中的较小差别。美国的食品安全技术法规无论从数量上还是具体技术内容的规定上，都远远多于食品安全标准。

### 2. 美国食品安全标准

美国食品安全标准主要是推荐性检验检测方法标准和被技术法规引用后的肉类、水果、乳制品等产品的质量分等分级标准两大类，这些标准占标准总数的 90% 以上。美国农产品标准只涉及等级规格的感官和理化要求，不制定卫生安全指标，涉及安全的农残、兽残、食品添加剂等化学和微生物的要求都是在相关法案里规定。

美国现有食品安全标准的制定机构主要是经过美国国家标准学会（ANSI）认可的与食品安全有关的行业协会、标准化技术委员会和政府部门三类。政府部门主要包括 FDA、食品安全检验局（FSIS）、动植物卫生检验局（APHIS）和环境保护署（EPA）。FSIS 负责肉禽、蛋及其制品的食用安全、卫生及其正确标识，FDA 负责除此以外的食品的安全卫生以及保护消费者免受掺杂、不安全和虚假标贴的食品危害；EPA 负责饮用水的质量管理，保护消费者免受农药带来的危害，改善有害生物管理的安全方式；APHIS 主要是防止植物和动物的有害生物和疾病。

#### （1）行业协会制定的标准

① 美国国际分析化学家协会（AOAC）　美国国际分析化学家协会前身是 1884 年成立的美国官方农业化学师协会（Association of Official Agricultural Chemists，简称 AOAC），为世界上最早的农产品、食品行业性国际标准化组织，1965 年改名官方分析化学家协会，1991 年第二次更名为"国际分析化学家协会"（AOAC international）。AOAC 从事检验与各种标准分析方法的制定工作，AOAC 标准内容包括：肥料、食品、饲料、农药、药材、化妆品、危险物质和其他与农业及公共卫生有关的材料等，100 多年来，AOAC 批准了 2700 多个分析方法，作为国际 AOAC 标准方法被世界各国广泛采用，被称为"金标准"。

② 美国国际谷物化学师协会（AACCI）　美国国际谷物化学师协会（American Association of Cereal Chemists International，AACCI）原名美国谷物化学师协会，成立于 1916 年，旨在促进谷物科学的研究，负责制定谷物分析与测试方法标准，推动谷物化学分析方法和谷物加工工艺的标准化等。AACCI 是一个非营利性的国际现代食品烘焙与谷物化学权威专家组织，协会有近 2000 名国际代表，在全世界范围内指导与传播食品与谷物科学和科技工业的信息。AACC 标准自 1922 年问世以来，一直是谷物科技领域的重要检验依据。目前使用的第 10 版 AACC 标准包含 322 种谷物分析与测试方法，涉及酸度、颜色与色素、感官分析、微生物等几十大类，具有先进性、可靠性、权威性和实用性，为各国谷物化学师所公认，且用这些方法分析的结果还常常被用作诉讼或司法的依据。

③ 美国饲料官方管理协会（AAFCO）　1909 年成立，目前有 14 个标准制定委员会，涉及产品 35 个，制定各种动物饲料术语、官方管理及饲料生产的法规及标准，现行标准数量是 6 项。

④ 美国奶制品学会（ADPI）　1923 年成立，进行奶制品的研究和标准化工作，制定产品定义、产品规格、产品分类等标准。标准示例：牛奶加工卫生/质量推荐标准代码。

⑤ 美国饲料工业协会（AFIA）　1909 年成立，具体从事各有关方面的科研工作，并负责制定联邦与州的有关动物饲料的法规和标准，包括饲料材料专用术语和饲料材料筛选精度的测定和表示等。标准示例：AFIA 010 Feed Ingredient Guide II（饲料成分指南）。

⑥ 美国油脂化学家协会（AOCS） 1909 年成立，原名为棉织品分析师协会，主要从事动物、海洋生物和植物油脂的研究，油脂的提取、精炼和在消费与工业产品中的使用，以及有关安全包装、质量控制等方面的研究。

⑦ 美国公共卫生协会（APHA） APHA 成立于 1812 年，主要制定工作程序标准、人员条件要求及操作规程等。标准包括食物微生物检验方法、大气检定推荐方法、水与废水检验方法、住宅卫生标准及乳制品检验方法等。

**（2）标准化技术委员会制定的标准**

① 美国 3-A 卫生标准 在当今食品和药品生产和设备制造领域，"3-A"的标准是公认的重要国际卫生标准。最早制定 3-A 卫生标准的目的是以乳制食品为主，提供公共健康服务和提高食品卫生要求，以后又扩展到生产加工、设备制造和卫生保健领域。目前 3-A 卫生标准公司（3-A SSI）是 2002 年由美国五个不同组织共同成立，其领导层包括 FDA、美国农业部（USDA）和 3-A 筹划指导委员会。3-A SSI 是一个非营利组织机构，主要的任务就是通过制定和应用这些志愿性的 3-A 卫生标准与实施指南，为乳制品、食品、饮料和药品等产品的生产商、设备制造商及最终客户提供产品的卫生安全性保障，其中包括对 3-A 标志第三认证方工作的指导。

② 烘烤业卫生标准委员会（BISSC）制定的标准 BISSC 于 1949 年成立，从事标准的制定、设备的认证、卫生设施的设计与建筑、食品加工设备的安装等，由政府和工业部门的代表参加标准编制工作，特殊的标准与标准的修改由协会的工作委员会负责。协会的标准为制造商和烘烤业执法机关所采用，现行标准 40 项。

**（3）农业部农业市场服务局（AMS）制定的农产品分等分级标准** 美国农业部农业市场服务局（AMS）的主要职能是负责制定农产品分级标准，提供分级、检验和市场营销服务，帮助买卖双方在互相认可的质量水平上进行交易，从而协助农民和农场销售农产品。AMS 依照规定的程序制定、修订暂停或废止自愿采用的官方等级标准。截至 2004 年，AMS 制定的农产品分级标准有 360 个，收集在《美国联邦法规》的 CFR7 中。这些农产品等级标准是通过"联邦法规"第 7 篇（农业）第 36 部分"程序"中的指南制定的，对农产品的不同质量等级予以标明。新的分级标准根据需要不断制定，大约每年对 7% 的分级标准进行修订。

> **同步训练 6-9** 简述美国食品安全标准的特点。

# 第五节 日本食品标准与法规

## 一、日本食品安全法律法规

日本食品安全法律法规体系由《食品安全基本法》和《食品卫生法》两大基本法律及其他相关法律法规组成，同时包括伴随而生的有关法律的实施令和实施规则，对该法律加以补充说明和规范。食品安全法律涉及动物防疫、植物保护、投入品（农药、兽药、饲料添加剂等）质量安全、农产品质量与安全和食品安全等 5 个方面，覆盖了食品从种植、养殖、生产、加工、销售到餐桌的整个食物链，体系完整、层次清晰，体现出系统性、结构性和可追溯性。

日本的食品安全基本法需国会制定，行政法规由内阁成员自行制定，同时以相应的国家元首令的形式发布执行。部门规章由制定部门长官以令的形式发布，如省令、政令。日本法律条款的修订非常普遍，一旦发现某些条款与现实不相适应，即以省令和告示的形式对该条款加以修订。

### 1. 食品卫生法

《食品卫生法》于1947年12月颁布，1948年1月1日正式生效，是日本控制食品质量安全和卫生最重要的综合法典之一，是为了保证食品的安全性，规制公共卫生，防止饮食方面卫生危害问题的发生，保证国民健康所制定的，适用于国内产品和进口产品。

《食品卫生法》内容广泛，日本政府对其做过十余次修订，2009年修订的《食品卫生法》包括总则、食品及食品添加剂、食品用容器和包装材料、食品标签和广告、食品添加剂公定书、监测指导计划、检测、认证检查机构、食品销售、其他条款、处罚条款和附录共12个部分。《食品卫生法》历年来修改的原则是增加限制项目、提高农药残留限量标准、强化进口检查制度。

《食品卫生法》明确了厚生劳动省负责制定食品及添加剂的生产、加工、使用、烹饪、存储的标准，以及添加剂的质量规格标准，规定了辐照、冷冻等特殊食品加工处理方法的禁忌事项。该法对食品和添加剂等的基准、表示、检查原则都做出了规定；对食品用器具、烹饪设备、容器、包装，婴幼儿用玩具等相关物品都做出了规制；明确了对国内流通及进口食品质量监督管理的程序及处罚。《食品卫生法》附录中简单规定了理化检验、微生物检验、动物性检验使用的各类仪器要求等。

日本还出台了《食品卫生法实施条例》，规定了《食品卫生法》实施的具体要求与步骤。《食品卫生法实施条例》列出指定食品添加剂名单，并对食品添加剂的标签要求、审批过程、进口申报、产品检验等作出了详细规定。规定对其认可的出口国官方实验室的检验结果虽然视为与日本检疫站出具的结果等同，但对进口食品添加剂成分规格的检验必须按《食品卫生法》指定的检验方法进行。

### 2. 食品安全基本法

2003年5月，日本政府出台了确保食品安全的基本法律《食品安全基本法》。该法以保护消费者为目的，规定了食品从"农场到餐桌"食品链全程管理，明确了风险分析方法在食品安全管理体系中的应用，设立了下辖于内阁的食品安全委员会专门组织，并授予食品安全委员会进行风险评估，在科学评估基础上协调食品安全政策，加强风险交流，对高风险点采取重点管理和预防措施。

经过2011年6月第74号法令的修订，现行的《食品安全基本法》共有总则、施政方针、食品安全委员会和附录共4个部分。总则部分阐述了食品安全基本法制定的目的、食品的定义、食品安全政策的重要性，以及食品安全各环节中，每个参与者的责任。施政方针确定了实施食品健康影响评价的目的、策略、结果的使用、信息交流、研究机构、突发事件处理等相关条款，为促进各方参与食品安全管理提供了途径。基本法还确定了食品安全委员会的成立及其职能，明确委员会风险评估和科学建议、食品安全调研等职能，规定了委员会委员任期、义务等，保证食品安全委员会的正常运转。

《食品安全基本法》确立了最优先保护国民健康、从农场到餐桌全过程确保食品安全的理念，规定了中央、地方公共团体、生产者、运输者、销售者、经营者和消费者各自的责任，建立了食品影响人体健康的评价制度。《食品安全基本法》引入了风险分析机制，建立了风险评估、风险管理和风险沟通的基本制度框架，确立了采用风险分析手段制定与实施食品安全政策的基本方针。

《食品安全基本法》还规定，要完善应对食品安全紧急事态的体制；确保标识制度的适当运用；强调相关行政机关之间的密切合作；整合试验研究体制，推进研究开发，普及研究成果，培养研究人员；加大对消费食品安全知识的传播，增强国民对食品安全知识的理解，从多个角度依靠多元主体的综合努力，共同打造安全放心的食品消费环境。

### 3. 农林物质标准化及质量标志管理法（JAS 法）

《农林物质标准化及质量标志管理法》（农业标准化法，简称 JAS 法），是日本农林水产省 1950 年制定颁布实施的一部法律。该法律以已制定的农林物质规格为基础，制定了保证农林物质品质的相关表示基准，如根据生鲜食品品质表示基准和加工食品品质表示基准所规定，卖家需对所贩卖的食品、饮料等标注品质标签，包括名称和原产地等。如果发现有伪造产地等现象时，该法律也规定了相应的处罚措施。

JAS 法规定市售的农渔产品皆须标示 JAS 标识及原产地等信息。日本在 JAS 法的基础上推行了食品追踪系统，该系统给农林产品与食品标明生产产地、使用农药、加工厂家、原材料、经过流通环节与其所有阶段的日期等信息。借助该系统可以迅速查到食品在生产、加工、流通等各个阶段使用原料的来源、制造厂家以及销售商店等记录，同时也能够追踪掌握到食品的所在阶段，这不仅确保了食品的安全性和质量，还为消费者能够简单明了掌握食品的有关信息提供了方便，且在发生食品安全事故时也能够及时查出事故的原因、追踪问题的根源并及时进行食品召回。

2000 年修订后的 JAS 法，将有机农产品栽培和加工纳入其管理，规定在日本市场上出售的有机农产品应带有认证标识，销售者（但餐饮业不受此限）对其出售的食品的原产地、化冻（或是生鲜）和养殖地都要明确标示出来。该法规还要求从 2001 年 4 月 1 日起，豆腐、毛豆、玉米淀粉等 30 项基因改良食品必须予以明确标示，制造、加工、进口的加工食品都要执行新的商品明确标记制度，其标记的内容包括产品名称、制作原材料、包装内的容量、流通期限、保存方法、生产制造者名称（进口产品还要标明进口商的名称或个人姓名）及详细的地址。该法规定认证、标识管理要求适用于一切加工食品，日本产的要标明养殖区域或水域名称，进口的要标明原产国名和生产区域名称。

## 二、日本食品安全标准

### 1. 日本食品标准的构成及制定机构

日本食品安全标准主要由国家标准、行业标准和企业标准构成。国家标准即 JAS 标准，以农产品、林产品、畜产品、一般食品和油脂为主要对象；行业标准多由行业团体、专业协会和社团组织制定，主要作为国家标准的补充或技术储备；企业标准是各株式会社制定的操作规程或技术标准。日本现有国家标准（JAS）为自愿性标准，无法律约束，但一旦被法律部分或全部引用，其引用部分将具有法律属性，一般都要强制执行。

日本在标准制定、修订、废除以及产品认证、监督管理等方面也建立了完善的组织体系和制度体系，并以法律形式固定下来。日本食品标准的制定机构为厚生劳动省、农林水产省和消费者厅。一般食品标准由日本厚生劳动省规定，包括用于销售的食品或食品添加剂的制造、加工、使用、烹饪或保存方法，农药的最大残留等，适用于包括进口产品在内的所有食品。日本农林水产省负责使用标准的制定，主要涉及食品标签、动植物健康保护及有机食品标准等方面。消费者厅主要负责涉及标识标准的提案、制修订、执行及安全标准的提案、制修订。

日本依据 WTO 相关规则和《SPS 协议》的规定，制定食品标准尽量采用 CAC 标准，同时也参考西方发达国家（如美国、加拿大等）的相关标准。据有关资料显示，日本食品国际标准采标率达 90％以上，在国际贸易中占有主导权。

### 2. 日本食品、农产品标准的设定对象

按照日本相关法律规定，食品分为保健机能食品和一般食品。保健机能食品生产销售需经过日本厚生劳动省、消费者厅许可，并且要正式标识成分并说明其安全性。保健机能食品以外的食品是厚生劳动省所指的一般食品，一般食品标准包括食品的成分规格、制造加工、调理烹饪和保存的标准。

日本农产品标准主要分为质量标准和安全标准两类，包括种植、生产、加工、销售、容器和产品包装、储存、品级、材料、使用、食品添加剂、污染物，以及最大农、兽药残留限量标准和食品进出口检验及认证制度，食品检验、抽样等方面的标准，如《日本有机农产品加工食品标准》《日本易腐食品质量标注标准》。日本对辐照食品和转基因食品也制定了较为完善的标准和标识制度，如《转基因食品标签基准》。

### 3. 食品中残留农业化学品肯定列表制度

**(1)《肯定列表制度》概述**　《食品中残留农业化学品肯定列表制度》简称《肯定列表制度》，是日本为加强食品中农业化学品（包括农药、兽药和饲料添加剂）的残留管理而制定的一项制度，于 2006 年 5 月开始实施。

在《肯定列表制度》出台之前，日本只对当时世界上使用的 700 余种农业化学品中的 350 种农业化学品进行了登记或制定了限量标准，对于进口食品中可能含有的其余 400 多种农业化学品则无明确的监管措施，监管实际上处于失控状态，日本进口农产品频繁出现农业化学品超标事件，同时日本国内也发现了违法使用未登记农药问题，消费者对食品安全产生了严重的信任危机。

日本将所有食品中所有农业化学品的残留纳入《肯定列表制度》，设定了进口食品、农产品中可能出现的 734 种农药、兽药和饲料添加剂的近 5 万个暂定标准，要求食品中农业化学品含量不得超过最大残留限量标准。《肯定列表制度》涉及的农业化学品残留限量包括"沿用原限量标准而未重新制定暂定限量标准""暂定标准""禁用物质""豁免物质"和"一律标准"五大类型。

"沿用原限量标准而未重新制定暂定限量标准"涉及农业化学品 63 种，农产品食品 175 种，残留限量标准 2470 条，这部分标准在肯定列表制度生效后仍然有效。"暂定标准"即"最大残留限量标准"，制定暂定标准时，主要参考了 CAC 的限量标准、《农药取缔法》规定的国内登记许可标准、《食品卫生法》规定现行标准以及日本确定的 5 个参考国家和地区（美国、加拿大、欧盟、澳大利亚、新西兰）标准。"暂定标准"涉及农业化学品 734 种，包

括 498 种农药、182 种兽药、34 种兼作农药和兽药、16 种兼作兽药和饲料添加剂、1 种兼做农药和饲料添加剂、3 种饲料添加剂；涉及农产品食品 264 种（类），包括一般食品（主要为初级产品）、加工食品和瓶装水等三类食品。

《肯定列表制度》涉及"禁用物质"15 种、"豁免物质"68 种。"豁免物质"是指那些在一定残留量水平下不会对人体健康造成不利影响的农业化学品，主要包括维生素、矿物质、氨基酸等营养性饲料、食品添加剂 50 种，天然杀虫剂和兽药 13 种，其他物质 5 种。在确定豁免物质时，厚生省主要考虑 FAO/WHO 食品添加剂联合专家委员会和 FAO/WHO 杀虫剂残留联合专家委员会、日本本国和澳大利亚、美国等其他国家和地区的风险评估结果。日本对这部分物质无任何限量要求。

"一律标准"（uniform limit）是未包括在其他标准中的所有其他农业化学制品的统一限量标准，其限量值为 0.01mg/kg。日本政府确定此值是以 $1.5\mu g/$（人·天）的毒理学阈值作为计算基准，涉及的农业化学制品包括《农药取缔法》中规定的农药活性原料、《确保饲料安全及品质改善法律》中规定的饲料添加剂及《药事法》中规定的兽药，但不包括豁免物质。

2017 年 5 月，日本厚生劳动省决定在食品用容器包装及器具原材料中引进肯定列表制度，针对直接接触食品的原材料或容器包装的内层等溶出转移风险高的材料制定肯定列表。

**(2)《肯定列表制度》对食品贸易的影响**　日本《肯定列表制度》的覆盖范围大、检测指标与项目多、检测标准极其严格，对农产品设定了 5 万多项药物残留标准，产品平均检测超过 20 项，在检验的程序上更加复杂，检验需要的时间也更加漫长。"一律标准"的设定值过高，并没有对各种不同的药物残留进行毒理学分析和评价。大范围的农药种类检测与严苛的检测指标，使很多农产品难以达到这一标准，成为阻碍包括中国农产品在内的进口食品进入日本市场的重要绿色贸易壁垒。再加上日本对国内农产品和进口农产品检查措施的执行内松而外紧，起到了保护本国农业的作用。

**同步训练 6-10**　简述《肯定列表制度》的核心内容。

**拓展阅读 6-5　日本肯定列表制度对中国茶叶输日的影响**

　　日本肯定列表制度实施前即 2002～2005 年（2003 年除外），中国对日茶叶出口金额稳中趋升。自从日本肯定列表制度实施后，中国茶叶输日金额呈现波动状态，2006～2012 年逐年下降；2013 年短期强劲反弹，2014～2015 年又开始下降，年均降幅 4.9%。而同期中国对全球的茶叶出口金额则逐年上升。

　　不难看出，日本肯定列表制度给中国带来的影响是双面性的，负面影响体现在短期内，我国茶叶在日本市场的竞争力急剧下降。但这种负面效应从长期来看是在逐步减弱的，这也是近年来中国茶企加大产业投入和茶园改造的良性结果；正面影响体现为我国输日茶叶品质不断上升，从而产生了更大的附加值。

## 巩固训练

### 一、不定项选择题

1. 以下机构中，ISO 的首要机构和最高权力机构是（　　　）。

A. 全体大会　　　　B. 理事会　　　　　C. 中央秘书处　　D. 技术管理局

2. 以下机构中需要向理事会报告的有（　　　）。

A. 全体大会　　　　B. 咨询组　　　　　C. 中央秘书处

D. 技术管理局　　　E. 政策制定委员会

3. 主要制定食品标准的是下列 ISO 技术委员会中的（　　　）。

A. TC 176　　　　B. TC 34　　　　　C. TC 16　　　　　D. TC 43

4. CAC 制定的食品标准主要分为两大类，即（　　　）。

A. 通用标准　　　　B. 添加剂标准　　　C. 检验标准

D. 规范标准　　　　E. 商品标准

5. 国际有机农业的权威机构是（　　　）。

A. ISO　　　　　　B. CAC　　　　　　C. IFOAM　　　　D. FAO

6. 下列欧盟食品安全法规中，被称为"通用食品法"的是（　　　）。

A. 《食品安全白皮书》　　　　　　B. No 178/2002

C. 2002/99/EC　　　　　　　　　D. No 852/2004

7. 美国食品安全执法部门主要包括（　　　）。

A. FDA　　　　　　B. FSIS　　　　　　C. EPA

D. FFDCA　　　　　E. FSMA

8. 美国现有食品安全标准的制定机构主要包括（　　　）。

A. 行业协会　　　　B. 标准化技术委员会

C. 政府部门　　　　D. 企业　　　　　　E. 个人

二、填空题

1. 国际标准化组织是由_____组成的世界性联合会，是世界上最大、最权威的综合性的_____的国际标准化组织。

2. 国际食品法典委员会是由_____和_____共同设立的政府间国际食品标准机构。

3. 凡_____制定的产品分析方法标准都被 CAC 直接采用。

4. _____标准是 WTO 认可的唯一向世界各国政府推荐的国际食品标准，也是 WTO 在国际食品贸易领域的仲裁标准。

5. IFOAM 制定的_____包括了植物生产、动物生产以及_____的各类环节，是 IFOAM 指导和规范全球有机农业运动的基础和指南。

6. WTO/TBT 协议是_____管辖的一项多边贸易协议，于____年____月____日起开始执行。

7. WTO/SPS 协议是世界贸易组织涉及_____、_____和_____的一项国际多边协议，要求在动植物卫生检疫措施的制定方面以_____、国际兽疫局和_____的标准为基础开展国际协调，促进货物贸易中动植物卫生检疫措施的标准化和国际化。

8. RASFF 是一个连接_____、_____以及各成员国_____的网络，旨在为各成员国食品安全主管机构进行食品和食品接触材料安全方面的信息交换提供有效途径。

9. _____法规对欧盟食品安全法律制度进行了大力改革，奠定了欧盟食品安全法律制度的基础，具有食品安全基本法的地位。

10. 日本《食品安全基本法》引入了风险分析机制，建立了_____、_____和风险沟通的基本制度框架，确立了采用_____手段制定与实施食品安全政策的基本方针。

### 三、问答题

1. 简述 CAC 标准对全球食品农产品贸易发展的主要作用。

2. TBT 协议的主要内容是什么？其主要原则是什么？

3. SPS 协议规定世贸组织成员在实施动植物卫生检疫措施方面的权利时，应履行的义务主要有哪些？

4. 简述（EC）No 1830/2003 对转基因食品规定的标签要求主要内容。

5. 简述《FDA 食品安全现代化法案》加强对国内外食品企业监管的相关内容。

6. 简述日本《肯定列表制度》涉及的农业化学品残留限量的五大类型及含义。

### 四、分析论述题

根据以下材料，分析我国政府及企业如何积极应对 TBT 协议对出口贸易的影响。

近年来，随着各国贸易保护主义抬头，技术壁垒已成为与汇率、关税齐名的"拦路虎"。据原国家质检总局统计，2011～2015 年，中国年均 40％的出口企业遭受过 TBT 协议（技术性贸易壁垒协议）的影响，造成我国出口直接损失年均超 700 亿美元。有数据显示，2017 年我国出口企业由于技术性贸易措施的原因损失逾 5000 亿元。

技术壁垒以技术法规、标准和检验检疫要求为主要内容，越来越成为我国企业出口路上的重要挑战。当前，技术性贸易措施不再是发达国家的"专利"，正在迅速向发展中国家蔓延。同时，国外技术性贸易措施的影响也正从单一产品向全产业链、从传统产业向高新技术产业蔓延。

# 第七章

# 食品产品认证

## 知识目标

掌握无公害食品、绿色食品、有机食品、地理标志产品的基本概念和标志；了解无公害食品、绿色食品、有机食品、地理标志产品的标准和监督管理，熟悉其认证程序。

## 能力目标

能认识不同类别的安全农产品；能理解无公害食品、绿色食品、有机食品、地理标志产品的内涵；能协助完成无公害食品、绿色食品、有机食品、地理标志产品保护的申报工作。

## 思政与素质目标

农产品"三品一标"是我国政府主导的安全优质农产品公共品牌，为提升农产品质量安全水平、促进农业提质增效和农民增收等发挥了重要作用，也是适应公众消费的必然要求。"三品一标"对产品质量有着严格要求，其认证需要经过严格的法定程序。通过学习"三品一标"农产品质量认证要求和程序，强化食品标准和法律意识，培养认证工作必需的责任意识以及诚信生产和经营的职业素质。

---

### 引例：食品安全"十三五"规划

国务院于 2017 年 2 月 14 日印发《"十三五"国家食品安全规划》。规划明确指出食品安全要严格从源头治理，提高农业标准化水平，继续实施农业标准化推广工程，标准化生产示范园（场）全部通过"三品一标"认证登记，有机农产品种植基地面积达到 300 万公顷，绿色食品种植基地面积达到 1200 万公顷。

分析：《"十三五"国家食品安全规划》对"三品一标"的认证提出了新的目标和要求。那么，什么是"三品一标"？"三品一标"有哪些技术规范和质量标准？企业要通过"三品一标"认证需经过怎样的程序？学完本章内容，你将能够回答上述问题。

---

认证是指由第三方对产品及其生产、加工、储藏和销售过程及服务满足规定要求给出书面证明的程序，认证活动主要包括体系认证和产品认证。认可是指权威机构对有能力执行特定任务的机构或个人给予正式承认的过程。食品产品认证是指由认证机构证实食品或食品原料在生产、加工、储藏和销售过程中符合相关技术要求和质量标准的评定活动。产品由授权的认证机构认证合格后，被授予认证证书和认证标志，认证标志可以按规定在产品或者产品

包装上使用。

食品产品认证多为自愿性认证，在我国已经开展的自愿性食品产品认证主要包括无公害农产品认证、绿色食品认证、有机食品认证和地理标志产品认证（即"三品一标"）。食品产品认证不仅向消费者提供产品的质量信息，如该产品经过专门的认证机构审核评价而且符合质量标准的要求，同时食品产品认证促进企业市场竞争力的提升和产品质量的改进。优质农产品的产品认证已经成为市场发展和消费者健康的必然需求。

20 世纪初的英国开创了认证制度的先河，随着工业社会的进步，产品质量认证不断发展。我国认证工作伴随着改革开放发展起来。1991 年 5 月，国务院颁发的《中华人民共和国产品质量认证管理条例》，标志着我国产品质量认证进入法制轨道。2003 年 11 月 1 日，国务院公布的《中华人民共和国认证认可条例》正式实施，进一步规范了我国的认证认可活动，提高了我国产品、服务的质量和管理水平。

# 第一节　无公害农产品认证

## 一、无公害农产品概述

近年来，我国食品安全风险隐患凸显，食品安全事件时有发生，食品安全形势依然严峻，其中源头污染问题比较突出。农业生产环境污染、农业投入品使用不当，带来了一系列的问题：土壤环境恶化、土壤肥力下降、有毒物质通过农产品富集最后进入人体等。食用安全无污染、高品质的食品已成为大众趋势。2001 年，原农业部启动了"无公害食品行动计划"，对食用农产品实施从"农田到餐桌"的全过程监管。原国家质量监督检验检疫总局于 2002 年 4 月发布了《无公害农产品管理办法》，鼓励和扶持无公害农产品的发展。2018 年 4 月，农业农村部办公厅发布《无公害农产品认定暂行办法》，进一步规范了无公害农产品的申报和管理。

### 1. 无公害农产品的概念

无公害农产品是指产地环境、生产过程和产品质量符合国家有关标准和规范的要求，经认定合格的未经加工或者初加工的食用农产品。无公害农产品在生产过程中允许使用限制用量、限制使用品种、限制使用时间的人工合成但安全的化学农药、兽药、肥料、饲料添加剂等，保证人们对食品质量安全最基本的需要。我国把无公害农产品分为种植业产品、畜牧业产品、渔业产品三个大类。

### 2. 无公害农产品的标志

无公害农产品标志，是指加施或印制于无公害农产品或其包装上的证明性标记。无公害农产品使用全国统一的无公害农产品标志，如彩图 7-1 所示。无公害农产品标志图案主要由麦穗、对勾和无公害农产品字样组成，麦穗代表农产品，对勾表示合格，金色寓意成熟和丰收，绿色象征环保和安全。无公害农产品标志标准颜色由绿色和橙色组成。

无公害农产品标志规格分为五种，其规格和尺寸（直径）见表 7-1。

表 7-1　无公害农产品标志的规格和尺寸（直径）

| 规格 | 1 号 | 2 号 | 3 号 | 4 号 | 5 号 |
|---|---|---|---|---|---|
| 尺寸/mm | 10 | 15 | 20 | 30 | 60 |

## 二、无公害农产品标准

我国现行有效的无公害农产品标准主要包括无公害农产品产地环境和生产质量安全控制规范系列标准（见表 7-2），体现"从农田到餐桌"全程质量控制的要求，加强针对性，注重实用性。其中，生产质量安全控制规范系列标准由农业农村部制定，以全程质量控制为核心，规定了无公害农产品主体的基本要求，是无公害农产品生产、管理和认证的依据。无公害农产品标准内容包括产地环境、农业投入品、栽培管理、包装标识与产品贮运等。

表 7-2　我国部分现行无公害农产品标准

| 标准名称 | 标准号 | 实施时间 |
|---|---|---|
| 无公害农产品　种植业产地环境条件 | NY/T 5010—2016 | 2016-10-1 |
| 无公害农产品　产地环境评价准则 | NY/T 5295—2015 | 2015-8-1 |
| 无公害农产品　淡水养殖产地环境条件 | NY/T 5361—2016 | 2016-10-1 |
| 无公害农产品　兽药使用准则 | NY/T 5030—2016 | 2016-10-1 |
| 无公害农产品　畜禽防疫准则 | NY/T 5339—2017 | 2017-10-1 |
| 无公害农产品　认定认证现场检查规范 | NY/T 5341—2017 | 2017-10-1 |
| 无公害农产品　生产质量安全控制技术规范（第 1 部分～第 13 部分的名称分别为通则、大田作物产品、蔬菜、水果、食用菌、茶叶、家畜、肉禽、生鲜乳、蜂产品、鲜禽蛋、畜禽屠宰、养殖水产品） | NY/T 2798.1—2015～NY/T 2798.13—2015 | 2015-8-1 |

**同步训练 7-1**　下载并阅读无公害农产品生产质量安全控制规范系列标准，了解无公害农产品标准对产地环境、农业投入品、栽培管理、包装标识与产品贮运的具体要求。

## 三、无公害农产品认证程序

符合无公害农产品产地条件和生产管理要求的规模生产主体，均可向县级农业农村行政主管部门申请无公害农产品认定。

（1）申请人应当向产地所在县级农业农村行政主管部门提出申请，并提交以下材料：①无公害农产品认定申请书；②资质证明文件复印件；③生产和管理的质量控制措施，包括组织管理制度、投入品管理制度和生产操作规程；④最近一个生产周期投入品使用记录的复印件；⑤专职内检员的资质证明；⑥保证执行无公害农产品标准和规范的声明。

（2）县级农业农村行政主管部门应当自收到申请材料之日起十五个工作日内，完成申请材料的初审。符合要求的，出具初审意见，逐级上报到省级农业农村行政主管部门；不符合要求的，应当书面通知申请人。

（3）省级农业农村行政主管部门应当自收到申请材料之日起十五个工作日内，组织有资质的检查员对申请材料进行审查，材料审查符合要求的，在产品生产周期内组织两名以上人员完成现场检查（其中至少有一名为具有相关专业资质的无公害农产品检查员），同时通过全国无公害农产品管理系统填报申请人及产品有关信息；不符合要求的，书面通知申请人。

（4）现场检查合格的，省级农业农村行政主管部门应当书面通知申请人，由申请人委托符合相应资质的检测机构对其申请产品和产地环境进行检测；现场检查不合格的，省级农业农村行政主管部门应当退回申请材料并书面说明理由。

（5）检测机构接受申请人委托后，须严格按照抽样规范及时安排抽样，并自产地环境采样之日起三十个工作日内、产品抽样之日起二十个工作日内完成检测工作，出具产地环境监测报告和产品检验报告。

（6）省级农业农村行政主管部门应当自收到产地环境监测报告和产品检验报告之日起十个工作日完成申请材料审核，并在二十个工作日内组织专家评审。

（7）省级农业农村行政主管部门应当依据专家评审意见在五个工作日内作出是否颁证的决定。同意颁证的，由省级农业农村行政主管部门颁发证书，并公告；不同意颁证的，书面通知申请人，并说明理由。省级农业农村行政主管部门应当自颁发无公害农产品认定证书之日起十个工作日内，将其颁发的产品信息通过全国无公害农产品管理系统上报。

（8）无公害农产品认定证书有效期为三年。期满需要继续使用的，应当在有效期届满三个月前提出复查换证书面申请。在证书有效期内，当生产单位名称等发生变化时，应当向省级农业农村行政主管部门申请办理变更手续。

---

**同步训练 7-2**　无公害农产品的认证部门及程序是什么？

---

**小知识 7-1　无公害农产品检查员应具备的条件**

①掌握有关农产品质量安全的法律、法规、标准和规范，农产品生产、加工相关技术，认证和监督检查程序及方法；②具有农业相关技术专业大专（含）以上学历，并专职从事农产品质量安全管理及相关技术和管理工作 1 年（含）以上；③具有清晰的口头与书面表达能力，较强的沟通和组织能力，独立、客观、正确的判断能力，从事野外工作的能力；④遵纪守法，坚持原则，实事求是，作风正派，身体健康。

---

## 四、无公害农产品的管理

农业农村部负责全国无公害农产品发展规划、政策制定、标准制修订及相关规范制定等工作，中国绿色食品发展中心负责协调指导地方无公害农产品认定相关工作。各省、自治区、直辖市和计划单列市农业农村行政主管部门负责本辖区内无公害农产品的认定审核、专家评审、颁发证书及证后监督管理等工作。县级农业农村行政主管部门负责受理无公害农产品认定的申请。县级以上农业农村行政主管部门依法对无公害农产品及无公害农产品标志进行监督管理。

### 1. 产地条件与生产管理

① 无公害农产品产地应当符合下列条件：产地环境条件符合无公害农产品产地环境的标准要求；区域范围明确；具备一定的生产规模。

② 无公害农产品的生产管理应当符合下列条件：生产过程符合无公害农产品质量安全控制规范标准要求；有专业的生产和质量管理人员，至少有一名专职内检员负责无公害农产

品生产和质量安全管理；有组织无公害农产品生产、管理的质量控制措施；有完整的生产和销售记录档案。

③ 从事无公害农产品生产的单位，应当严格按国家相关规定使用农业投入品。禁止使用国家禁用、淘汰的农业投入品。

### 2. 标志管理

获得无公害农产品认定证书的单位（以下简称获证单位），可以在证书规定的产品及其包装、标签、说明书上印制或加施无公害农产品标志；可以在证书规定的产品的广告宣传、展览展销等市场营销活动中、媒体介质上使用无公害农产品标志。无公害农产品标志应当在证书核定的品种、数量范围内使用，不得超范围和逾期使用。获证单位应当规范使用标志，可以按照比例放大或缩小，但不得变形、变色。当获证产品产地环境、生产技术条件等发生变化，不再符合无公害农产品要求的，获证单位应当立即停止使用标志，并向省级农业农村行政主管部门报告，交回无公害农产品认定证书。

### 3. 监督管理

获证单位应当严格执行无公害农产品产地环境、生产技术和质量安全控制标准，建立健全质量控制措施以及生产、销售记录制度，并对其生产的无公害农产品质量和信誉负责。

县级以上地方农业农村行政主管部门应当依法对辖区内无公害农产品产地环境、农业投入品使用、产品质量、包装标识、标志使用等情况进行监督检查。

省级农业农村行政主管部门应当建立证后跟踪检查制度，组织辖区内无公害农产品的跟踪检查；同时，应当建立无公害农产品风险防范和应急处置制度，受理有关的投诉、申诉工作。任何单位和个人不得伪造、冒用、转让、买卖无公害农产品认定证书和无公害农产品标志。国家鼓励单位和个人对无公害农产品生产、认定、管理、标志使用等情况进行社会监督。

### 4. 罚则

获证单位违反《无公害农产品认定暂行办法》规定，有下列情形之一的，由省级农业农村行政主管部门暂停或取消其无公害农产品认定资质，收回认定证书，并停止使用无公害农产品标志：①无公害农产品产地被污染或者产地环境达不到规定要求的；②无公害农产品生产中使用的农业投入品不符合相关标准要求的；③擅自扩大无公害农产品产地范围的；④获证产品质量不符合无公害农产品质量要求的；⑤违反规定使用标志和证书的；⑥拒不接受监管部门或工作机构对其实施监督的；⑦以欺骗、贿赂等不正当手段获得认定证书的；⑧其他需要暂停或取消证书的情形。

从事无公害农产品认定、检测、管理的工作人员滥用职权、徇私舞弊、玩忽职守的，依照有关规定给予行政处罚或行政处分；构成犯罪的，依法移送司法机关追究刑事责任。其他违反《无公害农产品认定暂行办法》规定的行为，依照《农产品质量安全法》《食品安全法》等法律法规进行处罚。

**同步训练 7-3** 检索《实施无公害农产品认证的产品目录》，了解我国无公害农产品的产品类别和种类。

# 第二节　绿色食品认证

## 一、绿色食品概述

随着市场经济的发展和农业现代化进程的推进，人们逐渐意识到过度依赖化学肥料和农药会对环境、资源以及人体健康构成危害，并且这种危害具有隐蔽性、累积性和长期性的特点。欧洲、美国、日本和澳大利亚等发达国家和地区及一些发展中国家纷纷加快了生态农业的研究，积极探索农业可持续发展的模式。1990 年，我国绿色食品事业开始起步，近年来，绿色食品发展突飞猛进，"绿色食品"已成为优质安全类食品的代名词。2019 年中央一号文件特别提出大力发展紧缺和绿色优质农产品生产，推进农业由增产导向转向提质导向。进入新时代，人们对绿色安全优质的农产品需求更为迫切，绿色食品将迎来前所未有的大发展。截至 2019 年 12 月 10 日，我国绿色食品企业总数达 15984 家，产品总数 36345 个。另外，我国已经创建 721 个绿色食品原料标准化生产基地，基地种植面积 1.66 亿亩，产品总产量突破 1 亿吨。

### 1. 绿色食品的概念

绿色食品，是指产自优良生态环境、按照绿色食品标准生产、实行全程质量控制并获得绿色食品标志使用权的安全、优质食用农产品及相关产品。"绿色"一词，体现了其所标志的商品从农副产品的种植、养殖到食品加工，直至投放市场的全过程实行环境保护和拒绝污染的理念，而并非描述食品的实际颜色。

绿色食品应具备以下条件：
① 产品或产品原料产地环境符合绿色食品产地环境质量标准；
② 农药、肥料、饲料、兽药等投入品使用符合绿色食品投入品使用准则；
③ 产品质量符合绿色食品产品质量标准；
④ 包装贮运符合绿色食品包装贮运标准。

### 2. 绿色食品的分级

我国将绿色食品标准分为 AA 级绿色食品和 A 级绿色食品两个技术等级。其中，A 级绿色食品标准要求包括：生产地的环境质量符合《绿色食品产地环境质量标准》，生产过程中严格按绿色食品生产资料使用准则和生产操作规程要求，限量使用限定的化学合成生产资料，产品质量符合绿色食品产品标准要求，经专门机构认定，允许使用 A 级绿色食品标志的产品。而 AA 级绿色食品标准要求等同于有机食品。

### 3. 绿色食品的标志

绿色食品标志是由中国绿色食品发展中心在原国家工商行政管理总局商标局正式注册的质量证明标志。如彩图 7-2 所示，绿色食品标志由三部分构成，即上方的太阳、下方的叶片和中心的蓓蕾，象征自然生态；颜色为绿色，象征着生命、农业、环保；图形为正圆形，意为保护。其中，绿色食品标志图形描绘了一幅明媚阳光照耀下的和谐生机，告诉人们绿色食品是出自优良生态环境的安全、优质食品，能给人们带来蓬勃的生命力。同时还提醒人们要保护环境，通过改善人与自然的关系，创造自然界新的和谐。

绿色食品企业须按照"绿色食品标志图形、中英文文字与企业信息码"组合形式设计获证产品包装，同时可根据产品包装的大小、形状，在企业信息码右侧或下方标注"经中国绿色食品发展中心许可使用绿色食品标志"字样。"获证产品包装设计样稿"须报送中国绿色食品发展中心审核。绿色食品标志使用权有效期为三年。有效期满，需要继续使用绿色食品标志的，标志使用人应当在有效期满三个月前向省级农业行政主管部门所属绿色食品工作机构（以下简称省级工作机构）书面提出续展申请。标志使用人逾期未提出续展申请，或者申请续展未获通过的，不得继续使用绿色食品标志。

## 二、绿色食品标准体系

绿色食品标准是应用科学技术原理，结合绿色食品生产实践，借鉴国内外相关标准所制定的，在绿色食品生产中必须遵循，以及在绿色食品质量认证时必须依据的技术性文件。绿色食品的标准体系包括环境质量标准、生产操作规程、产品标准、包装标准、贮藏和运输标准及其他相关标准，形成一个完整的质量控制标准体系（如图7-3）。

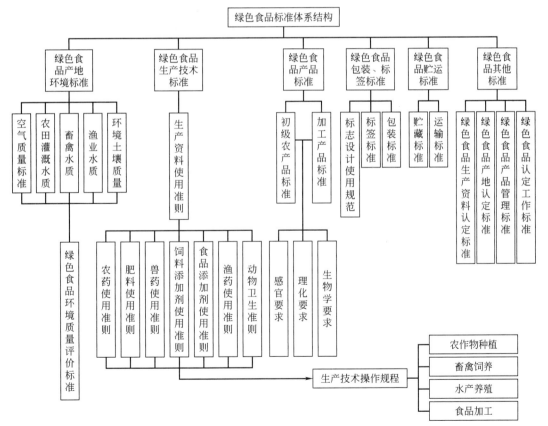

图7-3 绿色食品标准体系结构图

### 1. 绿色食品产地环境标准

绿色食品产地环境质量标准主要指《绿色食品 产地环境质量》（NY/T 391—2013），

主要规定了绿色食品产地的术语和定义、生态环境要求、空气质量要求、水质要求、土壤质量要求，适用于绿色食品生产。另外，《绿色食品 产地环境调查、监测与评价规范》（NY/T 1054—2013）规定了绿色食品产地环境调查、产地环境质量监测和产地环境质量评价的要求。

### 2. 绿色食品生产技术标准

绿色食品生产过程控制是绿色食品质量控制的关键环节。绿色食品生产技术标准是绿色食品标准体系的核心，包括绿色食品生产资料使用准则和绿色食品生产技术操作规程两部分。绿色食品生产资料使用准则是对生产绿色食品过程中物质投入的一个原则性规定，包括生产绿色食品的农药、肥料、食品添加剂、饲料添加剂、兽药和水产养殖药的使用准则，对允许、限制和禁止使用的生产资料及其使用方法、使用剂量、使用次数和休药期等做出了明确规定。绿色食品生产技术操作规程是以上述准则为依据，按作物种类、畜牧种类和不同农业区域的生产特性分别制定的，用于指导绿色食品生产活动，规范绿色食品生产技术的技术规定，包括农作物种植、畜禽饲养、水产养殖和食品加工等技术操作规程，此类标准主要为地方标准。我国部分现行绿色食品技术标准见表 7-3。

表 7-3　我国部分现行绿色食品技术标准

| 序号 | 标准编号 | 标准名称 |
| --- | --- | --- |
| 1 | NY/T 392—2013 | 绿色食品　食品添加剂使用准则 |
| 2 | NY/T 393—2013 | 绿色食品　农药使用准则 |
| 3 | NY/T 394—2013 | 绿色食品　肥料使用准则 |
| 4 | NY/T 471—2018 | 绿色食品　饲料及饲料添加剂使用准则 |
| 5 | NY/T 2400—2013 | 绿色食品　花生生产技术规程 |
| 6 | NY/T 1891—2010 | 绿色食品　海洋捕捞水产品生产管理规范 |

### 3. 绿色食品产品标准

绿色食品产品标准是衡量绿色食品最终产品质量的指标尺度，是绿色食品标准体系中数量最多的一类。与普通食品标准一样，绿色食品产品标准也规定了食品的外观品质、营养品质和卫生品质等内容，但其卫生品质要求高于国家现行标准，主要表现在对农药残留和重金属的检测项目种类多、指标严，而且使用的主要原料必须是来自绿色食品产地的、按绿色食品生产技术操作规程生产出来的产品。绿色食品产品标准反映了绿色食品生产、管理和质量控制的先进水平，突出了绿色食品产品无污染、安全的卫生品质。我国部分现行绿色食品产品标准见表 7-4。

### 4. 绿色食品包装、标签及贮藏运输标准

绿色食品包装标准规定了对绿色食品产品进行包装时应遵循的原则，包装材料选用的范围、种类，包装上的标识内容等，要求产品包装从原料、产品制造、使用、回收和废弃的整个过程都应有利于食品安全和环境保护，包括包装材料的安全、牢固性，节省资源、能源，减少或避免废弃物产生，易回收循环利用，可降解等具体要求和内容。

表 7-4 我国部分现行绿色食品产品标准

| 序号 | 标准编号 | 标准名称 | 序号 | 标准编号 | 标准名称 |
|---|---|---|---|---|---|
| 1 | NY/T 749—2018 | 绿色食品 食用菌 | 6 | NY/T 1713—2018 | 绿色食品 茶饮料 |
| 2 | NY/T 288—2018 | 绿色食品 茶叶 | 7 | NY/T 1712—2018 | 绿色食品 干制水产品 |
| 3 | NY/T 1041—2018 | 绿色食品 干果 | 8 | NY/T 2104—2018 | 绿色食品 配制酒 |
| 4 | NY/T 1406—2018 | 绿色食品 速冻蔬菜 | 9 | NY/T 1053—2018 | 绿色食品 味精 |
| 5 | NY/T 436—2018 | 绿色食品 蜜饯 | 10 | NY/T 1327—2018 | 绿色食品 鱼糜制品 |

绿色食品标签标准，除要求符合《食品安全国家标准 预包装食品标签通则》外，还要求符合《中国绿色食品商标标志设计使用规范手册》（以下简称《手册》）规定。该《手册》对绿色食品的标志图形、标准字形、图形和字体的规范组合、标准色、广告用语以及在产品包装标签上的规范应用均作了具体规定。

贮藏运输标准如《绿色食品 贮藏运输准则》（NY/T 1056—2006），对绿色食品贮藏的设施要求及管理、出入库、堆放、贮藏条件、保质处理、管理和工作人员以及运输的工具和温度管理等方面做出了规定，以保证绿色食品在贮运过程中不遭受污染、不改变品质，并有利于环保、节能。

### 5. 绿色食品其他相关标准

除了上述标准外，绿色食品标准体系还包括绿色食品生产资料认定标准、绿色食品生产基地认定标准、产品检验规则等标准，这些都是促进绿色食品质量控制管理的辅助标准。

> 同步训练 7-4 总结我国绿色食品标准体系的构成。

## 三、绿色食品的认证

根据《绿色食品标志管理办法》和《绿色食品标志许可审查程序》，总结出绿色食品的认证程序如图 7-4 所示。

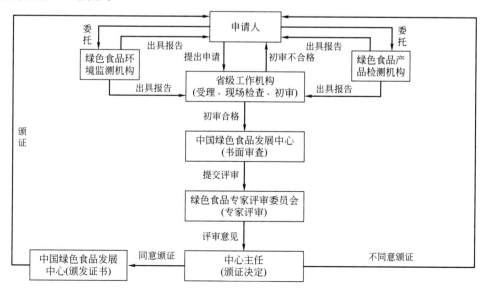

图 7-4 我国绿色食品认证程序图

**(1) 认证申请** 具有规定资质的申请人，至少在产品收获、屠宰或捕捞前三个月，向所在省级工作机构提出申请，完成网上在线申报并提交下列文件：①《绿色食品标志使用申请书》及《调查表》；②资质证明材料（如《营业执照》《全国工业产品生产许可证》《动物防疫条件合格证》《商标注册证》等证明文件复印件）；③质量控制规范；④生产技术规程；⑤基地图、加工厂平面图、基地清单、农户清单等；⑥合同、协议，购销发票，生产、加工记录；⑦含有绿色食品标志的包装标签或设计样张（非预包装食品不必提供）；⑧应提交的其他材料。

> **小知识 7-2　中国绿色食品发展中心简介**
>
> 　　中国绿色食品发展中心成立于 1992 年，是负责绿色食品标志许可、有机农产品认证、农产品地理标志登记保护、协调指导地方无公害农产品认证工作的"三品一标"专门机构，同时负责农产品品质规格、营养功能评价鉴定，协调指导名优农产品品牌培育、认定和推广等工作。中心为隶属于农业农村部的正局级事业单位，与农业农村部绿色食品管理办公室合署办公，内设：办公室、财务处、体系标准处、审核评价处、标识管理处、地理标志处、品牌发展处、基地建设处、国际合作与信息处、中绿华夏有机食品认证中心等 10 个处室和部门。中国绿色食品协会秘书处和优质农产品开发服务协会秘书处挂靠中心，中心内部还设有北京中绿田源农业发展有限公司和后勤服务中心。

**(2) 初次申请审查** 省级工作机构应当自收到《绿色食品标志许可审查程序》第七条规定的申请材料之日起十个工作日内完成材料审查。符合要求的，予以受理，并在产品及产品原料生产期内组织有资质的检查员完成现场检查；不符合要求的，不予受理，书面通知申请人并告知理由。

现场检查合格的，省级工作机构应当书面通知申请人，由申请人委托符合规定的检测机构对申请产品和相应的产地环境进行检测；现场检查不合格的，省级工作机构应当退回申请并书面告知理由。

检测机构接受申请人委托后，应当及时安排现场抽样，并自产品样品抽样之日起二十个工作日内、环境样品抽样之日起三十个工作日内完成检测工作，出具产品质量检验报告和产地环境监测报告，提交省级工作机构和申请人。

省级工作机构应当自收到产品检验报告和产地环境监测报告之日起二十个工作日内提出初审意见。初审合格的，将初审意见及相关材料报送中国绿色食品发展中心（简称中心）；初审不合格的，退回申请并书面告知理由。

中心应当自收到省级工作机构报送的申请材料之日起三十个工作日内完成书面审查，并在二十个工作日内组织专家评审。必要时，应当进行现场核查。

中心应当根据专家评审的意见，在五个工作日内作出是否颁证的决定。同意颁证的，与申请人签订绿色食品标志使用合同，颁发绿色食品标志使用证书，并公告；不同意颁证的，书面通知申请人并告知理由。

**(3) 续展申请审查** 绿色食品标志使用证书有效期三年。证书有效期满，需要继续使用绿色食品标志的，标志使用人应当在有效期满三个月前向省级工作机构书面提出续展申请。省级工作机构应当在四十个工作日内组织完成相关检查、检测及材料审核。初审合格的，由中国绿色食品发展中心在十个工作日内作出是否准予续展的决定。准予续展的，与标志使用人续签绿色食品标志使用合同，颁发新的绿色食品标志使用证书并公告；不予续展的，书面通知标志使用人并告知理由。

## 四、绿色食品的管理

### 1. 标志使用管理

标志使用人在证书有效期内享有下列权利：

① 在获证产品及其包装、标签、说明书上使用绿色食品标志；

② 在获证产品的广告宣传、展览展销等市场营销活动中使用绿色食品标志；

③ 在农产品生产基地建设、农业标准化生产、产业化经营、农产品市场营销等方面优先享受相关扶持政策。

标志使用人在证书有效期内应当履行下列义务：

① 严格执行绿色食品标准，保持绿色食品产地环境和产品质量稳定可靠；

② 遵守标志使用合同及相关规定，规范使用绿色食品标志；

③ 积极配合县级以上人民政府农业行政主管部门的监督检查及其所属绿色食品工作机构的跟踪检查。

未经中国绿色食品发展中心许可，任何单位和个人不得使用绿色食品标志。禁止将绿色食品标志用于非许可产品及其经营性活动。

在证书有效期内，标志使用人的单位名称、产品名称、产品商标等发生变化的，应当经省级工作机构审核后向中国绿色食品发展中心申请办理变更手续。

产地环境、生产技术等条件发生变化，导致产品不再符合绿色食品标准要求的，标志使用人应当立即停止标志使用，并通过省级工作机构向中国绿色食品发展中心报告。

### 2. 监督检查

标志使用人应当健全和实施产品质量控制体系，对其生产的绿色食品质量和信誉负责。

县级以上地方人民政府农业行政主管部门应当加强绿色食品标志的监督管理工作，依法对辖区内绿色食品产地环境、产品质量、包装标识、标志使用等情况进行监督检查。

中国绿色食品发展中心和省级工作机构应当建立绿色食品风险防范及应急处置制度，组织对绿色食品及标志使用情况进行跟踪检查；省级工作机构应当组织对辖区内绿色食品标志使用人使用绿色食品标志的情况实施年度检查。检查合格的，在标志使用证书上加盖年度检查合格章。

标志使用人有下列情形之一的，由中国绿色食品发展中心取消其标志使用权，收回标志使用证书，并予公告：

① 生产环境不符合绿色食品环境质量标准的；

② 产品质量不符合绿色食品产品质量标准的；

③ 年度检查不合格的；

④ 未遵守标志使用合同约定的；

⑤ 违反规定使用标志和证书的；

⑥ 以欺骗、贿赂等不正当手段取得标志使用权的。

标志使用人依照前款规定被取消标志使用权的，三年内中国绿色食品发展中心不再受理其申请；情节严重的，永久不再受理其申请。

任何单位和个人不得伪造、转让绿色食品标志和标志使用证书。

国家鼓励单位和个人对绿色食品和标志使用情况进行社会监督。

从事绿色食品检测、审核、监管工作的人员，滥用职权、徇私舞弊和玩忽职守的，依照有关规定给予行政处罚或行政处分；构成犯罪的，依法移送司法机关追究刑事责任。

承担绿色食品产品和产地环境检测工作的技术机构伪造检测结果的，除依法予以处罚外，还要由中国绿色食品发展中心取消指定，永久不得再承担绿色食品产品和产地环境检测工作。

# 第三节  有机食品认证

## 一、有机食品概述

### 1. 有机食品的概念

有机食品来源于有机生产和有机加工。

有机生产是遵照特定的农业生产原则，在生产中不采用基因工程获得的生物及其产物，不使用化学合成的农药、化肥、生长调节剂、饲料添加剂等物质，遵循自然规律和生态学原理，协调种植业和养殖业的平衡，保持生产体系持续稳定的一种农业生产方式。

有机加工是主要使用有机配料，加工过程中不采用基因工程获得的生物及其产物，尽可能减少使用化学合成的添加剂、加工助剂、染料等投入品，最大程度地保持产品的营养成分和（或）原有属性的一种加工方式。

有机产品是有机生产、有机加工的供人类消费、动物食用的产品，大体包括纺织品、化妆品和饲料等有机"非食品"以及粮食、蔬菜、水果、奶制品、畜禽产品、水产品及调料等有机食品。

### 2. 我国有机产品认证标志

我国有机产品标志如彩图 7-5 所示。其涵义是：形似地球，象征和谐、安全，圆形中的"中国有机产品"字样为中英文结合方式，既表示中国有机产品与世界同行，也有利于国内外消费者识别；标志中间类似种子图形代表生命萌发之际的勃勃生机，象征了有机产品是从种子开始的全过程认证，同时昭示出有机产品就如同刚刚萌生的种子，正在中国大地上茁壮成长；种子图形周围圆润自如的线条象征环形的道路，与种子图形合并构成汉字"中"，体现出有机产品植根中国，有机之路越走越宽广；同时，处于平面的环形又是英文字母"C"

的变体，种子形状也是"O"的变形，意为"China Organic"；转换产品认证标志的褐黄色，代表肥沃的土地，表示有机产品在肥沃的土壤上不断发展；有机产品认证标志的绿色，代表环保、健康，表示有机产品给人类的生态环境带来完美与协调；橘红色代表旺盛的生命力，表示有机产品对可持续发展的作用。

> **小知识 7-3　有机产品转换期**
>
> 　　转换期的规定是为了保证有机产品的"纯洁"。如已经使用过农药或化肥的农场要想转换成为有机农场，需按有机标准的要求建立有效的管理体系，并在停止使用化学合成农药和化肥后还要经过 2～3 年的转换期后才能正式成为有机农场。在转换期间生产的产品，只能作为常规产品销售。不是所有产品都需要转换期，比如野生采集产品和基质栽培的食用菌就不需要转换期。

## 二、有机食品标准

2019 年 8 月 30 日，国家市场监督管理总局、国家标准化管理委员会联合发布《有机产品　生产、加工、标识与管理体系要求》（GB/T 19630—2019），代替 2011 年发布的《有机产品》（GB/T 19630.1～ GB/T 19630.4），于 2020 年 1 月 1 日起实施。尽管 GB/T 19630 是推荐性国家标准，但由于国家认证认可监督管理委员会发布的《有机产品认证实施规则》明确规定有机认证要依据 GB/T 19630，因此该标准是必须执行的，各认证机构需要统一按照该标准开展有机食品认证工作。

GB/T 19630—2019 的主要内容包括范围、规范性引用文件、术语和定义、生产、加工、标识和销售以及管理体系，适用于有机植物、动物和微生物的生产，有机食品、饲料和纺织品等的加工，以及有机产品的包装、贮藏、运输、标识和销售。新版标准大体上是对 2011 版《有机产品》系列标准内容的整合，主要变化是增加了有机生产和有机加工的定义、持续改进产地环境的要求以及有机码和有机产品销售专区的要求，修改了土壤质量、产品配料、畜禽饲料、产品包装和贮藏、标识等方面的要求，而投入品的使用和禁用要求也更为明确。另外，新版标准与《有机产品认证管理办法》以及各引用规范性文件更加一致，如有机产品中食品添加剂的使用品种的调整、饲料添加剂品种目录的调整等。

## 三、有机食品认证程序

有机产品认证，是指认证机构依照《有机产品认证管理办法》的规定，按照有机产品认证规则，对相关产品的生产、加工和销售活动符合中国有机产品国家标准进行的合格评定活动。国家认证认可监督管理委员会（以下简称国家认监委）负责全国有机产品认证的统一管理、监督和综合协调工作。地方各级质量技术监督部门和各地出入境检验检疫机构（以下统称地方认证监管部门）按照职责分工，依法负责所辖区域内有机产品认证活动的监督检查和行政执法工作。国家推行统一的有机产品认证制度，实行统一的认证目录、统一的标准和认证实施规则、统一的认证标志。

根据《有机产品认证管理办法》及《有机产品认证实施规则》，有机食品的认证程序包括认证委托人申请、申请材料的审查、现场检查、认证决定等步骤。

**1. 申请**

有机产品生产者、加工者（以下统称认证委托人），可以自愿委托认证机构进行有机产品认证，并提交《有机产品认证实施规则》中规定的申请材料：

① 认证委托人的合法经营资质文件的复印件，包括营业执照副本、组织机构代码证、土地使用权证明及合同等。

② 认证委托人及其有机生产、加工、经营的基本情况。

③ 产地（基地）区域范围描述，包括地理位置、地块分布、缓冲带及产地周围临近地块的使用情况；加工场所周边环境（包括水、气和有无面源污染）描述、厂区平面图、工艺流程图等。

④ 有机产品生产、加工规划，包括对生产、加工环境适宜性的评价，对生产方式、加工工艺和流程的说明及证明材料，农药、肥料、食品添加剂等投入物质的管理制度，以及质量保证、标识与追溯体系建立、有机生产加工风险控制措施等。

⑤ 本年度有机产品生产、加工计划，上一年度销售量、销售额和主要销售市场等。

⑥ 承诺守法诚信，接受认证机构、认证监管等行政执法部门的监督和检查，保证提供材料真实，执行有机产品标准、技术规范及销售证管理的声明。

⑦ 有机生产、加工的质量管理体系文件。

⑧ 有机转换计划（适用时）。

⑨ 其他相关材料。

**2. 申请材料的审查**

认证机构应当自收到认证委托人申请材料之日起 10 日内，完成材料审核，并作出是否受理的决定。对于不予受理的，应当书面通知认证委托人，并说明理由。

申请材料审查要求如下：

① 认证要求规定明确，并形成文件和得到理解。

② 认证机构和认证委托人之间在理解上的差异得到解决。

③ 对于申请的认证范围，认证委托人的工作场所和任何特殊要求，认证机构均有能力开展认证服务。

**3. 现场检查**

根据所申请产品对应的认证范围，认证机构应委派具有相应资质和能力的检查员组成检查组。每个检查组应至少有一名相应认证范围注册资质的专职检查员，并担任检查组组长。

认证机构在现场检查前可向检查组下达检查任务书并制定检查计划，应包含检查依据、检查范围、检查组组长和成员、检查要点、上年度认证机构提出的不符合项等。认证机构应当在对认证委托人实施现场检查前 5 日内，将认证委托人、认证检查方案等基本信息报送至国家认监委确定的信息系统。地方认证监管部门对认证机构提交的检查方案和计划等基本信息有异议的应至少在现场检查前 2 日提出；认证机构应及时与该部门进行沟通，协调一致后方可实施现场检查。

认证机构受理认证委托后，应当按照有机产品认证实施规则的规定，由认证检查员对有机产品生产、加工场所进行现场检查，并应当委托具有法定资质的检验检测机构对申请认证的产品进行样品的检验检测。

需要进行产地（基地）环境监（检）测的，由具有法定资质的监（检）测机构出具监（检）测报告，或者采信认证委托人提供的其他合法有效的环境监（检）测结论。

检查员完成检查后按要求编写检查报告，对检查证据、检查发现和检查结论逐一进行描述，认证机构应将检查报告提交给认证委托人，并保留签收或提交的证据。

### 4. 认证决定

认证机构应基于对产地环境质量在现场检查和产品检测评估的基础上作出认证决定，同时考虑产品生产、加工特点，认证委托人或直接生产加工者的管理体系稳定性，当地农兽药使用、环境保护和区域性社会质量诚信状况等情况。符合有机产品认证要求的，认证机构应当及时向认证委托人出具有机产品认证证书，允许其使用中国有机产品认证标志；对不符合认证要求的，应当书面通知认证委托人，并说明理由。认证机构及认证人员应当对其作出的认证结论负责。

认证委托人如对认证决定结果有异议，可在 10 日内向认证机构申诉，认证机构自收到申诉之日起，应在 30 日内处理并将处理结果书面通知认证委托人。

---

**拓展阅读 7-1　有机食品认证机构和认证人员的要求**

（1）认证机构要求　从事有机产品认证活动的认证机构，应当具备《中华人民共和国认证认可条例》规定的条件和从事有机产品认证的技术能力，并获得国家认监委的批准。认证机构应在获得国家认监委批准后的 12 个月内，向国家认监委提交可证实其具备实施有机产品认证活动符合本规则和 GB/T 27065《产品认证机构通用要求》能力的证明文件。认证机构在未提交相关能力证明文件前，每个批准认证范围颁发认证证书数量不得超过 5 张。认证机构应当建立内部制约、监督和责任机制，使受理、培训（包括相关增值服务）、检查和作认证决定等环节相互分开、相互制约和相互监督。认证机构不得将是否获得认证与参与认证检查的检查员及其他人员的薪酬挂钩。

（2）认证人员要求　从事认证活动的人员应当具有相关专业教育和工作经历；接受过有机产品生产、加工、经营与销售管理、食品安全和认证技术等方面的培训，具备相应的知识和技能。有机产品认证检查员应取得中国认证认可协会的执业注册资质。认证机构应对本机构的全体认证检查员的能力做出评价，以满足实施相应认证范围的有机产品认证活动的需要。

---

## 四、有机食品的管理

### 1. 认证证书的管理

国家认监委负责制定有机产品认证证书的基本格式、编号规则和认证标志的式样、编号规则。认证证书有效期为 1 年。认证证书应当包括以下内容：①认证委托人的名称、地址；②获证产品的生产者、加工者以及产地（基地）的名称、地址；③获证产品的数量、产地（基地）面积和产品种类；④认证类别；⑤依据的国家标准或者技术规范；⑥认证机构名称及其负责人签字、发证日期、有效期。

**（1）变更**　获证产品在认证证书有效期内，有下列情形之一的，认证委托人应当在 15 日内向认证机构申请变更。认证机构应当自收到认证证书变更申请之日起 30 日内，对认证证书进行变更：①认证委托人或者有机产品生产、加工单位名称或者法人性质发生变更的；②产品种类和数量减少的；③其他需要变更认证证书的情形。

**（2）注销**　有下列情形之一的，认证机构应当在 30 日内注销认证证书，并对外公布：①认证证书有效期届满，未申请延续使用的；②获证产品不再生产的；③获证产品的认证委托人申请注销的；④其他需要注销认证证书的情形。

**（3）暂停**　有下列情形之一的，认证机构应当在 15 日内暂停认证证书，认证证书暂停期为 1~3 个月，并对外公布：①未按照规定使用认证证书或者认证标志的；②获证产品的生产、加工、销售等活动或者管理体系不符合认证要求，且经认证机构评估在暂停期限内能够采取有效纠正或者纠正措施的；③其他需要暂停认证证书的情形。

**（4）撤销**　有下列情形之一的，认证机构应当在 7 日内撤销认证证书，并对外公布：①获证产品质量不符合国家相关法规、标准强制要求或者被检出有机产品中有国家标准禁用物质的；②获证产品生产、加工活动中使用了有机产品国家标准禁用物质或者受到禁用物质污染的；③获证产品的认证委托人虚报、瞒报获证所需信息的；④获证产品的认证委托人超范围使用认证标志的；⑤获证产品的产地（基地）环境质量不符合认证要求的；⑥获证产品的生产、加工、销售等活动或者管理体系不符合认证要求，且在认证证书暂停期间，未采取有效纠正或者纠正措施的；⑦获证产品在认证证书标明的生产、加工场所外进行了再次加工、分装、分割的；⑧获证产品的认证委托人对相关方重大投诉且确有问题未能采取有效处理措施的；⑨获证产品的认证委托人从事有机产品认证活动因违反国家农产品、食品安全管理相关法律法规，受到相关行政处罚的；⑩获证产品的认证委托人拒不接受认证监管部门或者认证机构对其实施监督的；⑪其他需要撤销认证证书的情形。

> **拓展阅读 7-2　国家市场监管总局撤销 7 批次有机茶叶产品认证证书**
>
> 　　国家市场监管总局发布《2019 年有机茶叶产品（网售）认证有效性抽查结果的通告》。
>
> 　　通告称，根据《中华人民共和国认证认可条例》《有机产品认证管理办法》的有关规定，国家市场监管总局近期组织对主要电商平台销售的获得有机产品认证的茶叶产品实施了认证有效性抽查，共计抽查 40 家生产企业的 60 批次产品。经检查，发现 7 批次抽样产品被检出有机产品国家标准禁用的物质，不符合有机产品认证的相关要求，不合格检出率为 11.67%。有关认证机构依据《有机产品认证管理办法》的规定，对这 7 批次被检出有机产品国家标准禁用物质的获证产品，作出了撤销有机产品认证证书的处理。
>
> 　　此外，通告还披露，认证机构自通告发布之日起 5 年内，不得受理上述不合格产品的生产企业及其生产基地、加工场所的有机产品认证委托。

### 2. 认证标志的管理

中国有机产品认证标志应当在认证证书限定的产品类别、范围和数量内使用。获证产品的认证委托人应当在获证产品或者产品的最小销售包装上，加施中国有机产品认证标志、有机码和认证机构名称。获证产品标签、说明书及广告宣传等材料上可以印制中国有机产品认证标志，并可以按照比例放大或者缩小，但不得变形、变色。

有下列情形之一的，任何单位和个人不得在产品、产品最小销售包装及其标签上标注含有"有机""ORGANIC"等字样且可能误导公众认为该产品为有机产品的文字表述和图案：①未获得有机产品认证的；②获证产品在认证证书标明的生产、加工场所外进行了再次加工、分装、分割的。

认证证书暂停期间，获证产品的认证委托人应当暂停使用认证证书和认证标志；认证证书注销、撤销后，认证委托人应当向认证机构交回认证证书和未使用的认证标志。

### 3. 监督检查

国家认监委对有机产品认证活动组织实施监督检查和不定期的专项监督检查。地方认证监管部门应当按照各自职责，依法对所辖区域的有机产品认证活动进行监督检查，查处获证有机产品生产、加工、销售活动中的违法行为。各地出入境检验检疫机构负责对外资认证机构、进口有机产品认证和销售，以及出口有机产品认证、生产、加工、销售活动进行监督检查。地方各级质量技术监督部门负责对中资认证机构、在境内生产加工且在境内销售的有机产品认证、生产、加工、销售活动进行监督检查。

地方认证监管部门的监督检查的方式包括：①对有机产品认证活动是否符合本办法和有机产品认证实施规则规定的监督检查；②对获证产品的监督抽查；③对获证产品认证、生产、加工、进口、销售单位的监督检查；④对有机产品认证证书、认证标志的监督检查；⑤对有机产品认证咨询活动是否符合相关规定的监督检查；⑥对有机产品认证和认证咨询活动举报的调查处理；⑦对违法行为的依法查处。

获证产品的认证委托人以及有机产品销售单位和个人，在产品生产、加工、包装、贮藏、运输和销售等过程中，应当建立完善的产品质量安全追溯体系和生产、加工、销售记录档案制度。有机产品销售单位和个人在采购、贮藏、运输、销售有机产品的活动中，应当符合有机产品国家标准的规定，保证销售的有机产品类别、范围和数量与销售证中的产品类别、范围和数量一致，并能够提供与正本内容一致的认证证书和有机产品销售证的复印件，以备相关行政监管部门或者消费者查询。任何单位和个人对有机产品认证活动中的违法行为，可以向国家认监委或者地方认证监管部门举报。国家认监委、地方认证监管部门应当及时调查处理，并为举报人保密。

---

**同步训练 7-5** 总结无公害农产品、绿色食品和有机食品的异同点。

---

**思政小课堂　冒用农产品质量标志案例**

《农产品质量安全法》规定，禁止冒用农产品质量标志。冒用农产品质量标志的，责令改正，没收违法所得，并处两千元以上两万元以下罚款。

**案例一　冒用绿色食品标志案**

2020 年 11 月，Y 市 G 区农业农村局行政执法人员在开展农产品质量安全检查时，在 Y 市某公司门市内发现正在销售标称"Y 市某公司"生产的大米，该大米产品包装袋上标识了"绿色食品"标志图案。执法人员查询发现标称企业"Y 市某公司"认证的绿色食品中并无此大米，其行为涉嫌冒用农产品质量标志。后经调查查明，将未经产品认证的自产大米用印有"绿色食品"标志图案的包装袋进行包装和销售，货值金额 1920 元，至案发时该产品尚未售出。当事人的行为违反了《农产品质量安全法》第三十二条第二款规定，Y 市 G 区农业农村局依据《农产品质量安全法》第五十一条的规定，对其责令改正，并作出了罚款 2000 元的行政处罚决定。

**案例二 未取得有机产品认证在标签上标注"有机产品"案**

根据群众举报，市场监管局执法人员对某公司生产的"金芭蕾干煸香椿"等两种产品的外包装上标注有"有机食品"字样的相关情况进行检查询问。经查，上述两种食品未取得有机产品认证，其在两种产品外包装的简介说明书上标注"一种极具营养价值的有机食品"。其行为违反了《有机产品认证管理办法》第三十五条第一款第一项的规定，市场监管局依据《有机产品认证管理办法》第五十条的规定，对其作出罚款 19000.00 元的行政处罚。

# 第四节　农产品地理标志登记

## 一、农产品地理标志概述

农产品地理标志，是指标示农产品来源于特定地域，产品品质特征主要取决于该特定区域的自然生态环境、历史人文因素及特定生产方式，并以地域名称冠名的特有农产品标志。此处所称的农产品是指来源于农业的初级产品，即在农业活动中获得的植物、动物、微生物及其产品。农产品地理标志是在长期的农业生产和百姓生活中形成的地方优良物质文化财富，建立农产品地理登记制度，对优质、特色的农产品进行地理标志保护，是合理利用与保护农业资源、农耕文化的现实要求，有利于培育地方主导产业，形成有利于知识产权保护的地方特色农产品品牌。

农产品地理标志实行公共标识与地域产品名称相结合的标注制度。公共标识基本图案由原农业部中英文字样、农产品地理标志中英文字样和麦穗、地球、日月图案等元素相互辉映，体现了农业、自然、国际化的内涵。标识的颜色由绿色和橙色组成，绿色象征农业和环保，橙色寓意丰收和成熟。公共标识基本图案如彩图 7-6 所示。

## 二、农产品地理标志的登记

国家对农产品地理标志实行登记制度，经登记的农产品地理标志受法律保护。农业农村部负责全国农产品地理标志的登记工作，农业农村部农产品质量安全中心负责农产品地理标志登记的审查和专家评审工作。省级人民政府农业行政主管部门负责本行政区域内农产品地理标志登记申请的受理和初审工作。

### 1. 申请条件

申请地理标志登记的农产品，应当符合下列条件：

① 称谓由地理区域名称和农产品通用名称构成；

② 产品有独特的品质特性或者特定的生产方式；

③ 产品品质和特色主要取决于独特的自然生态环境和人文历史因素；

④ 产品有限定的生产区域范围；

⑤ 产地环境、产品质量符合国家强制性技术规范要求。

### 2. 登记程序

**(1)** 符合农产品地理标志登记条件的申请人，可以向省级人民政府农业行政主管部门提出登记申请，并提交下列申请材料：

① 登记申请书；

② 申请人资质证明；

③ 产品典型特征特性描述和相应产品品质鉴定报告；

④ 产地环境条件、生产技术规范和产品质量安全技术规范；

⑤ 地域范围确定性文件和生产地域分布图；

⑥ 产品实物样品或者样品图片；

⑦ 其他必要的说明性或者证明性材料。

**(2)** 省级人民政府农业行政主管部门自受理农产品地理标志登记申请之日起，应当在45个工作日内完成申请材料的初审和现场核查，并提出初审意见。符合条件的，将申请材料和初审意见报送农业农村部农产品质量安全中心；不符合条件的，应当在提出初审意见之日起10个工作日内将相关意见和建议通知申请人。

**(3)** 农业农村部农产品质量安全中心应当自收到申请材料和初审意见之日起20个工作日内，对申请材料进行审查，提出审查意见，并组织专家评审。专家评审工作由农产品地理标志登记评审委员会承担。农产品地理标志登记专家评审委员会应当独立做出评审结论，并对评审结论负责。

**(4)** 经专家评审通过的，由农业农村部农产品质量安全中心代表农业农村部对社会公示。

有关单位和个人有异议的，应当自公示截止日起20日内向农业农村部农产品质量安全中心提出。公示无异议的，由农业农村部做出登记决定并公告，颁发《中华人民共和国农产品地理标志登记证书》，公布登记产品相关技术规范和标准。专家评审没有通过的，由农业农村部做出不予登记的决定，书面通知申请人，并说明理由。

**(5)** 农产品地理标志登记证书长期有效。农产品地理标志实行公共标识与地域产品名称相结合的标注制度。

### 3. 标志的使用

**(1)** 符合下列条件的单位和个人，可以向登记证书持有人申请使用农产品地理标志：

① 生产经营的农产品产自登记确定的地域范围；

② 已取得登记农产品相关的生产经营资质；

③ 能够严格按照规定的质量技术规范组织开展生产经营活动；

④ 具有地理标志农产品市场开发经营能力。

使用农产品地理标志，应当按照生产经营年度与登记证书持有人签订农产品地理标志使用协议，在协议中载明使用的数量、范围及相关的责任义务。

**(2)** 农产品地理标志使用人享有以下权利：

① 可以在产品及其包装上使用农产品地理标志；

② 可以使用登记的农产品地理标志进行宣传和参加展览、展示及展销。

**(3)** 农产品地理标志使用人应当履行以下义务：

① 自觉接受登记证书持有人的监督检查；

② 保证地理标志农产品的品质和信誉；

③ 正确规范地使用农产品地理标志。

**同步训练 7-6** 总结农产品地理标志的登记程序。

## 三、农产品地理标志的监督管理

县级以上人民政府农业行政主管部门应当加强农产品地理标志监督管理工作，定期对登记的地理标志农产品的地域范围、标志使用等进行监督检查。

登记的地理标志农产品或登记证书持有人不符合《农产品地理标志管理办法》第七条、第八条规定的，由农业农村部注销其地理标志登记证书并对外公告。地理标志农产品的生产经营者，应当建立质量控制追溯体系。农产品地理标志登记证书持有人和标志使用人，对地理标志农产品的质量和信誉负责。

任何单位和个人不得伪造、冒用农产品地理标志和登记证书。

国家鼓励单位和个人对农产品地理标志进行社会监督。

从事农产品地理标志登记管理和监督检查的工作人员滥用职权、玩忽职守、徇私舞弊的，依法给予处分；涉嫌犯罪的，依法移送司法机关追究刑事责任。

违反《农产品地理标志管理办法》规定的，由县级以上人民政府农业行政主管部门依照《中华人民共和国农产品质量安全法》有关规定处罚。

### 巩固训练

**一、概念题**

食品产品认证　　绿色食品　　有机产品　　有机农业　　农产品地理标志

**二、不定项选择题**

1. （　　）在生产加工过程中禁止使用农药、化肥、激素等化学合成物质，并且不允许使用基因工程技术。

A. 无公害农产品　　B. 绿色食品　　　　C. 有机食品　　　　D. A 级绿色食品

2.《无公害农产品认证证书》的有效期为（　　　），期满后需要继续使用的，证书持有人应当在有效期满前 90 日内按照规定程序重新办理。

A. 1 年　　　　　　　B. 2 年　　　　　　　C. 3 年　　　　　　　D. 长期有效

3. 绿色食品标志使用权有效期为（　　　）。

A. 1 年　　　　　　　B. 2 年　　　　　　　C. 3 年　　　　　　　D. 长期有效

4. 负责农产品地理标志登记的审查和专家评审工作的部门是（　　　）。

A. 国家认证认可监督管理委员会　　　　B. 农业农村部绿色食品发展中心

C. 农业农村部农产品质量安全中心　　　D. 国家质量监督检验检疫总局

5. 农产品地理标志登记证书的有效期为（　　　）。

A. 1 年　　　　　　　B. 2 年　　　　　　　C. 3 年　　　　　　　D. 长期有效

### 三、填空题

1. 无公害农产品是指＿＿＿＿、＿＿＿＿和＿＿＿＿符合国家有关标准和规范的要求，经＿＿＿＿合格的未经加工或者初加工的食用农产品。

2. 无公害农产品标志图案主要由＿＿＿＿、＿＿＿＿和＿＿＿＿组成。

3. 我国将绿色食品标准分为两个技术等级，即＿＿＿＿和＿＿＿＿。

4. 绿色食品标志由三部分构成，即＿＿＿＿、＿＿＿＿和＿＿＿＿，象征自然生态；颜色为＿＿＿＿，象征着生命、农业、环保；图形为＿＿＿＿，意为保护。

5. ＿＿＿＿＿＿＿＿＿＿＿＿＿＿＿负责全国有机产品认证的统一管理、监督和综合协调工作。

6. 农产品地理标志公共标识基本图案由＿＿＿＿中英文字样、＿＿＿＿中英文字样和麦穗、地球、日月图案等元素构成。

### 四、问答题

1. 总结并阐述无公害农产品、绿色食品、有机食品的异同。

2. 简述无公害农产品认证的特点和程序。

3. 绿色食品的认证应该具备哪些条件？

4. 简述有机食品的认证程序。

5. 简述农产品地理标志的登记程序。

# 第八章
# 食品标准与法规文献检索

## 知识目标

理解文献的特点、类型及作用；掌握食品标准与法规的检索系统和工具及网络查询方法；熟悉国际标准、国家标准、行业标准分类和代号及其含义。

## 能力目标

能辨别不同类型的文献；会使用检索工具进行食品标准与法规文献检索；能区分国际标准、国家标准及行业标准。

## 思政与素质目标

通过检索获取需要的食品标准和法规是正确应用的前提。通过学习食品标准和法规的检索方法，培养与时俱进的信息素养和终身学习能力，强化时刻关注食品标准与法规及食品政策变化的职业习惯。

## 引例：掌握精准搜索能力，快速找到世界上 80% 问题的答案

著名商业顾问曾说过，人生 80％ 的问题，早就被人回答过。在现今这个信息时代，充分利用网络。进行有关问题的精准搜索，不仅节约时间，也是提高工作效率的必备技能。

如果在百度输入"大数据"，会有 1 亿个结果出现，但若输入"intitle：大数据"，那么标题中出现大数据的项目只有 400 多万个。普通搜索和精准搜索，就好比概念的内涵与外延，外延越大，内涵就越小。相反，如果搜索限定条件越多，搜索出的内容也就会越发精准。

分析：随着科技的进步和社会经济的飞速发展，信息化时代随之而来。如何更快地掌握信息成为现代工作者关注的焦点之一，不仅要善于学习，更要学会利用学习工具。文献信息检索是开发信息资源的重要工具，掌握和利用科技文献信息已成为发展科学技术不可缺少的条件之一。

那么，文献是什么？它有哪些类别？文献检索是怎样进行的？应当如何有效地检索食品标准与法规文献？学完本章内容，你将能够回答上述问题。

# 第一节　文献检索基础知识

现代社会被称为信息社会，信息与材料、能源一起被视为社会经济发展的三大支柱。文献信息检索是关于获得所需信息的知识，它不仅是一种技能，而且已发展成为一个专业学科领域。

## 一、文献的定义和分类

### 1. 文献的定义

文献（document）是记录一切载体的统称。国家标准《文献著录 第 1 部分：总则》（GB/T 3792.1—2009）对"文献"的定义是"记录有知识的一切载体"。也就是说，凡载有文字的出版物、甲骨、金石、简帛、拓本、图谱乃至缩微胶片、声像资料等，皆属文献的范畴。

> **小知识 8-1　"文献"一词的起源与发展**
>
> "文献"一词最早见于《论语·八佾》："夏礼吾能言之，杞不足徵也；殷礼吾能言之，宋不足徵也。文献不足故也。"朱熹集注："文，典籍也；献，贤也。"陆游《谢徐居厚汪叔潜携酒见访》诗："衣冠方南奔，文献往往在。"因此文献最初是指典籍与宿贤等。但随着社会的发展，文献的概念发生了翻天覆地的变化，它除了泛指古籍外，近人把具有历史价值的古迹、古物、模型、碑古、绘画等，统称为"历史文献"。鲁迅《书信集·致曹白》："不过这原是一点文献，并非入门书。"徐迟《哥德巴赫猜想》："由于这些研究员的坚持，数学研究所继续订购世界各国的文献资料。"1983 年，我国国家标准《文献著录总则》将"文献"定义为"记录与知识的一切载体"。

**（1）文献的基本要素**　根据文献的定义可以明确，文献有四个基本要素：

① 构成文献内核的知识信息；

② 负载知识信息的物质载体，如甲骨、竹简、绢帛、纸张、胶卷、磁盘、光盘等，它是文献的外在形式；

③ 记录知识信息的符号，如文字、图表、声音、图像等；

④ 记录知识信息的手段，如刀刻、书写、印刷、录音、录像等。

**（2）文献的基本属性**

① 知识性　知识性是文献的本质，离开知识信息，文献便不复存在。

② 传递性　文献能帮助人们克服时间与空间上的障碍，在时空中传递人类已有的知识，使人类的知识得以流传和发展。

③ 动态性　文献并非处于静止状态，其蕴含的知识信息随着人类社会和科技的发展在不断地有规律地运动着。

**拓展阅读 8-1 文献是科学研究的基础**

英国李约瑟教授历数十年时间撰成举世瞩目的巨著——《中国科学技术史》，是在研究大量中国古代科技文献资料的基础上写成的。纵观中国医学史，凡是在学术上有重大成就的医家，无不十分重视对文献的研究。医圣张仲景"勤求古训，博采众方，撰用《素问》《九卷》《八十一难》《阴阳大论》《胎胪药录》，并平脉辨证，为《伤寒杂病论》，合十六卷"。唐代著名的医药学家孙思邈历数十年，集唐以前医学文献之大成，先后著成《备急千金要方》和《千金翼方》。明代伟大的医药学家李时珍"渔猎群书，搜罗百氏。凡子史经传、声韵农圃、医卜星相、乐府诸家，稍有得处，辄著数言""岁历三十稔，书考八百余家"，编纂了不朽的名著《本草纲目》，被称为"格物之通典"，据统计，其直接和间接引用的文献达 900 余种。他们都是研究和利用古代文献的典范。又如中医基础理论的现代研究，古代病证、治法、方药的现代研究，无一不是在搜集、整理、分析、研究古典医药文献的基础上进行的。因此，任何一项科学研究都必须广泛搜集文献资料，在充分占有资料的基础上，分析资料的种种形态，探求其内在的联系，进而作更深入的研究。

## 2. 文献的分类

文献的种类繁多，现代文献因划分标准不同而有多种分类形式。

**(1) 根据文献的载体不同分类**

① 印刷型文献 印刷型文献是指以纸质为存储介质，运用印刷技术将需要记录的内容打印在纸张上而形成的一种文献形式，是文献的最基本方式。

② 缩微型文献 缩微型文献是以感光材料为载体的文献，是用摄影的方法把文献的影像记录在胶卷或胶片上而形成的一种文献形式。

③ 机读型文献 机读型文献是一种新形式的载体，是指利用计算机阅读的文献。该文献形式主要是通过编码和程序设计的技术把文献转换成二进制数字代码语言，输入计算机，记录存储在磁带或磁盘等载体上，阅读时再由计算机输出。机读型文献正在日益被人们广泛接受和利用。

④ 声像型文献 声像型文献又称直感型或视听型文献，是以磁性材料、光学材料为记录载体，利用专门的装置记录并显示声音和图像的文献。如常见的有唱片、录音带、录像带、科技电影、幻灯片等。

**(2) 根据文献加工程度不同分类** 人们在利用文献来传递信息的过程中，为了能够快速报道和发表文献，便于进行信息交流，会对文献集中进行不同程度的加工。

① 零次文献 未经任何加工处理的源信息叫做零次文献，比如书信、论文手稿、笔记、数据记录、会议记录等都属于零次文献。它是一次文献的基础。

② 一次文献 一次文献又称原始文献，指以作者本人的工作经验、总结或者实际研究成果为依据而创作的具有一定新见解和发明创造的文献，即对零次文献的第一次加工整理、系统化，如会议文献、学位论文、专利文献、产品样本、科技报告、标准文献、档案等。一次文献一定发表在零次文献之后，是报道和检索零次文献的有效检索工具。

③ 二次文献 二次文献是对一次文献进一步加工整理后的产物，即对无序的一次文献

的外部特征如题名、作者、出处等进行编著，或将其内容压缩成简介、提要或文摘，并按照一定的学科或专业进行系统化而形成的文献形式，一般包括目录、题录、简介、文摘、搜索引擎等检索工具。

④ 三次文献　三次文献是指对有关的一次文献、二次文献进行广泛深入的综合分析和研究对比之后而形成的更系统、更精练的工具书或综合资料，包括综述、专题述评、学科年度总结、数据手册、进展报告、进展性出版物以及文献指南等。

一次文献是二次文献和三次文献的来源和基础，是文献检索的主要对象。二次文献具有浓缩性，是一次文献的简略和有序化，是文献检索的工具。三次文献具有综合性，既是检索对象，又可提供一定的检索手段。从零次文献到一次、二次、三次文献都是将大量分散、零乱、无序的文献进行分类、加工、整理、浓缩，并按照一定的逻辑顺序和科学体系加以编排汇总，使之成为一个体系，以便于信息检索。

**（3）根据文献的表现形式不同分类**　根据文献的外在表现形式及编辑出版形式不同，可将文献划分为图书、连续性出版物、特种文献三种。

① 图书　凡篇幅达到 48 页以上并构成一个书目单元的文献称为图书。图书大多是对已发表的科技成果、生产技术知识和经验通过选择、比较、核对、组织而成的，其内容成熟、定型，论述系统、全面、可靠，但出版周期较长，知识的新颖性不够。图书一般包括专著、丛书、教科书、词典、手册、百科全书等。

② 连续性出版物　具有固定题名，定期或不定期出版的称为连续性出版物，主要包括报纸与期刊，其特点是出版周期短，报道文献速度快，内容新颖，发行及影响面广。

③ 特种文献　一般情况下，可以笼统地将图书、报刊以外的文献信息称为特种文献信息，它们是科技人员进行科研时经常要用到的文献信息，主要包括专利文献、标准资料、学位论文、科技报告、会议文献、政府出版物、科技档案、产品资料等。

---

**同步训练 8-1**　食品标准和食品法规分别属于特种文献中的哪种文献？

---

**同步训练 8-2**　文献是如何分类的？

---

## 二、文献检索系统

### 1. 文献检索的定义

文献检索又称信息检索或情报检索，是指信息用户为解决各种问题而查找、识别、获取相关的事实、数据、知识的活动及过程。

广义的文献检索包括文献信息的存储和检索两个过程。文献信息存储是将大量无序的信息集中起来，根据信息源的外部特征和内容特征，经过整理、分类、浓缩、标引等处理，使其系统化、有序化，并按一定的科学技术建成一个可供查找的数据库或检索系统。而文献检索则是运用组织好的检索工具或检索系统，查找出满足用户要求的特定信息。

狭义的文献检索指依据一定的方法，从文献集合中查找并获取特定的相关信息。文献集合是指关于文献的信息或文献的线索。我们通常所说的文献检索指的就是狭义的概念。

### 2. 文献检索的类型

根据文献存储与检索采用的检索工具和手段划分，文献检索可分为手工检索和计算机检索。

**(1) 手工检索** 手工检索是一种传统的检索方法，即以手工翻检的方式，利用一些工具书（包括图书、期刊、目录卡片等）来检索信息的一种检索手段，主要包括书本式和卡片式两种。手工检索依靠检索者手翻、眼看、大脑判断进行，是检索者与检索工具直接对话。其优点是便于控制检索的准确性，缺点是检索速度慢、漏检现象比较严重、工作量较大。

**(2) 计算机检索** 计算机检索指人们利用计算机为手段，使用特定的检索指令、检索词和检索策略进行人机对话，并从计算机检索系统的数据库中检索出所需要的信息的过程。根据内容的不同，计算机检索可以分为光盘信息检索、联机信息检索和网络信息检索三种。计算机检索的优点是检索速度快、能够多元检索、检索的全面性较高；相对于手工信息检索而言，其缺点主要是需要借助相应的设备进行检索。

### 3. 文献信息的类型

根据显示文献信息内容的程度不同，可将文献信息划分为目录、题录、文摘、全文数据库等四种类型。

目录是书籍正文前所载的目次，是揭示和报道图书的工具目录，是以文献的外部特征为依据，记录图书的书名、著者、出版与收藏等报道性信息，按照一定的次序编排而成的，为反映馆藏、指导阅读、检索图书的工具。按照目录揭示信息不同可分为出版发行目录、联合目录、馆藏目录等，按照组织形式类型可分为图书目录、期刊目录、报纸目录等。

题录是检索类文献描述某一文献的外部特征并由一组著录项目构成的一条文献记录，即将图书、报刊等刊物中的论文篇目按照一定的排检方法编样，供人们查找篇目的出处。题录的著录项通常包括：篇名、著者（或含其所在单位）和来源出处，无内容摘要，是一种提供信息详细程度高于书目的检索系统。

文摘是对文献内容作实质性描述的文献条目（也包括题录部分），是简明、准确地记述原文献重要内容的简短文字。它系统性地报道、积累和检索文献的准确出处（线索），提供信息的详细程度要远远高于题录。一系列文摘条目有序排列，即构成文摘杂志，它是比目录式检索刊物更为有用的检索工具。

全文数据库是计算机检索系统诞生以后出现的，它集文献检索与原始文献全文提供于一体，是近年来发展较快和前景较好的一类数据库，主要以期刊论文、会议论文、政府出版物、研究报告、法律条文和案例、商业信息等为主。全文数据库免去了文献标引著录等加工环节，减少了数据组织中的人为因素，因此数据更新速度快，检索结果查准率更高；同时由于直接提供全文，省去了查找原文的麻烦，因此深受用户喜爱。

> **同步训练 8-3** 将上述 4 种文献信息类型按照提供文献信息的多少进行排序。

# 三、文献检索途径与方法

## 1. 文献信息检索的途径

### (1) 按文献内容特征检索

① 主题途径　主题途径是按文献内容的主题来查找文献的途径，以确定的主题词作为检索入口，按主题字顺序进行查找。一般利用主题目录和文献检索工具中的主题索引。主题途径的优点是比较直观，适合特征检索。

② 分类途径　分类途径是按照文献所属的学科类别来检索文献的途径。它以分类号（或类目）作为检索入口，按照分类号的顺序进行查找。这一途径是以知识体系为中心分类排检的，因此，比较能体现学科系统性，反映学科与事物的隶属、派生与平行的关系。分类途径的优点是能把同一学科的文献集中在一起查出来，缺点是新兴学科、交叉学科、边缘学科在分类时往往难以处理，查找不便。

### (2) 按文献外表特征检索

① 著者途径　根据著者名称查找文献，以已知著者（个人或团体著者、公司、机构）的名称作为检索入口，通过著者目录、个人著者、团体著者索引来查找所需文献的途径。

② 题名途径　根据文献题名（包括书名、刊名、篇名）来查找文献的途径。它以题名为检索入口，检索者只要知道文献的题名，就可以通过文献的题名索引（目录）查找到所需文献。

③ 序号途径　根据文献的顺序编号进行检索，以文献出版时所编的序号（如专利号、报告号、标准号、国际标准书号和刊号等）作为检索入口的途径。由于一个文献序号对应唯一的文献，序号途径具有明确、简短、唯一性特点。

④ 引文途径　通过文献结尾所附参考引用文献或引文检索工具查找引用文献。

## 2. 文献信息检索方法

文献检索是根据特定的需求，从检索系统中按照一定的方法和步骤把符合需要的信息文献检索出来的过程。常用的检索方法有以下几种。

(1) **常规法**　常规法是以主题、分类、著者等为检索点，通过检索工具获得文献信息的一种方法，是一种常用的科学检索方法，又分为顺查法、逆查法和抽查法三种。

(2) **追溯法**　追溯法又称扩展法、追踪法，是一种传统的文献检索方法，是从手头已有文献所附的参考文献入手，逐一查找原文，再按这些原文后面的参考文献查找新的原文，如此往复，直到满足要求为止。

(3) **循环法**　循环法又称交替法、综合法，它是指分期、分段交替使用追溯法和逆查法以达到优势互补，获得理想结果的一种检索方法。实施该方法的具体步骤是：先利用检索工具查得一批相关文献，然后再利用这批文献所附的参考资料进行追溯查找，从而得到更多的相关文献，如此交替使用，直至满足检索需求为止。这种方法具有前两种检索方法的优势，但前提是原始文献必须收藏丰富，否则会造成漏查。

小知识 8-2　计算机检索技术

计算机检索技术是用户信息需求和文献信息集合之间的匹配比较技术。由于信息检索提问式是用户需求与信息集合之间匹配的依据，所以计算机检索技术的实质是信息检索提问式的构造技术。目前，计算机检索技术主要有布尔逻辑检索、截词检索、词位限定检索、限制检索等，这里主要介绍前两种。

（1）布尔逻辑检索　布尔逻辑组配检索是现行计算机检索的基本技术，它利用布尔逻辑组配符表示两个检索词之间的逻辑关系。常用的组配符有"AND（和、＊）""OR（或、＋）"和"NOT（非、－）"。如要检索绿色食品草莓的标准时，可使用检索式：绿色食品＊草莓；如要检索绿色食品草莓和黄瓜的标准，可使用检索式：绿色食品＊（草莓＋黄瓜）。

（2）截词检索　截词检索是指在检索表示中保留相同的部分，用相应的截词符代替可变化的部分。截词方式有后截（前方一致）、前截（后方一致）和中截（中间屏蔽），截断的数量有无限截断、有限截断。常用的截词符有"?""＊"等，不同检索系统的截词符可能不同。

同步训练 8-4　查找"site""filetype""intitle"和双引号（""）等搜索引擎检索命令的使用方法，并尝试进行检索。

## 四、文献检索流程与评价

### 1. 文献检索流程

在信息社会，互联网的普及为用户采用现代化的技术手段查询文献提供了方便，其检索程序是根据研究课题的要求，使用一定的检索工具，按照可行的步骤、方法、途径，获取文献信息的过程。一般来说，文献信息检索的全过程可分为下列几个步骤：明确查找目的与要求、选择检索工具、确定检索途径和方法、根据文献线索查找原始文献、记录并整理检索结果。

### 2. 文献检索评价

一个理想的文献检索系统应当能够以方便的形式提供给检索者所需要的全部文献。对检索效果进行评价的目的就是为了找出影响检索系统性能的各种因素，以便有效地满足用户的需要。评价文献检索效果的指标主要有两个，即查全率和查准率，两者结合起来，描述了系统的检索成功率。

（1）查全率　查全率是指系统在进行某一检索时，检出的相关文献量与系统文献库中相关文献总量之比，它反映该系统文献库中实有的相关文献量在多大程度上被检索出来。例如，要利用某个检索系统查某课题，假设在该系统文献库中共有相关文献为 50 篇，而只检索出 30 篇，那么查全率就等于 60％。

$$查全率＝(检出相关文献量/文献库内相关文献总量)\times100\%$$

**(2) 查准率**　查准率是指系统在进行某一检索时，检出的相关文献量与检出文献总量之比，反映每次从该系统文献库中实际检出的全部文献中有多少是相关的。例如，如果检出的文献总篇数为 50 篇，经审查确定其中与项目相关的只有 30 篇，另外 20 篇与该课题无关。那么，这次检索的查准率就等于 60%。

$$查准率＝(检出相关文献量/检出文献总量)×100\%$$

**同步训练 8-5**　如何提高文献检索成功率？

# 第二节　食品标准文献检索

## 一、标准文献定义及特征

### 1. 标准文献的定义

标准文献是指由技术标准、管理标准、工作标准及其他具有标准性质的类似文件所组成的一种在特定范围（领域）内需要执行的规格、规则、技术要求等规范性文件，简称标准。

### 2. 标准文献的特征

标准文献一般包括以下各项标识：①标准组别；②分类号，通常是《国际标准分类法》《中国标准文献分类法》的类号；③标准号，一般由标准代号、顺序号、发布年代号组成；④审批单位；⑤批准年月；⑥实施日期；⑦具体内容。

另外，标准文献还具有以下特征：

**(1) 独特性**　标准文献结构严谨、编号统一、格式一致，其中标准号是标准文献区别于其他文献的重要特征，也是查找标准的主要入口。另外，标准文献有自己的分类法。

**(2) 约束性**　标准的技术成熟度很高，它以科学、技术和实践经验的综合成果为基础，经相关方面协商一致，由主管机构批准颁布。标准是从事生产、设计、管理、产品检验、商品流通、科学研究的共同依据，在一定条件下具有某种法律效力，有一定的约束力。

**(3) 时效性**　标准不是一成不变的，标准要不断地进行补充、修订或废止，同样标准文献也要不断更新。我国《标准化法》规定，标准的复审周期一般不超过五年。

**(4) 检索性**　由于标准文献通常包括标准级别、标准名称、标准代号、标准提出单位、审批单位、批准时间、实施时间、具体内容等项目，这就为标准文献提供了各种检索途径。

## 二、标准文献的分类体系与代号

### 1. 我国标准文献分类体系与代号

**(1) 我国标准文献分类体系**　我国标准文献的分类依据是《中国标准文献分类法》

(Chinese Classification for Standards)，即 CCS。它是一部用于标准文献管理的工具书，其划分原则是以专业划分为主，适当结合科学分类，由一级类目和二级类目组成。序列采取从总到分，从一般到具体的逻辑顺序。根据我国现行标准管理体制的需要，CCS 由 24 个一级大类组成，每个大类用一个拉丁字母表示，字母的顺序即大类的顺序，具体见表 8-1。每个一级类目下，采取非严格的等级分类方法，进一步分为二级类目。每个二级类目均用双阿拉伯数字表示，可设"00～99"共 100 个，如：X00——食品标准化、质量管理，X01——食品技术管理等。

表 8-1　我国标准一级分类与代号

| 代号 | 一级类别 | 代号 | 一级类别 | 代号 | 一级类别 |
| --- | --- | --- | --- | --- | --- |
| A | 综合 | J | 机械 | S | 铁路 |
| B | 农业、林业 | K | 电工 | T | 车辆 |
| C | 医药、卫生、劳动保护 | L | 电子元器件与信息技术 | U | 船舶 |
| D | 矿业 | M | 通信、广播 | V | 航天、航空 |
| E | 石油 | N | 仪器、仪表 | W | 纺织 |
| F | 能源、核技术 | P | 工程建设 | X | 食品 |
| G | 化工 | Q | 建材 | Y | 轻工、文化与生活用品 |
| H | 冶金 | R | 公路、水路运输 | Z | 环境保护 |

**（2）我国标准代号**

① 国家标准代号　国家标准由各专业（行业）标准化技术委员会或国务院有关主管部门提出草案，并且由国家标准化主管机构批准发布。根据我国《国家标准管理办法》规定，强制性国家标准用"GB"为代号，推荐性国家标准用"GB/T"为代号。国家标准编号规定为：国家标准代号＋顺序号＋发布年代号，如 GB 8537—2018《食品安全国家标准　饮用天然矿泉水》、GB/T 35885—2018《红糖》。

② 行业标准代号　行业标准属于推荐性标准，根据我国《行业标准管理办法》规定，行业标准代号由国务院标准化行政主管部门规定。如农业行业标准代号为 NY/T、国内贸易行业标准代号为 SB/T、粮食行业标准代号为 LS/T 等。行业标准编号由"行业标准代号＋标准顺序号＋发布年代号"组成。

③ 地方标准代号　地方标准代号由 DB 和省、自治区、直辖市行政区代码前两位数字加斜线组成。如江苏省推荐性地方标准代号为 DB32/T。

④ 团体标准代号　团体标准代号由汉字"团"的大写拼音字母"T"加斜线再加团体代号组成，团体代号由各团体自主拟定，全部使用大写拉丁字母或大写拉丁字母与阿拉伯数字的组合，不宜以阿拉伯数字结尾。团体标准编号由"团体标准代号＋团体代号＋团体标准顺序号＋年代号"组成，如 T/CAS 279—2017。

⑤ 企业标准代号　企业标准代号由汉字"企"的大写拼音字母"Q"加斜线再加企业代码组成，企业代码可用大写拼音字母或阿拉伯数字或两者兼用组成。

**2. 国际标准文献分类体系与代号**

**（1）国际标准文献分类体系**　国际标准文献分类依据是《国际标准分类法》（International Classification for Standards），即 ICS。国际标准分类法是由国际标准化组织编制的标准文献分类法，用于国际标准、区域标准和国家标准以及相关标准化文献的分类、编目、订购与建库。不同于 CCS，ICS 全采用数码，它的分类原则是按标准文献主题内容所属学科、专业归类，是一种等级制分类法，由三级类目构成。第一级 41 个大类，每个大类以两位数字表示，且全为单数，如：67 Food technology 食品技术。再分为 387 个二级类目。二级类目的类号由一级类目的类号和被一个圆点隔开的三位数组成，如：67.100 Milk and milk products 乳和乳制品。二级类目下又再细分为三级类目，共有 789 个，三级类目的类号由一级、二级类目的类号和被一个圆点隔开的两位数组成，例如：67.100.30 Cheese 乳酪。

（2）**国际标准代号** 与食品相关的主要国际标准化机构的代号、含义及负责机构见表 8-2，不同国际标准化机构的标准代号是不同的。

表 8-2 国际标准化机构的代号、含义及负责机构

| 序号 | 代号 | 含义 | 负责机构 |
| --- | --- | --- | --- |
| 1 | CAC | 食品法典委员会标准 | 食品法典委员会（CAC） |
| 2 | IDF | 国际乳品联合会标准 | 国际乳品联合会（IDF） |
| 3 | IOOC | 国际橄榄油理事会标准 | 国际橄榄油理事会（IOOC） |
| 4 | ISO | 国际标准化组织标准 | 国际标准化组织（ISO） |
| 5 | OIE | 国际兽疫局标准 | 国际兽疫局（OIE） |
| 6 | OIML | 国际法制计量组织标准 | 国际法制计量组织（OIML） |
| 7 | OIV | 国际葡萄与葡萄酒组织标准 | 国际葡萄与葡萄酒组织（OIV） |
| 8 | WHO | 世界卫生组织标准 | 世界卫生组织（WHO） |
| 9 | WIPO | 世界知识产权组织标准 | 世界知识产权组织（WIPO） |

## 三、标准文献的检索途径

标准文献的检索主要有分类途径、标准号途径和主题途径等三种途径。

### 1. 分类途径

分类途径是指通过标准文献分类法的分类目录（索引）进行检索的途径，用户可以根据 CCS、ICS 等分类法，找到相应的标准分类号，再根据类别检索相关的标准目录，可得到标准的细节，如有需要，可进一步索取标准原件。

### 2. 标准号途径

标准号检索又称序号检索，是标准检索最常用的方法之一，也是最快、最方便的方法之一。当标准号准确时，此途径能达到较高的准确度。

### 3. 主题途径

主题途径也称关键词途径，利用该途径进行检索应用广泛。标准信息的主题内容在标准名称中体现得比较准确。随着计算机网络的发展，越来越多的标准信息可以从网上获得，这大大扩展了关键词检索的范围。

## 四、食品标准文献的检索

### 1. 国内食品标准文献检索

**(1) 纸本检索工具**  标准文献的纸本检索工具包括标准的检索刊物、参考工具书、情报刊物。

① 标准的检索刊物  包括定期专门报道一定范围技术的索引、文摘和目录刊物，例如《中华人民共和国国家标准目录及信息总汇》《标准化文摘》《中国标准化年鉴》《标准生活》等。一般用于回溯检索。

② 标准的参考工具书  一般为不定期连续出版，是把收集、汇总一定时期内颁布的特定范围的技术标准加以系统排列后出版，分为目录型、文摘和全文多种形式，使用方便，但有一定时滞。如《中华人民共和国国家标准目录》《中国国家标准汇编》《中国食品工业标准汇编》等。

③ 标准的情报刊物  除了及时报道新颁的有关标准的情报，还广泛报道标准化组织、标准化活动和会议、标准化管理和政策等许多有关情报，是检索最新技术标准情报的有效工具。如《中国标准导报》《中国药品标准》《质量与标准化》等。

**(2) 国内食品标准文献的网络检索方式**  除了上述工具外，国内食品标准还可以通过登录专业数据库或专业网站进行检索。

① 万方《中外标准数据库》  万方《中外标准数据库》（WFSD），收录了中国国家标准（GB）、中国行业标准（HB）以及中外标准题录摘要数据，共计 200 余万条记录。其中中国国家标准全文数据内容来源于中国质检出版社；中国行业标准全文数据收录了机械、建材、地震、通信标准以及由中国质检出版社授权的部分行业标准；中外标准题录摘要数据内容来源于中国标准化研究院。该数据库通过万方数据知识服务平台（包括主站和镜像站）提供检索服务。

② 中国知网《标准数据总库》  《标准数据总库》是国内数据量最大、收录最完整的标准数据库之一，分为《中国标准题录数据库》（SCSD）、《国外标准题录数据库》（SOSD）、《国家标准全文数据库》和《中国行业标准全文数据库》。《中国标准题录数据库》（SCSD）收录了中国国家标准（GB）、国家建设标准（GBJ）、中国行业标准的题录摘要数据，共计标准约 16 万条；《国外标准题录数据库》（SOSD）收录了世界范围内的重要标准，如国际标准（ISO）、国际电工标准（IEC）、欧洲标准（EN）、德国标准（DIN）、英国标准（BS）、法国标准（NF）、日本工业标准（JIS）、美国标准（ANSI）、美国部分学协会标准（如ASTM、IEEE、UL、ASME）等标准的题录摘要数据，共计标准约 38 万条。《国家标准全文数据库》收录了由中国标准出版社出版的，国家标准化管理委员会发布的所有国家标准，占国家标准总量的 90% 以上。《中国行业标准全文数据库》收录了现行、废止、被代替以及即将实施的行业标准。标准的内容来源于中国标准化研究院国家标准馆，相关的文献、专利、成果等信息来源于 CNKI 各大数据库。

《标准数据总库》可以通过标准号、中文标题、英文标题、中文关键词、英文关键词、发布单位、摘要、被代替标准、采用关系等检索项进行检索。

③ 标准文献专业检索网站  提供国内食品标准信息的部分网站如国家标准全文公开系统、食品安全国家标准数据检索平台、企业标准信息公共服务平台、食品伙伴网、食安通

（食品安全网）、中国标准化协会、中国标准服务网、中国质量标准出版传媒有限公司（中国标准出版社）等。用户可以根据需要选择合适的网站，来检索食品标准文献。

### 2. 国外食品标准文献检索

**（1）纸本检索工具**

①《国际标准化组织标准目录》它是 ISO 国际标准的主要检索工具，为年刊，每年 2 月份以英、法 2 种文字出版，报道 ISO 全部现行标准。该目录主要由索引、分类目录、标准序号索引、作废标准、国际十进制分类号-ISO 技术委员会序号对照表 5 个部分组成。

②《美国国家标准目录》 该目录由美国国家标准学会编辑出版，每年出版一次，是美国标准的主要检索工具书。目录中列举了现行美国国家标准，其内容包括两个主要部分，即"主题目录"和"标准序号目录"，在各条目录下列出标准主要内容、标准制定机构名称、代码和价格。可以从主题和序号途径查找美国国家标准。

③《日本工业标准目录》 该刊由日本工业标准调查会（JISC）编辑出版，每年出版一次，收集到当年 3 月份为止的全部日本工业标准，是日本工业标准的主要检索工具。其主要内容分为两部分：第一部分为"JIS 总目录"，即专业分类下的标准序号索引；第二部分为主题索引。同时还附有 ISO 和 IEC 技术委员会的名称表、主要国外标准组织一览表及 JIS 和日本专业标准制定单位一览表等。

④《英国技术规程目录》 由英国标准学会（BS）负责制定。英国标准学会是世界上成立最早的国家标准化机构之一。它的标准每 5 年复审一次。因为英国是标准化先进国家之一，它的标准为英联邦国家所采用，所以英国标准在国际上受到广泛重视。英国标准学会目录由三部分组成，第一部分是标准序号目录，也就是按标准号顺序编排；第二部分是主题索引，主要提供主题检索途径，主题词后著有标准号；第三部分是 ISO 标准和 IEC 标准与 BS 标准的对照表，它是按 ISO 或 IEC 标准顺序号排列，其后列出相对应的 BS 标准。

⑤《德国技术规程目录》 由德国标准学会（DIN）负责制定，每年出版一次，报道到上一年年底为止的现行标准。其内容除了联邦德国标准外，还列出联邦德国工程师协会、联邦德国航空标准组织、联邦德国国际防御装备标准组织的标准。

⑥《法国国家标准目录》 由法国标准化协会（AFNOR）负责制定，采用混合分类法归类，即字母与数字相结合，同一个字母表示一个大类，共分 21 个大类，按 A～Z 字母顺序排列，在字母后用数字表示下级类目。

**（2）网络检索方式** 除了纸本检索工具外，查询国外食品标准还可以通过专业数据库和登录国外相应的专业网站进行检索。专业数据库主要是前已述及的万方《中外标准数据库》和中国知网《标准数据总库》，部分检索网站如国际标准化组织（ISO）、国际食品法典委员会（CAC）、美国国家标准与技术研究院、英国标准学会、德国标准学会、法国标准化协会、日本工业标准调查会、美国国家标准系统网络等。

### 3. 标准文献原文的获取

读者可以通过以下几种方式获取标准文献原文：
① 利用各图书馆收藏的标准文献资源获取标准文献原文。
② 中国标准化研究院标准馆主办的中国标准服务网提供标准原文服务，其在接到读者

请求服务的 1～2 个工作日内，完成请求服务或对读者请求进行信息反馈。其标准文本服务方式包括标准原文复印、标准文本传真、电子文本传输和标准文本邮寄等。

③ 通过检索标准全文数据库获取相关标准全文。

---

**同步训练 8-6** 标准文献检索的途径和方法包括哪些？利用掌握的途径和方法检索 GB 5009.5—2016《食品安全国家标准　食品中蛋白质的测定》。

---

# 第三节　食品法律法规文献检索

法规的作用由法规本质决定，并通过法规的实施表现出来。食品法律法规是法律规范中的一种类型，具有普遍约束力，以国家强制力为后盾保证其实施。通过法规文献可以了解并遵守各国在食品方面的法规，有利于保证食品质量安全，防止食品污染和有害因素对人体的危害，保障人体健康。法规文献检索，对于了解和掌握国内外食品法规，制定并完善食品法规体系具有重要意义。

## 一、国内食品法律法规检索

### 1. 利用合适的纸本检索工具

用户可利用书目检索工具，通过手工检索的方法从中找到有关食品的法律法规。

**(1)《中华人民共和国食品药品法律法规全书》** 本书将食品药品领域重要的现行法律、法规和规章汇编成册，由中国法制出版社编撰、出版。书中收录文件均为经过清理修改的现行有效标准文本，并每年进行更新。

**(2)《食品安全法律法规规章政策汇编》** 本书由中国民主法制出版社出版。为了深入普及食品安全法律知识，进一步增加全社会的食品安全法律意识，规范食品生产经营活动，增加食品安全监管工作的规范性、科学性和有效性等出版该书。本书收录了最新版本的有关食品安全方面的法律、行政法规、部门规章及规范性文件共计 150 件。

**(3)《中华人民共和国法律法规全书》** 本书是国家出版的法律、行政法规汇编正式版本，由中国法制出版社出版、国务院法制办公室编辑。本书逐年编辑出版，每年一册，收集当年全国人民代表大会及其常务委员会通过的法律和有关法律问题的决定、国务院公布的行政法规和法规性文件以及国务院部门公布的规章。本书按宪法类、民法类、商法类、行政类、经济法类、社会法类、刑法类分类，每大类下面按内容设二级类目。

**(4)《中华人民共和国新法规汇编》** 本汇编是国家出版的法律、行政法规汇编正式版本，是刊登报国务院备案并予以登记的部门规章的指定出版物。本汇编收集内容按下列分类顺序编排：法律、行政法规、法规性文件、国务院部门规章、司法解释。每类中按公布时间顺序排列。本汇编每年出版 12 辑，每月出版 1 辑，刊登当年上一个月的有关内容。

## 2. 国内食品法律法规的网络检索

除了上述纸本检索工具外，用户还可以通过登录与食品法律法规有关的网站进行查询，主要网站有食安通（食品安全信息查询系统）、食品伙伴网、食品商务网、中国食品信息网和北大法宝等，相关数据库包括万方数据知识服务平台、中国知网、司法部法律法规数据库等。此外，中国人大网、国家市场监督管理总局等相关政府部门网站也可检索食品法律法规。

# 二、国外食品法律法规检索

## 1. 美国联邦法规（简称 CFR）

《美国联邦法规》是美国联邦政府执行机构和部门在"联邦公报"（简称 FR）中发表与公布的一般性和永久性规则的集成，具有普遍适用性和法律效应，其编纂工作始于 1936 年。CFR 的第 21 篇主题是"食品与药品"（Title 21——Food and Drugs，简称 21 CFR）。该篇有 9 卷、3 章，共 1499 部，其中 1~8 卷都是第 1 章，为健康与人类服务部和食品与药品管理局的规章；第 9 卷包含第 2 章司法部毒品强制执行局和第 3 章毒品控制政策办公室的规章。

21 CFR 的电子版本除了可以在 eCFR 官网查到，美国 FDA 官网上也提供了 21 CFR 的快速查询通道。

## 2. 主要贸易国家/地区食品安全管理体系及法律法规系列丛书

本丛书是关于美国、日本、韩国、澳大利亚等国家的食品安全重要法律法规的汇编，收集、整理和编译了如《食品卫生法》《食品安全基本法》《植物防疫法》《家畜传染病预防法》《农药取缔法》《农业标准法》《肯定列表制度》等 16 部法律法规。该系列丛书可以提供很好的研究与借鉴，供我国食品安全主管部门、法制部门、大中专院校及研究部门、外经贸企业等参考使用。

## 3. 日本食品标签法律法规汇编

原国家质检总局标准法规中心编著的《日本食品标签法规》分为四章。第一章简要介绍了日本食品标签的管理机构、法律法规体系、通用要求和标签标准体系的基本情况。第二章摘编了日本主要法律中涉及食品标签的条款。第三章为日本内阁部门发布的涉及食品标签标注的内阁府令，详细规定了有关食品标签方面的内容。第四章为告示，包括了营养标签标示标准和 52 类食品的标签标准，内容涵盖了不同食品的质量标签要求。全书共收录了 62 个法规及其修订，所有法规修订截至 2012 年 12 月。日本法规文字中包含部分汉字，为方便读者理解，全部翻译为中文，日本法规中的日期也全部调整为公元纪年。

## 4. 欧盟食品法律汇编

《欧盟食品法律汇编》由（法）弗朗索瓦·高莱尔·杜迪耶乐主编，法律出版社出版。该汇编对成员国、从业者和消费者的权利和责任作出规定，包括：针对食品和贸易的基本规则，针对食品安全义务的规则，针对产品安全质量的规制，针对产品的商业质量的规定，针对消费者权利的规则以及针对某类产品的具体规则。这些新的和原创性的法律作为一个整体，在实体规定上更为协调，而本书的目的就在于通过对欧盟食品法典的汇编，将它们更好地整合在一起。

### 5. 东盟国家食品安全法律法规信息指南

本书由广西壮族自治区标准技术研究院编译，中国质检出版社出版。本书收集和整理了东盟国家食品安全基本法和食品安全相关法规信息，分为两部分，第一部分为东盟国家食品安全基本法，包括：菲律宾、老挝、缅甸、马来西亚、泰国、文莱、新加坡、印度尼西亚、越南九国食品安全基本法的信息指南；第二部分为东盟国家食品安全相关法规，包括：柬埔寨、马来西亚、文莱、新加坡、印度尼西亚五国的六部法规信息指南。本书可为食品生产和进出口贸易企业技术和管理人员，食品安全监管人员、检验人员以及相关研究人员，法律工作者提供法律参考资料，为政府相关机构提供决策参考依据。

### 6. 网络检索

国外食品法律法规可以通过国内外的各相关网站，根据具体需求进行检索。

## 巩固训练

### 一、概念题

文献　　一次文献　　文献检索　　计算机检索　　标准文献

### 二、填空题

1. 根据显示文献信息内容的程度不同，可将文献信息划分为_____、_____、_____和_____等四种类型。

2. 文献检索的类型分为_____和_____。

3. 按文献内容特征的检索途径包括_____途径和_____途径。

4. 评价文献检索效果的指标主要有两个，即_____和_____。

5. CCS 指的是_____，ICS 指的是_____。

6. 分类途径是指通过标准文献分类法的_____进行检索的途径，用户可以根据_____、_____等分类法进行检索。

### 三、不定项选择题

1. 按照出版时间的先后，应将各个级别的文献排列成（　　）。
A. 三次文献、二次文献、一次文献　　　B. 一次文献、三次文献、二次文献
C. 一次文献、二次文献、三次文献　　　D. 二次文献、三次文献、一次文献

2. 从文献的（　　）角度区分，可将文献分为印刷型、缩微型等。
A. 内容的公开次数　　B. 载体类型　　　C. 出版类型　　　D. 公开程度

3. 按文献内容特征的检索途径包括（　　）。
A. 著者途径　　　B. 题名途径　　　C. 序号途径
D. 引文途径　　　E. 分类途径

4. 利用文献后面所附的参考文献进行检索的方法称为（　　）。
A. 追溯法　　　B. 直接法　　　C. 抽查法　　　D. 综合法

5. 关于检索工具的说法中，正确的是（　　）。

A. 一次文献是在二次文献的基础上加工得到的

B. 检索工具指的是一次文献

C. 检索工具通过著录文献的特征，依据一定的规律组织排列，使文献由无序变为有序

D. 以上都正确

## 四、问答题

1. 文献的基本构成要素有哪些？

2. 按照加工程度不同可将文献分为哪几类？试分析这几类文献之间的关系。

3. 标准文献检索的途径和方法包括哪些？

4. 国内食品标准文献的检索工具主要有哪些？

5. 国内食品法律法规文献检索的工具主要有哪些？

# 第九章 实训

## 实训 1　认识标准封面

**【实训目的】**

（1）熟悉不同类型标准封面内容含义。

（2）掌握不同类型标准封面编写要求。

**【实训原理】**

每项标准均应有封面，这是最基本的要求。封面是标准的必备要素，标准封面的主要内容有：标准的类型，标准的标志，中文名称、英文名称、ICS 号（国际标准分类号）、中国标准文献分类号、标准编号、代替标准编号、发布日期、实施日期、标准的发布部门等。如果标准有对应的国际标准，还应在封面上标明一致性程度的标识，一致性程度的标识由对应的国际标准编号、国际标准名称（使用英文）、一致性程度代号等内容组成。如果标准的英文名称与国际标准名称相同时，则不标出国际标准名称。

**【实训方法】**

上网检索下载国家标准、行业标准、地方标准和企业标准。

**【实训要求】**

仔细审查下载资料，说明标准封面每部分内容的含义，并指出封面所缺项目。

## 实训 2　认识标准的名称

**【实训目的】**

（1）理解标准名称构成。

（2）掌握标准名称的命名。

**【实训原理】**

标准的名称是构成标准要素的重要组成部分之一，它包括标准的中文名称和英文名称，在标准的封面上位于最重要的位置。标准的名称是对标准的主体最集中、最简明的概括，可直接反映标准化对象的范围和特征，也直接关系到标准化信息的传播效果。

标准名称的一般构成要素是引导要素、主体要素和补充要素。这三个要素在名称中的顺序排列是引导要素＋主体要素＋补充要素。

引导要素：表示标准所属的领域。如果标准有归口的标准化委员会，则可用技术委员会的名称作为依据来起草标准的名称的引导要素。引导要素是一个可选要素，可根据实际情况来确定标准名称中是否有引导要素。

主体要素：表示在上述领域内所要讨论的主要对象。主体要素是标准名称的必备要素。

补充要素：表示该主要对象的特定方面，或给出区分该标准（或部分）与其他标准（或部分）的细节。补充要素是一个可选要素。

标准名称的具体结构有以下三种形式：①一段式　只有主体要素，如咖啡研磨机、果味酸奶、速冻野葱、山楂饮料、食品中蛋白质的测定等；②二段式　引导要素＋主体要素，如"食品卫生微生物学检验　沙门氏菌检验"；主体要素＋补充要素，如"食用酒精　密度测定"；③三段式　引导要素＋主体要素＋补充要素，如"叉车　钩式叉臂　词汇"。

### 【实训方法】

上网进行资料查阅。

### 【实训要求】

上网查阅 10 个标准名称，判断查阅的标准名称命名是否合适，并指出标准名称的结构类型及对应要素类型。

# 实训 3　编写食品企业产品标准

### 【实训目的】

（1）理解产品标准的定义。
（2）掌握产品标准的内容。
（3）编制一项完整的食品企业产品标准。

### 【实训原理】

产品标准：规定产品应满足的要求以确保其适用性的标准。

完整的产品标准：一般应包括分类、要求、试验方法、检验规则以及标识、包装、运输和贮存等内容，至少应包括前四项内容。

单项产品标准：只包括上述内容中的一项或几项。一般包括产品分类标准；产品型号或代号编制方法标准；产品技术要求标准；产品试验方法标准；产品的标识、包装、运输和贮存标准；产品技术条件标准等。

《中华人民共和国标准化法》规定：企业可以根据需要自行制定企业标准，或者与其他企业联合制定企业标准。

企业在制定产品标准时，应当做到：

① 不能与国家法律、法规和上级的强制性标准相抵触；

② 同一级标准（即企业内各类企业标准）之间相互协调，不能发生矛盾；

③ 产品标准本身的分类、技术要求、试验方法、检验规则之间要相互衔接，保持一致。

只有符合上述要求，企业的生产才能正常进行，产品标准才能有效实施。

## 【实训内容】

某公司生产出一种新型三合一奶茶（固体饮料），现暂无相应国家或行业的质量标准。查阅资料，根据公司产品和实际情况制定该产品的产品标准。

## 【食品企业产品标准正文示例】

### 标准名称（一般为产品名称）

**1 范围**

本标准规定了×××（食品名称）的产品分类、技术要求、食品添加剂、生产加工过程的卫生要求、检验方法、检验规则、标识、包装、运输、贮运和保质期。

本标准适用于×××（食品名称）［说明产品由什么原料组成、经过什么样的工艺生产、产品的属性（如：饮料、罐头）是什么？］。

**2 规范性引用文件**

下列文件对于本文件的应用是必不可少的。凡是注日期的引用文件，仅注日期的版本适用于本文件。凡是不注日期的引用文件，其最新版本（包括所有的修改单）适用于本文件。

（说明：应列出标准中规范性引用的标准和文件一览表。一览表中文件排列的顺序为国家标准、行业标准、地方标准、国内有关文件、ISO 标准、IEC 标准、ISO 或 IEC 有关文件、其他国际标准及有关文件。国家标准、ISO 标准、IEC 标准按标准顺序号排列；行业标准、其他国际标准先按标准代号的拉丁字母顺序排列，再按标准顺序号排列）

GB/T 191　包装储运图示标志

GB 4789.2　食品安全国家标准　食品微生物学检验　×××××

……

**3 产品分类**

（食品名称）根据……的不同，分为……、……和……。

（说明：不分类的产品这一条可以省略。如有需要，可增加术语和定义一章）

**4 技术要求**

4.1　原料要求

4.1.1　水应符合 GB 5749 的规定。

4.1.2　略。

（说明：写明所有原辅料及执行标准）

4.2　感官要求

应符合表 1 的规定。

**表 1 感官要求**（根据产品选择以下内容）

| 项目 | 要求 | 检验方法 |
|------|------|----------|
| 色泽 | 略 | |
| 组织状态 | 略 | 略 |
| 气味和滋味 | 略 | |
| 杂质 | 略 | |

### 4.3 理化指标

应符合表 2 的规定。

**表 2 理化指标**（根据产品选择以下内容）

| 项目 | 指标 | | 检验方法 |
|------|------|------|----------|
| | ×× | ××× | |
| 酸度/% ≥ | ×× | ××× | GB 5009.239 |
| 蛋白质含量/% ≥ | ××× | ××× | GB 5009.5 |
| 略 | 略 | | 略 |

### 4.4 微生物限量

应符合表 3 的规定。

**表 3 微生物限量**（根据产品选择以下内容）

| 项目 | 采用方案及限量(若非指定,均以 CFU/mL 表示) | | | | 检验方法 |
|------|------|------|------|------|----------|
| | $n$ | $c$ | $m$ | $M$ | |
| 菌落总数 | ××× | ××× | ××× | ××× | GB 4789.2 |
| 大肠菌群 | ××× | ××× | ××× | ××× | GB 4789.3 |
| 霉菌 ≥ | ××× | | | | GB 4789.16 |
| 酵母 ≥ | ××× | | | | GB 4789.15 |

### 4.5 净含量

应符合《定量包装商品计量监督管理办法》要求。净含量检测按 JJF 1070 规定进行。

### 5 食品添加剂

应符合 GB 2760 的规定。

### 6 生产过程中的卫生要求

应符合××××（如：糕点厂应符合 GB 8957）、GB 14881 的规定。

### 7 检验规则

#### 7.1 组批

由同一班次、同一生产线生产的包装完好的同一品种为一批。

#### 7.2 出厂检验

#### 7.2.1 抽样方法和数量

（包括采样原则、采样量、如何分配等）

#### 7.2.2 检验项目

（列出有代表性的常用指标）

7.3  型式检验

7.3.1  抽样方法和数量

（包括采样原则、采样量、如何分配等）

7.3.2  检验项目为本标准技术要求中××××规定的全部项目。

7.3.3  正常生产时，型式检验每半年进行一次，发生下列情况之一的亦应进行：

a）主要原辅料、关键工艺、设备有较大变化时；

b）更换设备或长期停产后，恢复生产时；

c）出厂检验结果与上次型式检验有较大差异时；

d）国家有关行政管理部门提出进行型式检验要求时；

e）……

7.4  判定规则

（根据实际情况和需要说明合格、不合格的评定条件）

8  标识、包装、贮存、运输、保质期

8.1  标识

8.1.1  产品标签应符合 GB 7718、GB 28050 的规定。

8.1.2  包装贮运标识应符合 GB/T 191 的规定。

8.2  包装

……

8.3  贮存

……

8.4  运输

……

8.5  保质期

在规定的贮存条件下，保质期……。

（标准的终结线：在版面的中间画一条粗实线作为终结线，其长度为版面宽度的四分之一。终结线应排在标准的最后一个要素之后，不能另起一面编排）

【实训要求】

根据实训原理和实训内容，参阅食品企业产品标准文本示例及其他产品标准，分组讨论，每组编制一份完整的企业产品标准，并进行组间评价，教师点评。

# 实训 4  产品标准编制说明

【实训目的】

（1）理解标准编制说明的作用及内容。

（2）能够编制一份完整的企业产品标准编制说明。

## 【实训原理】

标准的编制说明是记录标准编制过程中需要分析论证和解说说明事项的文件。在标准制定过程中，为求得标准涉及诸方面的认同，达成协议性意见，为了理解标准条款的正确含义和适用条件，也为了标准修订工作的连续性，需要记录标准制定过程中的情况和信息、阐述论证或者解释说明，这些内容是必不可少的，需写入标准编制说明。

企业产品标准编制说明应包含的主要内容有：

① 工作简况，包括任务来源、协作单位、主要工作过程、标准主要起草人及其所做的工作等。

② 标准编制原则和确定编制主要内容（如技术指标、参数、公式、性能要求、试验方法、检验规则等）的论据（包括试验、统计数据），修订标准时，应增列新旧标准水平的对比。

③ 主要试验（验证）的分析、综述报告，技术经济论证，预期的经济效果。

④ 采用国际标准和国外先进标准的程度，以及与国际、国外同类标准水平的对比情况，或与测试的国外样品、样机的有关数据对比情况。

⑤ 与有关的现行法律、法规和强制性国家标准的关系。＊

⑥ 重大分歧意见的处理经过和依据。

⑦ 作为强制性标准或推荐性标准的建议。

⑧ 贯彻标准的要求和措施建议（包括组织措施、技术措施过渡办法等内容）。

⑨ 废止现行有关标准的建议。

⑩ 其他应予说明的事项。

注：有"＊"号部分是企业标准编制说明中必须包括的内容，其他内容企业可根据标准的实际情况进行说明。

## 【实训内容】

写出《实训3　编写食品企业产品标准》所编制产品标准的编制说明。

## 【《企业产品标准编制说明》示例】

### 《×××》产品标准编制说明

1　标准制定的背景和必要性

1.1　所申请企业标准的产品是否已存在相关的国家标准、行业标准或地方标准，如已存在相关的可参照的国家标准、行业标准或地方标准，应写明参考哪个标准，该企业标准与所参考的国家标准、行业标准的不同点及其理由。

1.2　如没有相关的国家标准、行业标准或地方标准可参照，可参考以下例子的表述方法。

例：标准制定的背景和必要性

除雪是我国北方每年冬天都面临的艰巨任务。尤其是公路建设的发展，高速公路的兴起，传统的人工除雪已远远不能适应需要。积雪不能及时除掉，给交通带来极大的不便。目前为提高除雪效率，只能喷洒大量的盐。盐的腐蚀性会对路面、环境和车辆造成一定的危害。为解决这些问题，我公司开发了一种新型环保除雪剂——冰雪融。该产品是专利产品，具有腐蚀性低、不污染环境、融雪能力强、成本低等特点。为保证该产品的生产质量，特制定本标准。

（此例仅供参考，应按实际情况编写）

2 现行国家标准、行业标准的执行情况

2.1 如依据某现行的国家标准、行业标准或地方标准而制定的，应写出参照哪个标准，该企业标准的哪些内容严于或等同于国家标准、行业标准。

例：本企业标准参照 GB ×××《××××》，其中×××指标严于该国家标准，其他指标与该国家标准持平。

2.2 如没有相对应的国家标准、行业标准，应写明相关领域的国家标准或行业标准对该产品的限量指标的要求。

例：本公司制定的"三合一奶茶（固体饮料）"企业标准现暂无相应国家或行业的质量标准，在制定中以 GB 7101—2015《食品安全国家标准 饮料》的技术指标为基础，其中××项的要求严于该标准。

3 确定主要技术指标、试验方法和检验规则的目的和依据

3.1 标准中各项指标要求，应一一列举出其制定的依据，特别是直接参照执行某标准条款内容，在引用标准中看不到具体标准号的要特别指出。

3.2 对检验规则中的出厂检验项目与型式试验项目的确定依据应着重说明，其他作简要说明。

例：

（一）制定本标准技术要求的目的

a）作为组织生产的质量依据，以保证产品质量。

b）向用户提供必要的技术说明，指导用户科学使用本产品。

c）方便法定质检部门进行监督和抽查，维护用户和企业的合法权益。

（二）主要指标的确定依据

a）试验方法

条款为直接引用××标准号，××条款为直接参照执行××标准的××条款方法，没有的是自行确定的。

b）检验规则

遵循国家规定的要求并结合本企业的实际情况而制定。

……

4 主要参考标准和文献

把编写企业标准所参考的标准和文献列举出来并说明其现行有效版本情况，包括 SC 审查细则、法律、法规等。

5 其他需要说明的项目（含标准水平对比）

应对本标准的水平（如是否达到国际或国际先进、国内先进、行业先进水平）进行评价，如无参照依据的也应进行说明。

如有其他需要说明的事项，也在此处说明（如为满足生产许可证审查细则要求，所增加的技术要求等）。

## 【实训要求】

根据实训原理和实训内容，参阅编制方案示例，分组讨论，每组根据编制的产品标准编制一份标准编制说明，并进行组间评价，教师点评。

# 实训 5　认识《预包装食品标签通则》

## 【实训目的】

（1）理解《食品安全国家标准　预包装食品标签通则》（GB 7718）的内容。

（2）掌握食品标签各部分含义。

## 【实训原理】

食品标签是向消费者传递产品信息的载体。做好预包装食品标签管理，既是维护消费者权益、保障行业健康发展的有效手段，也是实现食品安全科学管理的需求。《食品安全国家标准　预包装食品标签通则》属于食品安全国家标准，相关规定以及规范性文件规定的相应内容与本标准不一致的，应当按照本标准执行。

本标准规定了预包装食品标签的通用性要求，如果其他食品安全国家标准有特殊规定的，应同时执行预包装食品标签的通用性要求和特殊规定。

直接向消费者提供的预包装食品标签标示应包括食品名称、配料表、净含量和规格、生产者和（或）经销者的名称和地址以及联系方式、生产日期和保质期、贮存条件、食品生产许可证编号、产品标准代号及其他需要标示的内容。

## 【实训方法】

超市调研；标准研读。

## 【实训要求】

（1）学生分组到超市购买食品或将标签进行拍照，并在课堂上解读食品标签，点评标签制作是否符合要求。

（2）要求学生总结购买食品时如何识别食品标签，教师进行总结，提高学生学习积极性，加深认知。

# 实训 6　认识《预包装食品营养标签通则》

## 【实训目的】

（1）理解《食品安全国家标准　预包装食品营养标签通则》（GB 28050）的内容。

（2）掌握食品营养标签各部分含义。

**【实训原理】**

食品营养标签可以向消费者提供食品营养信息和特性的说明，通过营养标签消费者可以直观了解食品营养组分和特征。根据《食品安全法》有关规定，为指导和规范我国食品营养标签标示，引导消费者合理选择预包装食品，促进公众膳食营养平衡和身体健康，保护消费者知情权、选择权和监督权，国家制定和实施《食品安全国家标准　预包装食品营养标签通则》（GB 28050）。

**【实训方法】**

超市调研；课堂讨论。

**【实训要求】**

（1）安排学生到超市挑选食品，让学生在课堂上解读营养标签，点评营养标签的制作优劣。

（2）让学生总结购买食品时如何识别食品营养标签，教师进行总结，提高学生学习积极性，加深认知。

# 实训 7　食品营养标签标示内容理解及设计

**【实训目的】**

（1）掌握营养标签的内容及设计要求。
（2）能够正确设计一份食品营养标签。

**【实训原理】**

《食品安全国家标准　预包装食品营养标签通则》（GB 28050）。

**【实训方法】**

标准查阅；课堂讨论。

**【实训要求】**

指出下述营养标签的不妥之处。

营养成分表

| 项目 | 每 100 克 | 营养素参考值/％ |
|---|---|---|
| 能量 | 1841 千焦 | 22％ |
| 蛋白质 | 5.0 克 | 5％～8％ |

续表

| 项目 | 每 100 克 | 营养素参考值/% |
|------|-----------|----------------|
| 脂肪 | 20.8 克 | |
| 碳水化合物 | 58.2 克 | 19% |
| 钠 | 25 毫克 | 1% |
| 维生素 C | 3IU | 0.5% |

# 实训 8 收集某种食品的相关标准

## 【实训目的】

（1）熟悉中国食品标准体系。
（2）能够完成具体食品涉及标准的收集。

## 【实训原理】

参阅本书"第二章 我国食品标准体系"。

## 【实训方法】

上网查阅资料。

## 【实训要求】

自行选择一种食品，按照食品标准体系内容，收集罗列该食品相关的标准。

# 实训 9 《食品安全法》案例分析

## 【实训目的】

学习并理解《食品安全法》，能够应用《食品安全法》分析具体食品安全事件。

## 【实训相关知识】

《食品安全法》。

## 【实训资料】

2015 年 2 月，某县食品药品监管局接到群众举报，称 87 名就餐者在某酒楼就餐后出现呕吐、腹痛、腹泻、发热等食物中毒症状。该县食品药品监管局派执法人员立即赶赴事发现场，在配合卫生行政部门做好中毒患者救治的同时，对酒楼可能存在的违法行为开展调查。

经查，该酒楼擅自变更了经营场所、食品加工间布局，未重新申请办理餐饮服务许可证；热菜加工间存有食品原料，且生熟不分；操作人员违反食品安全操作规程，不认真执行餐具清洗消毒制度。上述违法行为增加了发生食物中毒风险。经对现场留样的菜品和食物中毒患者排泄物抽样检验，致病性微生物沙门菌超过食品安全标准限量。

**【实训要求】**

（1）判别该酒楼可能存在的违法行为有哪些？

（2）分析食药监局依据《食品安全法》相关规定，可给予该酒楼什么样的行政处罚？

# 实训 10 《食品安全法》案例讨论

**【实训目的】**

学习并掌握《食品安全法》的主要内容。

**【实训相关知识】**

《食品安全法》。

**【实训方法】**

上网查阅资料；分组讨论；教师点评。

**【实训要求】**

学生从实际出发，运用日常生活中所熟悉的案例，课前以组为单位，每组一个案例，先通过网络平台、查阅图书和影像资料等多种方式，对案例进行认真阅读和合理分析；课上，结合《食品安全法》，在规定时间内，总结完成与所选案例相对应的报告，报告内容包括案例介绍、案情分析、违反的具体法律条文、《食品安全法》对此的规定、处罚条款以及解决措施等，然后进行小组间互评和教师点评；课后进行实训总结。

# 实训 11 《产品质量法》案例分析

**【实训目的】**

学习并掌握《产品质量法》。

**【实训相关知识】**

《产品质量法》。

**【实训资料】**

案例一：宋某在商场购买一台彩色电视机，并附有产品合格证。宋某使用两个多月后，电视机出现图像不清的现象，后来音像全无。宋某去找商场要求更换，商场言称电视机不是他们生产的，让宋某找电视机厂家进行交涉。

案例二：丁某于 2017 年 6 月从市场买回一只高压锅，开始高压锅能正常使用，未见异常。2018 年 9 月 6 日，丁某做饭时，高压锅发生爆炸，锅盖飞起，煤气灶被损坏，天花板被冲裂，窗玻璃震碎。发生事故后，丁某找高压锅的生产厂家某日用品厂要求赔偿。日用品厂提出，丁某是于 2017 年买的锅，已经过去一年多了，早已过了规定的保修期，因此对发生的损害不负责任。丁某与日用品厂进行多次交涉未果。

案例三：刘某与某机械厂的王某是好朋友，一日刘某到机械厂办事，顺便找王某聊天。刘某走时发现自行车没气了，就问王某有无气筒，王某顺手拿起一个气筒递给刘某说："这是我们厂新出的一批气筒的样品，你用吧。"当刘某拿起气筒打气时，气筒栓塞脱落，栓塞飞到刘某脸上造成伤害，刘某为医治此伤花去医疗费 1600 元，要求机械厂予以赔偿。

**【实训要求】**

（1）案例一中销售者应当承担怎样的责任？

（2）案例二中该日用品厂的理由是否成立？

（3）案例三中机械厂是否应当承担《产品质量法》的损害赔偿责任？刘某应如何保护自己的合法权益？

# 实训 12　《农产品质量安全法》案例分析

**【实训目的】**

学习并掌握《农产品质量安全法》。

**【实训相关知识】**

《农产品质量安全法》、农药使用相关法规。

**【实训资料】**

2013 年 4 月，某新闻报道，某地农民使用剧毒农药神农丹种生姜。神农丹主要成分是一种叫涕灭威的剧毒农药，50mg 就可致一个 50kg 重的人死亡。据悉，该地生产的生姜分出口姜和内销姜两种。外商对农药残留检测非常严格，出口基地的姜都不使用高毒农药。

**【实训要求】**

（1）了解神农丹的使用范围。

（2）依据《农产品质量安全法》相关规定，可给予案例中相关责任人什么样的行政处罚？

# 实训 13　《商标法》案例分析

## 【实训目的】

学习并掌握《商标法》。

## 【实训相关知识】

《商标法》。

## 【实训资料】

案例一：某市红梅食品厂自 2018 年以来，在该厂生产的儿童食品上使用"白雪"商标，但未进行注册。2019 年该市另一家黄河食品厂也在其生产的儿童食品上使用了"白雪"商标，并于 2019 年 8 月在国家商标局获准注册。红梅食品厂发现后，认为黄河食品厂使用了本厂的商标，使消费者对商品的来源发生混淆，直接导致了本厂利润的下降，于是状告黄河食品厂侵犯其财产权益，而后者在案件审理中提出反诉，认为原告未经其同意在"白雪"商标注册后，仍在使用该商标，是侵权行为，要求原告承担侵权责任。

案例二：A 公司在生产经营过程中，注册了"孔雀"商标。由于该商标已经发展成为知名商标，为保护该商标，防止他人影射，A 公司又申请注册了"蓝孔雀""白孔雀"和"黑孔雀"商标。在经营过程中，A 公司为了筹集资金，现决定将其拥有商标专用权的"黑孔雀"转让给 B 公司。双方为此签订了商标转让协议。

案例三：2014 年 2 月，某市制药厂研制出两种人用抗菌药，分别以"宝泉"和"无敌"为商标。制药厂生产经营管理不善，两种药品虽然疗效不错，但却少为人知，造成了药品大量积压。为了扭亏为盈，制药厂决定转让这两个商标，几经周折，2018 年 3 月制药厂与某药品开发公司签订了"宝泉"和"无敌"抗菌药商标转让的两份合同。2018 年 4 月，药品开发公司依照两份商标转让合同的规定，付清了商标转让费，随即开始使用"宝泉"和"无敌"商标。

## 【实训要求】

（1）案例一：本案谁享有"白雪"商标的专用权？在本案中谁应当承担侵权责任？

（2）案例二：

① A 公司的商标是何种商标？为什么？

② A 公司能否转让该商标？

（3）案例三：

①"宝泉"和"无敌"能否作为商标名称？

②"宝泉"和"无敌"商标转让合同是否有效？为什么？

# 实训 14    查找欧盟食品安全法律法规

**【实训目的】**

（1）学会查找欧盟法律法规。
（2）了解欧盟食品安全相关法律法规。

**【实训原理】**

参阅本书第六章和第八章相关内容。

**【实训方法】**

查询网络资源；企业调研。

**【实训要求】**

学生在资料收集基础上，汇总欧盟食品安全法律法规，并描述欧盟食品安全管理体系框架。

# 实训 15    检索食品标准

**【实训目的】**

学会使用网络资源查阅食品标准。

**【实训原理】**

参阅本书第八章相关内容。

**【实训方法】**

网络查询，具体步骤为：登录相关网站，点击标准检索，输入检索关键词（标准编号、标准名称或标准级别），查询。

**【实训要求】**

利用网络资源，查询某一食品标准。

# 实训 16    利用网络查阅食品法律法规

**【实训目的】**

学会使用网络资源查阅食品法律法规。

## 【实训原理】

参阅本书第八章相关内容。

## 【实训方法】

网络查询,具体步骤为:登录相关网站,点击法律法规检索,输入检索关键词(法律法规名称),查询。

## 【实训要求】

利用网络资源,查询某一食品法律法规。

# 附　录

## 附录 1　GB/T 21290—2018 冻罗非鱼片

ICS 67. 120. 30
X 20

# 中华人民共和国国家标准

GB/T 21290—2018
代替 GB/T 21290—2007

## 冻 罗 非 鱼 片

Quick frozen tilapia fillets

2018-06-07 发布                                              2019-01-01 实施

国家市场监督管理总局
中国国家标准化管理委员会 发 布

GB/T 21290—2018

## 前　言

本标准按照 GB/T 1.1—2009 给出的规则起草。

本标准代替 GB/T 21290—2007《冻罗非鱼片》。

本标准与 GB/T 21290—2007 相比，主要技术内容变化如下：

——增加了产品规格的规定（见 3.3）；

——删除了磷酸盐（以 $P_2O_3$ 计）残留限量（见 2007 年版的 3.4）；

——增加了挥发性盐基氮限量（见 3.5）；

——增加了净含量应符合 JJF 1070 的规定（见 3.6）；

——删除了土霉素、无机砷、甲基汞、铅、镉等安全指标的具体规定（见 2007 年版的 3.5）；

——增加了安全指标应符合 GB 2733 的规定（见 3.7）。

请注意本文件的某些内容可能涉及专利。本文件的发布机构不承担识别这些专利的责任。

本标准由中华人民共和国农业农村部提出。

本标准由全国水产标准化技术委员会水产品加工分技术委员会（SAC/TC 156/SC 3）归口。

本标准起草单位：中国水产科学研究院南海水产研究所、百洋产业投资集团股份有限公司。

本标准主要起草人：杨贤庆、马海霞、李来好、赵永强、陆田、陈胜军、吴燕燕、岑剑伟、黄卉。

本标准所代替标准的历次版本发布情况为：

——GB/T 21290—2007。

冻罗非鱼片

## 1 范围

本标准规定了冻罗非鱼片产品的要求、试验方法、检验规则、标志、标签、包装、运输、贮存。

本标准适用于以活体罗非鱼为原料，经剖片、去皮、冷冻加工等工序生产的冻罗非鱼片。以鲜、冻罗非鱼为原料生产的冻罗非鱼片也可参照使用。

## 2 规范性引用文件

下列文件对于本文件的应用是必不可少的。凡是注日期的引用文件，仅注日期的版本适用于本文件。凡是不注日期的引用文件，其最新版本（包括所有的修改单）适用于本文件。

GB/T 191　　　　　包装储运图示标志
GB 2733　　　　　食品安全国家标准　鲜、冻动物性水产品
GB 2760　　　　　食品安全国家标准　食品添加剂使用标准
GB 2762　　　　　食品安全国家标准　食品中污染物限量
GB 2763　　　　　食品安全国家标准　食品中农药最大残留限量
GB 5749　　　　　生活饮用水卫生标准
GB 7718　　　　　食品安全国家标准　预包装食品标签通则
GB 14881　　　　食品安全国家标准　食品生产通用卫生规范
GB 28050　　　　食品安全国家标准　预包装食品营养标签通则
GB/T 30891—2014　水产品抽样规范
JJF 1070　　　　　定量包装商品净含量计量检验规则

## 3 要求

3.1 原辅材料

3.1.1 原料

3.1.1.1 所用原料应为健康、无污染的可供人类消费的活体罗非鱼，其污染物限量应符合 GB 2762 的规定，农药残留限量应符合 GB 2763 的规定，兽药残留限量应符合国家有关规定和公告。

3.1.1.2 加工前原料活鱼应在洁净的暂养池中暂养2h以上，暂养用水应符合养殖用水要求。

3.1.2 配料
配料应为食品级，符合相关法规及标准的规定。

3.1.3 食品添加剂
生产中所使用的食品添加剂的品种及用量应符合 GB 2760 的规定。

3.2 加工要求
3.2.1 人员、环境、车间、设施与设备、卫生控制程序应符合 GB 14881 的规定。

3.2.2　加工用水应符合 GB 5749 的要求。

3.2.3　产品应经镀冰衣（单冻）或包冰被（块冻）。

3.3　产品规格

按鱼片重量大小划分为 5 种规格，具体参见附录 A。

3.4　感官要求

感官要求见表 1。

表 1　感官要求

| 项目 | | 要求 |
| --- | --- | --- |
| 冻品(解冻前) | | 冰衣或冰被均匀覆盖鱼片,无明显干耗和软化现象,单冻产品个体间应易于分离,真空包装产品包装袋无破损及漏气或胀气 |
| 解冻后 | 色泽 | 具有罗非鱼肉固有色泽,无干耗、变色现象 |
| | 形态 | 鱼片边缘整齐,允许冻鱼块边缘的鱼片肉质有稍微的松散,允许个别鱼片有缺失,缺失部分应小于鱼片的一半 |
| | 气味 | 气味正常,无臭味 |
| | 肌肉组织 | 紧密有弹性 |
| | 杂质 | 允许略有少量的皮下膜、小血斑、小块的皮和长度小于 5mm 的小鱼刺,无肉眼可见外来杂质 |
| | 寄生虫 | 不得检出 |

3.5　理化指标

理化指标见表 2。

表 2　理化指标

| 项目 | 要求 |
| --- | --- |
| 冻品中心温度/℃ | ≤-18 |
| 挥发性盐基氮/(mg/100g) | ≤20 |

注：产品在冷库冻藏时的中心温度。

3.6　净含量

应符合 JJF 1070 的规定。

3.7　安全指标

污染物限量、农药残留限量和兽药残留限量应符合 GB 2733 的规定。

## 4　试验方法

4.1　感官检验

4.1.1　冻品外观检验

在光线充足、无异味、清洁卫生的环境中，将试样置于白色搪瓷盘或不锈钢工作台上，按表 1 中冻品的要求逐项进行检验。

4.1.2　完全解冻

4.1.2.1　将样品打开包装，放入不渗透的薄膜袋内捆孔封口，置于解冻容器内，由容器的底部通入流动的自来水。

4.1.2.2　解冻后鱼体应控制在 0～4℃。判断产品是否完全解冻可通过不时轻微挤压薄膜袋，挤压时不得破坏鱼的质地，当感觉没有硬心或冰晶时，即可认为产品已经完全解冻。

4.1.3　解冻后感官检验

将按 4.1.2 方法解冻后的试样置于白色搪瓷盘或不锈钢工作台上，按表 1 中解冻后的色泽、形态、气味、肌肉组织、杂质、寄生虫要求逐项进行检验，寄生虫的检验应在日光灯虫检台上进行。

4.2　理化指标的检验

4.2.1　冻品中心温度的测定

取与温度计直径相符且经预冷的钻头钻至冻品的几何中心部位，取出钻头立即插入温度计，等温度计指示温度不再下降时，读数。

4.2.2　挥发性盐基氮

按 GB 2733 的规定执行。

4.3　净含量

按 JJF 1070 的规定执行。

4.4　安全指标

按 GB 2733 的规定执行。

## 5　检验规则

5.1　组批规则与抽样方法

5.1.1　组批规则

同批次原料在相同生产条件下，同一天或同一班组生产的产品为一检验批。

5.1.2　抽样方法

按 GB/T 30891—2014 的规定执行。

5.2　检验分类

5.2.1　产品检验

产品检验分为出厂检验和型式检验。

5.2.2　出厂检验

每批产品必须进行出厂检验。出厂检验由生产单位质量检验部门执行，检验项目为感官、冻品中心温度、挥发性盐基氮、净含量等。

5.2.3　型式检验

型式检验项目为本标准中规定的全部项目。有下列情况之一时，应进行型式检验：

a）停产 6 个月以上，恢复生产时；

b）原料变化或改变主要生产工艺，可能影响产品质量时；

c）国家质量监督机构提出进行型式检验要求时；

d）出厂检验与上次型式检验有大差异时；

e）正常生产时，每年至少两次的周期性检验。

5.3　判定规则

所有指标全部符合本标准规定时，判该批产品合格。

## 6　标志、标签、包装、运输、贮存

6.1　标志、标签

预包装产品标签应符合 GB 7718 的规定，营养标签应符合 GB 28050 的规定，包装储运图示标志应符合 GB/T 191 的规定。

6.2 包装

6.2.1 包装所用材料应洁净、无毒、无异味、坚固，质量符合相关食品安全标准要求。

6.2.2 产品包装应严密、无破损和污染现象，产品包装内应有合格证。

6.3 运输

6.3.1 产品运输过程中应保持产品中心温度≤－15℃。

6.3.2 运输设备应清洁卫生，不得与有毒、有害、有异味或其他影响产品质量的物品混运，运输中防止日晒、虫害、有害物质的污染。

6.3.3 运输时产品不应落地，不应滞留在常温环境，搬运产品应轻拿轻放，严禁摔扔、撞击、挤压。

6.4 贮存

6.4.1 贮存环境应符合卫生要求，清洁、无毒、无异味、无污染，防止虫害和有害物质的污染及其他损害。

6.4.2 不同品种、不同规格、不同等级和不同批次的产品应分别堆垛，并用垫板垫起，堆放高度以纸箱受压不变形为宜。

6.4.3 冷库库温应保持在≤－18℃。

## 附录 A
### （资料性附录）
### 冻罗非鱼片产品规格

冻罗非鱼片产品规格见表 A.1。

表 A.1 冻罗非鱼片产品规格

| 鱼片重量/(g/片) | 鱼片重量/(盎司/片) |
| --- | --- |
| 57～85 | 2～3 |
| 86～141 | 3～5 |
| 142～198 | 5～7 |
| 199～255 | 7～9 |
| ＞256 | ＞9 |

# 附录 2  中华人民共和国食品安全法

(2009 年 2 月 28 日第十一届全国人民代表大会常务委员会第七次会议通过  2015 年 4 月 24 日第十二届全国人民代表大会常务委员会第十四次会议修订  根据 2018 年 12 月 29 日第十三届全国人民代表大会常务委员会第七次会议《关于修改〈中华人民共和国产品质量法〉第五部法律的决定》修正)

## 目  录

具体《食品安全法》内容可在政府相关网站下载阅读。

# 参 考 文 献

[1] 国家食品安全风险评估中心．国际食品法典委员会成立 50 周年研讨会在京召开 [EB/OL]．2013-08-16 [2019-05-22]．http://www.cfsa.net.cn/article/news.aspx?id=149348363AC60E8C74B7402331ACE4CAEE98-B76A01228ACA.

[2] 安洁，杨锐．日本食品安全技术法规和标准现状研究 [J]．中国标准化，2007，(12)：23-26.

[3] 白新鹏．食品安全危害及控制措施 [M]．北京：中国计量出版社，2010.

[4] 北京市质量技术监督局．企业标准制定原则和程序（DB 11/T 1001—2016）[S/OL]．[2019-05-22]．http://down.foodmate.net/standard/sort/15/54630.html.

[5] 边红彪，刘环，张锡全，等．中、日食品安全监管机制对比研究 [J]．中国标准化，2012，(7)：56-59.

[6] 蔡健，徐秀银．食品标准与法规 [M]．第 2 版．北京：中国农业大学出版社，2014.

[7] 蔡晶．食品包装检验 [M]．北京：中国质检出版社，2015.

[8] 杜宗绪．食品标准与法规 [M]．北京：中国质检出版社，2012.

[9] 高胜普，杨艳，宋林．欧盟食品安全技术法规体系的产生、发展现状及展望 [J]．对外经济贸易大学学报：国际商务版，2007，(3)：94-96.

[10] 高燕．国际食品法典委员会（CAC）[J]．中国标准化，2016，(5)：100-104.

[11] 葛玉香，李霞．浅谈联合国粮农组织出版物的资源建设 [J]．农业图书情报学刊，2010，22（07）：25-27.

[12] 谷悦．日本的食品风险管理 [J]．中国食品，2015，678（14）：40-41.

[13] 郭本恒．乳品标准与法规 [M]．北京：中国轻工业出版社，2015.

[14] 国家食品药品监督管理总局科技和标准司．食品安全标准应用实务 [M]．北京：中国医药科技出版社，2017.

[15] 国家卫生与计划生育委员会．《食品生产通用卫生规范》（GB 14881—2013）问答 [A/OL]．2014-04-28 [2019-05-22]．http://www.nhc.gov.cn/sps/s3594/201404/924a631b901b4daa9af3afdf8c8b0029.shtml

[16] 国家质量监督检验检疫总局，国家标准化管理委员会．标准编写规则　第 10 部分：产品标准（GB/T 20001.10—2014）[S]．北京：中国标准出版社，2015.

[17] 国家质量监督检验检疫总局，国家标准化管理委员会．标准化工作指南　第 1 部分：标准化和相关活动的通用术语（GB/T 20000.1—2014）[S]．北京：中国标准出版社，2015.

[18] 国家质量监督检验检疫总局，国家标准化管理委员会．标准编写规则　第 3 部分：分类标准（GB/T 20001.3—2015）[S]．北京：中国标准出版社，2015.

[19] 国家质量监督检验检疫总局，中国国家标准化管理委员会．黑茶　第 1 部分：基本要求（GB/T 32719.1—2016）[S]．北京：中国标准出版社，2016.

[20] 国家质量监督检验检疫总局．标准化工作导则　第 1 部分：标准的结构和编写（GB/T 1.1—2009）[S]．北京：中国标准出版社，2009.

[21] 国务院．国务院关于印发深化标准化工作改革方案的通知国发 [2015] 13 号 [A/OL]．2015-03-26 [2019-05-22]．http://www.gov.cn/zhengce/content/2015-03/26/content_9557.htm.

[22] 韩军花. 中国特殊膳食用食品标准体系建设 [J]. 中国食品卫生杂志, 2016, 28 (1)：1-5.

[23] 郝生宏. 日本农产品（食品）安全管理体系及启示 [J]. 食品研究与开发, 2014, 35 (12)：98-101.

[24] 何俊，王彩霞. 我国辐照食品标准体系 [J]. 食品安全导刊, 2016, (30)：36.

[25] 河南省食品药品监督管理局.《联邦食品药品和化妆品法》概述 [EB/OL]. 2017-09-11 [2019-05-22]. http://www.cnpharm.com/jianguan/201709/11/c246913.html.

[26] 洪生伟. 标准化管理 [M]. 第 6 版. 北京：中国标准出版社, 2012.

[27] 洪生伟. 质量检测 [M]. 北京：清华大学出版社, 2015.

[28] 胡秋辉. 食品标准与法规 [M]. 第 2 版. 北京：中国质检出版社, 中国标准出版社, 2013.

[29] 冀玮，明星星. 食品安全法实务精解与案例指引 [M]. 北京：中国法制出版社, 2016.

[30] 蒋美仕，李艾青. FAO/WHO 在食品安全保证体系中的地位与作用——国际食品法典委员会 (CAC) 视角 [J]. 洛阳师范学院学报, 2013, (6)：14-17.

[31] 蒋维永. 欧盟食品安全法律制度研究 [D]. 重庆：西南政法大学, 2008.

[32] 孔凡彬，李飞. 农产品质量安全与市场营销 [M]. 北京：中国农业科学技术出版社, 2015.

[33] 黎孝先，王健. 国际贸易实务 [M]. 第 6 版. 北京：对外经济贸易大学出版社, 2016.

[34] 李建军，林伟，徐战菊. 日本农业化学品肯定列表制度及其残留限量新标准剖析 [EB/OL]. 2005-11-21 [2019-05-22]. http://www.cqn.com.cn/news/zggmsb/2007/150706.html.

[35] 李良. 食品包装学 [M]. 北京：中国轻工业出版社, 2017.

[36] 李梁钰. 欧盟食品质量安全的法律制度研究 [D]. 西安：西北大学, 2011.

[37] 李宁，马良. 食品毒理学 [M]. 北京：中国农业大学出版社, 2016.

[38] 李培传. 论立法 [M]. 北京：中国法制出版社, 2013.

[39] 廉恩臣. 欧盟食品安全法律体系评析：中华全国律师协会经济专业委员会年会论文集 [C]. 北京：中华全国律师协会, 2009.

[40] 刘博. 我国农产品出口受日本绿色贸易壁垒的影响及对策分析 [D]. 长春：吉林大学, 2014.

[41] 刘金福，陈宗道，陈绍军. 食品质量与安全管理 [M]. 北京：中国农业大学出版社, 2016.

[42] 刘锐. 农产品质量安全 [M]. 北京：中国农业大学出版社, 2017.

[43] 刘少伟，鲁茂林. 食品标准与法律法规 [M]. 北京：中国纺织出版社, 2013.

[44] 陆平，何维达，邓佩. 欧盟食品安全标准对我国食品产业的影响分析——基于动态 GTAP 模型 [J]. 东疆学刊, 2015, 32 (2)：97-102.

[45] 陆奇能，李彦蓉，王欣，等. 美国《食品安全现代化法》配套法规概述及分析 [J]. 检验检疫学刊, 2016, 26 (5)：69-71.

[46] 马建堂. 国家标准化政策读本 [M]. 北京：国家行政学院出版社, 2017.

[47] 马丽卿，王云善，付丽. 食品安全法规与标准 [M]. 北京：化学工业出版社, 2009.

[48] 马文娟，和文龙，韩瑞阁，等. 国际有机农业运动联盟有机生产和加工基本标准研究 [J]. 世界农业, 2011, (2)：7-11.

[49] 马文娟. 中国与欧盟有机产品标准及认证认可制度的比较研究——以 IFOAM 基本标准为平台 [D]. 南京：南京农业大学, 2011.

[50] 中国医药报. 美国食品安全法律体系及监管机构 [EB/OL]. 2017-09-06 [2019-05-22]. http://www.cnfood.com/news/show-257355.html.

[51] 莫展宏. 日本绿色贸易壁垒对我国农产品出口的影响研究 [D]. 石家庄：河北师范大学, 2012.

[52] 倪楠，舒洪水，苟震. 食品安全法研究 [M]. 北京：中国政法大学出版社, 2016.

[53] 聂闯. 联合国粮农组织的发展与未来改革（上）[J]. 世界农业, 2009, (1)：7-9.

［54］ 齐虹丽，于连超，陈洪超．综合标准化方法与《标准化法》的修改——对《标准化法（草案）》第二条的讨论与建议［J］．中国标准化，2015，(11)：62-67.

［55］ 钱志伟．食品标准与法规［M］．第 2 版．北京：中国农业出版社，2011.

［56］ 乔晓阳．《中华人民共和国立法法》导读与释义［M］．北京：中国民主法制出版社，2015.

［57］ 邱婷婷．中日食品安全法比较［D］．南昌：南昌大学，2011.

［58］ 任筑山，陈君石．中国的食品安全过去、现在与未来［M］．北京：中国科学技术出版社，2016.

［59］ 阮赞林．食品安全法原理［M］．上海：华东理工大学出版社，2016.

［60］ 沈向华．动物检疫制度比较研究［D］．呼和浩特：内蒙古农业大学，2008.

［61］ 隋姝妍，小野雅之．日本食品安全与消费者信赖保障体系的建设及对中国的启示［J］．世界农业，2012，(9)：48-53.

［62］ 孙成媛．中国与欧盟食品安全法律制度比较研究［D］．乌鲁木齐：新疆大学，2017.

［63］ 孙娟娟．欧盟食品安全监管的理论和实践［J］．太平洋学报，2008，(7)：16-22.

［64］ 汤晓艳，郑锌，王敏，等．畜禽产品兽药残留限量标准现状与发展方向［J］．食品科学技术学报，2017，35 (4)：8-12.

［65］ 王德生．美国食品安全政府监管体系概述［EB/OL］．2012-7-20 [2019-05-22]．http://www. istis. sh. cn/list/list. aspx? id＝7475.

［66］ 王细荣，吕玉龙，李仁德．文献信息检索与论文写作［M］．第 5 版．上海：上海交通大学出版社，2015.

［67］ 王晓英，邵威平．食品法律法规与标准［M］．郑州：郑州大学出版社，2012.

［68］ 王兴运．产品安全法［M］．北京：中国政法大学出版社，2013.

［69］ 王竹天，王君．食品安全标准实施与应用［M］．北京：中国标准出版社，2015.

［70］ 卫生部．食品安全国家标准 预包装食品标签通则（GB 7718—2011）［S］．北京：中国标准出版社，2011.

［71］ 卫生部．食品安全国家标准 预包装食品营养标签通则（GB 28050—2011）［S］．北京：中国标准出版社，2012.

［72］ 魏学红，孙磊．草业政策与法规［M］．北京：中国农业大学出版社，2016.

［73］ 吴晓兵，康桂英，蒋敏蓉．大学生科研创新与信息素养［M］．北京：北京理工大学出版社，2013.

［74］ 席兴军，刘俊华，刘文．美国食品安全技术法规及标准体系的现状与特点［J］．标准科学，2006，(4)：18-20.

［75］ 信春鹰．中华人民共和国食品安全法解读（权威读本）［M］．北京：中国法制出版社，2015.

［76］ 邢晓昭，程如烟．我国参与国际标准化组织的现状及对策研究［J］．全球科技经济瞭望，2013，28 (11)：42-50.

［77］ 熊力治．技术性贸易壁垒对我国农产品出口的影响——以日本肯定列表制度为例［J］．农银学刊，2013，(4)：64-67.

［78］ 杨青．参加农业部赴美国农产品认证与标志管理培训班学习报告［EB/OL］．2013-12-23 [2019-05-22]．http://www. hnagri. gov. cn/web/gjhzc/gjhz/wsjl/content _ 128506. html.

［79］ 杨玉红．食品标准与法规［M］．北京：中国轻工业出版社，2014.

［80］ 叶元．日本肯定列表制度对中国和斯里兰卡茶叶输日影响的比较研究［J］．中国茶叶，2017，39 (07)：8-11.

［81］ 于京京．基于欧盟 SPS 措施下中国水产品出口贸易的问题研究［D］．长春：东北农业大学，2015.

［82］ 袁曙宏．新食品安全法 200 问含典型案例［M］．北京：中国法制出版社，2016.

［83］ 张本伟．美国的食品监管体系与《FDA 食品安全现代化法》的整合创新［J］．中国科技博览，2013，(25)：493.

［84］ 张博．欧盟食品安全的重要法律制度［EB/OL］．2012-08-22 [2019-05-22]．http://bjgy. chinacourt.

org/article/detail/2012/08/id/887225. shtml.

［85］　张光杰. 法理学导论. 第 2 版. 上海：复旦大学出版社，2015.

［86］　张建新. 食品标准与技术法规［M］. 第 2 版. 北京：中国农业出版社，2014.

［87］　张璐. 日本食品安全监管体系及法规现状［J］. 食品安全导刊，2015，（9）：68-69.

［88］　张敏. 我国农产品流通标准体系现状及问题分析［J］. 农产品质量与安全，2015，（5）：30-34.

［89］　张乃明. 环境污染与食品安全［M］. 北京：化学工业出版社，2007.

［90］　张天奎. WTO 体制下国际食品法典委员会（Codex）的发展及未来［J］. 内江科技，2013，34（12）：35-36.

［91］　张彦明. 动物性食品安全生产与检验技术［M］. 北京：中国农业出版社，2014.

［92］　中华人民共和国国家质量监督检验检疫总局，中国国家标准化管理委员会. 感官分析　术语（GB/T 10221—2012）［S］. 北京：中国标准出版社，2012.

［93］　中华人民共和国国家质量监督检验检疫总局，中国国家标准化管理委员会. 物流术语（GB/T 18354—2006）［S］. 北京：中国标准出版社，2007.

［94］　周靖琦，石建军. 食品标准与法规［M］. 北京：中国科学出版社，2013.

［95］　周淑辉，吴俊. 美国《FDA 食品安全现代化法案》的关注要点及应对策略［EB/OL］. 2011-11-23［2019-05-22］. http://www. foodmate. net/haccp/9/lunwenji/1306. html.

［96］　朱佳廷，冯敏，李澧. 我国辐照食品标准体系构建与思考：第十届中国标准化论坛论文集［C］. 南京：江苏省农业科学院，2013.

［97］　朱玉龙，陈增龙，张昭，等. 我国农药残留监管与标准体系建设［J］. 植物保护，2017，43（2）：1-5.